Vita Mathematica
Band 7

Herausgegeben
von Emil A. Fellmann

Wahre Contrafactur

Deß Ehrnvesten Hochachtbaren vnd Kunstreichen

Herrn Johann Faulhabers/weitberümbten Ingenieurs zu Vlm omnigenæ Matheseos peritissimi.

Hic est qui toto cluit Ingeniarius orbe
Faulhaber ingenij fertilitate sui.
Hû solum vultus, clarum sed clarius Ulmæ
In vallis validis cernitur ingenium.

E. Kiefer exc.

In deß Münsteri Coßmographij/welche Anno 1574. zu Basel getruckt/ im 450. Cap. am 1036. blat. Item folio 1045. vnd 1053. werden die Faulhaber angezogen/daß Sie mehr als vor 400. Jahren sich im Turnieren Ritterlich gehalten/ꝛc.

Den Namen auch mit Ehren führt
H. Johann Faulhaber obberürt/
Dann vber dreyssig mahl sein Nam
In den Catalogum lobsam
Einkommen ist/wie offenbahr
Viel Freye Künst mehrt Er fürwahr
Er weist grosse geheymnüs viel
Ja welchem Ers eröffnen will/

Die Keyserliche Majestat
Ihn auch privilegiret hat
Prinz Moritz seiner Dienst begerte
Ins Niderland/auch Ihn hoch ehrte
Basel/ Schafhausen/ Franckfurt/ vnd
Der H. Staden General jetzund
Ihn beschrieben haben zu sich/
Auch andern mehr dient Er trewlich/ꝛc.

Johannes Faulhaber 1580–1635

Rechenmeister in einer Welt des Umbruchs

Ivo Schneider

1993 Birkhäuser Verlag
Basel · Boston · Berlin

Der Autor:

Professor Dr. Ivo Schneider
Institut für Geschichte der Naturwissenschaften
der Universität München
Deutsches Museum, Museumsinsel 1
D-80538 München

Frontispiz: Der Ingenieur Johannes Faulhaber nach einem Stich von 1630.

Die Deutsche Bibliothek – CIP-Einheitsaufnahme

Schneider, Ivo:
Johannes Faulhaber : 1580 – 1635 ; Rechenmeister in einer Welt des Umbruchs / Ivo Schneider. – Basel ; Boston ; Berlin : Birkhäuser, 1993
(Vita mathematica ; Bd. 7)

NE: GT

Softcover reprint of the hardcover 1st edition 1993

Umschlaggestaltung: Albert Gomm SGD/ITC/SWB, Basel
Satz: *mathScreen online,* CH-4123 Allschwil

ISBN-13: 978-3-0348-7275-1 **e-ISBN-13: 978-3-0348-7274-4**

DOI: 10.1007/978-3-0348-7274-4

9 8 7 6 5 4 3 2 1

Für Angela

Für Angela

Inhaltsverzeichnis

Vorwort

In den meisten Darstellungen der Entwicklung der Mathematik im 17. Jahrhundert wird man den Namen Faulhaber vergeblich suchen, obwohl Johannes Faulhaber immer wieder, wenn auch nur bei einigen Spezialisten wie den Mathematikern C.G.J. Jacobi und A.F. Möbius aufgrund seiner mathematischen Leistungen Interesse zu erwecken vermochte. Dennoch gibt es in den Faulhaber-Biographien, die seit dem 18. Jahrhundert zumeist in Ulm und Umgebung, der Heimat Faulhabers, erschienen sind, bislang keine angemessene oder gar vollständige Würdigung seines mathematischen Werks. Eine solche Würdigung erscheint aus verschiedenen Gründen wünschenswert. Die mathematischen Entdeckungen Faulhabers sind nicht nur gemessen an den Leistungen deutscher Mathematiker des 16. Jahrhunderts herausragend, sondern auch im Vergleich zu anderen Errungenschaften der Mathematik des 17. Jahrhunderts, das Zeitgenossen als ein Jahrhundert der Mathematik galt, durchaus bemerkenswert. Am auffälligsten und wohl auch von Faulhaber selbst als seine größte Entdeckung eingeschätzt sind die Summen und höheren Summen der Potenzen natürlicher Zahlen bis zum Exponenten 17 in Form der heute sogenannten Faulhaberpolynome. Die Rekonstruktion des Findungsweges dieser Potenzsummen auf der Grundlage der Faulhaber zugänglichen elementaren Methoden hat Mathematiker bis in die jüngste Zeit beschäftigt. Erstaunlich sind auch die aufgrund von Verallgemeinerungen auf verschiedenen Gebieten erzielten Ergebnisse wie die Lösung der allgemeinen Gleichung vierten Grades in derselben Form wie fünfzehn Jahre später bei Descartes, die Sätze von Pythagoras und Heron im Dreidimensionalen oder die Entwicklung einer Differenzenrechnung zur Summierung der Glieder arithmetischer Folgen beliebiger Ordnung. Mit Ausnahme der Gleichungslehre und der Differenzenrechnung haben allerdings solche Ergebnisse in der Mathematik des 17. Jahrhunderts keine große Rolle gespielt. Ein

Grund für die bescheidene Wirkung der mathematischen Entdeckungen Faulhabers ist, daß über wichtig und unwichtig in der Mathematik des 17. Jahrhunderts nicht mehr Faulhaber und die Gruppe der Rechenmeister entschieden, die über Jahrhunderte für die Einführung und Verbreitung von vor allem wirtschaftlich nutzbaren Rechenfertigkeiten in Europa verantwortlich waren.

Rechenmeister haben bis ins 16. Jahrhundert hinein wesentlich zur Entwicklung der Mathematik, insbesondere der Algebra, beigetragen, beeinflußten aber nach allgemeiner Auffassung die Entwicklung und Produktion der Mathematik in der nachfolgenden Zeit nicht mehr. Daß es an der Wende zum 17. Jahrhundert zu einem Umschwung kam, daß den verhältnismäßig bescheidenen mathematischen Fortschritten im 16. Jahrhundert eine geradezu atemberaubend rasante Entwicklung folgte, hat mit den im 16. Jahrhundert veröffentlichten Ausgaben der Werke aller bedeutenden griechischen Mathematiker und dem damit verknüpften Wissenszuwachs zu tun. An der Auseinandersetzung mit der in griechischen und lateinischen Ausgaben wieder verfügbaren griechischen Mathematik und den daraus fließenden neuen Anstößen waren Rechenmeister und die Vertreter der sogenannten mathematischen Praxis nur marginal beteiligt. Die meisten Rechenmeister hatten keine Latein- oder gar Griechischkenntnisse. Insofern waren sie auf die nur langsam verfügbaren Übersetzungen angewiesen. Wichtiger war noch, daß sich die Darstellung, der Stil, der griechischen Mathematik vollkommen von den Darstellungsformen der Rechenmeister und Praktiker unterschied. Obwohl sich Faulhaber und andere deutsche Rechenmeister den neuen Verhältnissen anzupassen suchten, setzten ihnen die Wertvorstellungen und Traditionen einer Berufsmathematik, die an die Bedingungen des Marktes, von Angebot und Nachfrage, gebunden und wie ein Handwerk teilweise zünftig organisiert war, unübersteigbare Grenzen.

Der mathematische Stil der Rechenmeister, ihre Wertvorstellungen und Bindungen sind bisher, vor allem weil es darüber nur dürftige Quellen gibt, nur wenig oder überhaupt nicht untersucht worden. Es sind ungefähr 340 Briefe aus Faulhabers Korrespondenz und etwa 120 weitere Briefe anderer Korrespondenten, die sich auf Faulhaber beziehen, in verschiedenen europäischen Archiven erhalten, wobei sich das bei weitem größte Konvolut mit insgesamt fast 400 Briefen in der Bibliothèque Nationale in Paris befindet. Aus den im Anhang unter Quellenmaterial in einer Übersicht zusammengestellten Briefen und Handschriften sowie den Veröffentlichungen von Faulhaber und anderen Rechenmeistern läßt sich ein sehr guter Einblick in die Welt der Rechenmeister des frühen 17. Jahrhunderts gewinnen, der aufgrund der handwerkähnlichen Traditionen dieser Gruppe zumindest in Teilen auch repräsentativ für deren Verhalten im 16. Jahrhundert sein dürfte.

Das verblüffende Ergebnis der Analyse ist, daß für Faulhaber und die Rechenmeister seiner Zeit z.B. Eindeutigkeit, Reduktion der verwendeten Methoden auf die einfachsten unter Weglassung aller äquivalenten, Verständlichkeit und Durchsichtigkeit der angegebenen Regeln keine erstrebenswerten Ziele darstellten. Die aus dem Lehr- und Publikationsverhalten der Rechenmeister erkennbaren und aus ihrer wirtschaftlichen Situation erklärbaren Wertsetzungen werden vor allem im mathematischen Werk Descartes' durch andere ersetzt. Insofern erscheint die Mathematik Descartes' als eine negative Reaktion auf den Stil der Rechenmeister und kann gleichzeitig den Enthusiasmus, mit dem Descartes' Werk aufgenommen wurde, erklären.

Über Aussagen bezüglich seiner Berufsgruppe hinaus wird aus dem Faulhaber-Material das persönliche Schicksal eines Mannes plastisch, der begünstigt durch eine Reihe von Umständen, vor allem aber durch den Dreißigjährigen Krieg, zu einem europaweit bekannten Festungsbauingenieur avancierte und dabei einen ungewöhnlich steilen sozialen Aufstieg erlebte. Aber auch hinter der Biographie Faulhabers wird ein Weltbild deutlich, das mit seiner schwärmerischen Wunder- und Autoritätsgläubigkeit der Entfaltung eines selbständigen menschlichen Einsichtsvermögens nur wenig Raum ließ. Mehr soll das Vorwort, das noch eine andere Funktion hat, vom Inhalt nicht verraten.

Ein Vorwort pflegt auch eine Visitenkarte der guten Erziehung des Autors, insbesondere seiner Fähigkeit zu sein, die Verdienste von anderen anzuerkennen. Nicht nur um meinen Eltern und allen anderen für meine Erziehung Verantwortlichen jeden Vorwurf zu ersparen, sondern weil mir bewußt ist, wie abhängig auch der eigenständigste Autor von Anregungen, Vorleistungen und Beistand anderer in verschiedenster Form ist, will ich hier versuchen, die wichtigsten Hilfeleistungen auf dem Weg zu diesem Buch zu würdigen. Meine Dankesschuld für intellektuelle Gaben habe ich nach bestem Wissen in den Anmerkungen abzutragen versucht. Den Vertretern aller im Quellenteil aufgeführten Archive und Bibliotheken möchte ich für die Bereitwilligkeit, mir ihre Faulhaber-Materialien zur Verfügung zu stellen, herzlich danken. Besonders wertvolle Informationen erhielt ich aus Ulm vor allem von Herrn Dr. Kurt Hawlitschek, der mir im Austausch gegen das von mir Gesammelte das von ihm erschlossene Faulhaber-Material, insbesondere Transkriptionen eines Großteils der erhaltenen Faulhaber-Korrespondenz und der Ulmer Faulhaberiana, zugänglich gemacht hat. Eine zweite, überarbeitete Transkription der wichtigsten in Paris lagernden Briefe ist von Herrn Udo Wieschebrink angefertigt worden. Weitere, oft sehr schwer lesbare Faulhaber-Briefe sind von Frau Dr. Friederike Bogmann, Frau Elske Neidhardt, Herrn Gerhard Frahm und Herrn Ulrich Neumann transkribiert worden. Ihnen allen gilt mein besonderer Dank ebenso wie den Professoren Rudolf Fritsch, Menso Folkerts und Otto Krätz sowie Herrn Hans Fischer, die ihr besonderes Interesse an meinen Faulhaber-Untersuchungen durch eine Vielzahl von Hinweisen und Ratschlägen bekundeten. Mehr jedoch als jede andere unter den bisher genannten Personen hat Frau Angela Meier von ihrer Zeit und ihrem Verständnis in das vorliegende Buch investiert. Da hier gewöhnliche Dankesworte nicht ausreichen, habe ich meiner Dankbarkeit an anderer Stelle zusätzlichen Ausdruck zu verleihen gesucht.

Es ist das gewöhnliche Schicksal von Herausgeber und Verlag, am Ende einer solchen Danksagung zu stehen. Ich komme dieser Verpflichtung umso lieber nach, als Sie mir Gelegenheit gibt, einmal die Kollegialität von Herrn Dr. Emil Fellmann zu rühmen, der sich sehr rasch nach der Lektüre des damals noch nicht endgültigen Manuskripts dazu entschloß, das Buch in die von ihm herausgegebene Reihe Vita Mathematica aufzunehmen. Daß diese Reihe jetzt von Frau Doris Wörner im Verlag betreut wird, erwies sich für mich als ein besonderer Glücksfall. Dem von ihr mäzenatisch über mich ausgegossenen Füllhorn an persönlichem Engagement und Verhandlungsgeschick habe ich es zu verdanken, daß der Abstand zwischen Manuskriptabgabe und der Fertigstellung des großzügig ausgestatteten Bandes rekordverdächtig kurz geblieben ist.

Ivo Schneider München, den 17. August 1993

1 Vom Weber zum Verteidiger der Städte — der Lebensweg des Johannes Faulhaber

1.1 Jugend, Ausbildung und erste Veröffentlichungen

Die Familie Faulhaber, der Johannes Faulhaber entstammt, war seit dem frühen 16. Jahrhundert in Ulm ansässig. Ihre männlichen Mitglieder waren fast ausnahmslos als Weber in Ulm tätig. Johannes Faulhaber wurde am 5. Mai 1580 als siebtes und jüngstes Kind des Webers Samuel Faulhaber geboren[1]. Samuel Faulhaber verstarb 1583. Johannes Faulhaber wurde zunächst Weber, wobei er das Handwerk nicht nach den Regeln der Ulmer Weberzunft, sondern dadurch lernte, daß er den Knappen (Gesellen) in der nach dem Tod seines Vaters offensichtlich von seiner Mutter fortgeführten «Tunck», der Weberwerkstatt im Keller, zusah. Johannes Faulhaber hat die Werkstatt einige Zeit selbst weiterzuführen versucht. Nach eigenen aus dem Jahr 1619 stammenden Angaben beschäftigte er sich bereits am Webstuhl vor allem mit den Zahlen in den Schriften der Apokalypse und ihrer Deutung.

Um 1595 trat er eine Lehrstelle bei dem um 1540 geborenen Modisten und Rechenmeister David Selzlin an, der sich einen Platz in der Geschichte der Kartographie durch seine Karte des Schwäbischen Kreises sicherte. Bei ihm blieb Faulhaber vier Jahre.

Anschließend war Faulhaber für eineinhalb Jahre Provisor bei dem Modisten Johann Krafft in Ulm, mit dem und durch den er später offenbar aus Konkurrenzgründen noch sehr viel Ärger hatte. Noch kurz vor dessen Tod mußte der Rat der Stadt Krafft ernstlich ermahnen, seine unchristlichen Reden gegen Faulhaber, dem er die Pest an den Hals wünschte und «den Teuffel zum guoten Jar schenken» wollte, zu unterlassen[2].

Nach einem erfolglosen Versuch, in Biberach als Schulmeister Fuß zu fassen[3], bewarb sich Faulhaber 1600 beim Rat der Stadt um die Stelle eines deutschen Schulmeisters in Ulm, die ihm nach einer «Examinierung» durch «die Herrn Bawpfleger» zugestanden wurde[4].

Im selben Jahr heiratete er die aus Ravensburg stammende Ursula Eßlinger und erwarb bald darauf ein Haus in Ulm. Aus der Verbindung mit Ursula Eßlinger stammten neun Kinder, von denen sechs noch im Kindesalter verstarben. Über eine 1614 geborene Tochter Anna Regina ist nur bekannt, daß sie sich 1637, zwei Jahre nach dem Tod ihrer Eltern, mit einem Handelsmann verheiratete. Die überlebenden Söhne, der 1604 geborene Johann Matthäus und der 1609 geborene Johannes, traten in die Fußstapfen des Vaters. Johann Matthäus Faulhaber wirkte in Ulm als Bauschreiber beim Festungsbau, als Visierer, als beeidigter Feldmesser und als Aufseher für das städtische Brauhaus, die Mühlen und den Torfstich. Anders als sein Bruder Johannes, der es zum Ingenieur-Hauptmann in Ulm brachte und anscheinend keine Nachkommen hatte, erfreute sich Johann Matthäus einer aus drei Ehen stammenden direkten Nachkommenschaft von 24 Kindern, die ihm zu seinen Lebzeiten 90 Enkelkinder bescherten.

Im Geburtsjahr 1604 seines ältesten Sohnes Johann Matthäus erschien Faulhabers in Tübingen gedruckte erste Veröffentlichung unter dem Titel *Arithmetischer Cubicossischer Lustgarten*, der 160 größtenteils kubische Aufgaben mit ihren Lösungen, nicht aber deren Lösungsweg enthält.

Im selben Jahr begann Faulhaber einen Briefwechsel mit dem Nürnberger Rechenmeister Sebastian Kurz, von dem Briefe bis 1633 erhalten sind[5]. Die Briefe an Kurz geben Einblicke in das Leben des Rechenmeisters Faulhaber, der sich erfolgreich um die Mehrung seiner Kenntnisse, seiner Reputation und seiner Einkünfte bemühte. Sie zeigen den Aufbau und die Nutzung eines Informations- und Kommunikationsnetzes, das Faulhaber zu einem der am schnellsten und besten informierten Rechenmeister seiner Zeit machte.

Nicht alle zwischen Ulm und Nürnberg ausgetauschten Kenntnisse und Erfahrungen waren so leicht erhältlich wie die vielen von Faulhaber bestellten Bücher auf den Buchmessen in Frankfurt und Leipzig. So waren die meisten Rechenmeister nicht gewillt, über ihre Einnahmen Auskunft zu erteilen. Das betraf nicht nur die Honorare, die Privatschüler für die Mitteilung besonderer «Secreta» zahlten, sondern auch etwas so alltägliches wie die von den Rechenmeistern erhobenen Kosten für Unterbringung und Verpflegung der ihnen anvertrauten Kinder und der bei ihnen in Kost lebenden Privatschüler. So mußte Faulhaber einige Zeit warten, bis Kurz ihm die gewünschten Kopien von «Quartalsauszügen» für die bis zu 50 «Köster», die der Nürnberger Anton Neudörffer in seinem sehr angesehenen Haus beherbergte, heimlich besorgen konnte[6]. Offensichtlich konnte Faulhaber solche Informationen erfolgreich für den Aufbau seines Schulbetriebes nutzen, für den er sehr bald zwei, wie es damals hieß, Collaboratoren und mehrere Provisoren einstellen mußte[7]. Wie groß die im übrigen sehr schwankenden Schülerzahlen sein konnten, zeigt ein Visitationsbericht von 1623, wonach die nur noch von einem Provisor betreute Schule Faulhabers 9 und die größte damalige Schule in Ulm 200 Kinder unterrichtete[8].

Auch Ausfälle und Mißerfolge kommen in dem Briefwechsel mit Kurz zur Sprache: so die vom Magistrat Ende 1605 verordnete Schließung der Schule[9] von Faulhaber für vier Wochen, weil dort drei Kostgänger, «fürnemer leut Söhne», an der Pest gestorben waren[10] oder das Verhalten eines Herrn Wurmbrandt, der, obwohl er nicht einmal die vier Grundrechenarten für ganze Zahlen beherrschte, mit Hilfe von Kurz mehr als drei Monate vergeblich versucht hatte, die ersten sechs Bücher der Elemente Euklids zu meistern, um dann, ohne zu bezahlen, zu verschwinden und überall herumzuposaunen, wie wenig er bei Kurz gelernt hatte[11].

Zu den aus dem Briefwechsel mit Kurz ersichtlichen Aktivitäten Faulhabers, die außerhalb seiner beruflichen Interessen stehen, gehört die als Meistersinger und Mitglied der «erbarn Gesellschaft» der überwiegend aus Mitgliedern der Weberzunft bestehenden Ulmer Meistersinger, der Faulhaber bis zu seinem Lebensende verbunden blieb. Seine Begeisterung über fünf neue «meisterliche» Melodien, die er durch «göttliche Hilff und Beystand» 1604 gefunden hatte, war so groß, daß er sie zunächst drucken lassen wollte[12] und später der Gesellschaft der Nürnberger Meistersinger als Geschenk verehrte, nachdem ein professioneller Musiker sie in Noten gefaßt hatte[13]. Mehr als ein Vierteljahrhundert später bat Faulhaber Kurz dem Magister Metzger, einem Nürnberger Meistersinger, mitzuteilen[14]:

> daß ich alle maisterliche Melodeyen und gemeß welche dise 600 Jar über vom Anfang des Maistergesangs gemacht worden, alle in sol-

chem Thon gleich singen kan, darumb solche wol ein Melodey aller Melodeyen könndte genanndt werden, allein kan ich solche keinen lehren, er verstehe denn mein Miracula Arithmetica, und die Harmonia der 7 Sigel Zahlen. Und muoß darbey der Kunst des Maistergesangs wol berichtet sein. Es seind nun mehr die größte Geheimnus der freyen Künsten durch solche Zahlen demonstriert, so darinn begriffen.

Diese Stelle, deren Bedeutung in den folgenden Abschnitten klarer werden wird, und die von Faulhaber verfaßten überwiegend religiösen Texte zu den Meistermelodien bestätigen Faulhabers Neigung zu religiösen Schwärmereien, die ihn sehr oft in seinem Leben in Schwierigkeiten brachten.

So hatte Faulhaber, angesteckt von dem Bäcker Noah Kolb, angefangen, an seine unmittelbar von Gott stammende Erleuchtung zu glauben, und war darin von seinem Beichtvater, dem Münsterprediger Johann Bartholome, bestärkt worden, der ihn nach einem zeitgenössischen Bericht «mit Zuthuung etlicher Ceremonien, Gebete, Sprüche u. dergl. zu einem Propheten der letzten Zeiten knieend ordiniert und eingeweiht hat»[15]. Faulhaber hatte dann den seiner Ansicht nach unmittelbar bevorstehenden Jüngsten Tag in Ulm, Memmingen, Augsburg und Hamburg angekündigt, worauf er zusammen mit dem Bäcker Noah Kolb Ende 1606 wegen seiner «Fantastereyen» in den Turm gesperrt und nach seiner raschen Freilassung «seines schwangren Weibs» halber in seiner Bewegungsfreiheit und seinem Umgang wesentlich eingeschränkt wurde[16]. Faulhaber durfte offiziell für einige Zeit von niemandem besucht werden. 1611 verweigerte der neue Münsterprediger, Peter Hueber, Faulhaber wegen «noch gehapter Feindschafft» zur Witwe seines Vorgängers «und dann daß er Faulhaber der Zauberey halben in Verdacht kommen» für einige Zeit das Abendmahl[17]. 1613 wurde Faulhaber wegen seines erneuten Umgangs mit Kolb, den er auch finanziell unterstützt hatte, öffentlich auf der Dombauhütte zurechtgewiesen und ihm jeder Umgang mit Kolb für immer untersagt[18]. Kolb ist 1615 vor allem aufgrund der in mehreren Verhören auch unter Folter gestandenen Unzucht mit verschiedenen Frauen und Kindern dem Scharfrichter übergeben worden[19]; zu den im Zusammenhang mit dem Prozeß gegen Kolb vernommenen Personenkreis gehörte auch Faulhaber[20].

Die Faulhaber zur Last gelegten «Fantastereyen» hatten wesentlich mit seinen mystisch-kabbalistischen Zahlenspekulationen zu tun, die ihrerseits auf den von Faulhaber entwickelten Formeln zur Bestimmung von Polygonal- und Pyramidalzahlen fußten. Polygonal- und Pyramidalzahlen spielten bereits im *Lustgarten* eine wichtige Rolle.

Faulhaber hatte seinen *Lustgarten* als eine Art Verkaufskatalog angesehen, dessen Aufgaben einen Eindruck von den mathematischen Fähigkeiten gaben, die Faulhaber gegen Entgelt in Privatunterricht zu vermitteln bereit war. Da Faulhaber trotz verschiedener Anfragen verständlicherweise an einer Veröffentlichung der Lösungswege für die Aufgaben des *Lustgartens* nicht interessiert war, traf es ihn, obwohl ihm das Vorhaben seit 1605 bekannt war, zutiefst, als 1608 die *Arithmetica Philosophica* von Peter Roth in Nürnberg erschien, deren zweiter Teil die Lösungswege für alle 160 Aufgaben des *Lustgartens* enthielt.

Das Verhalten von Peter Roth bedeutete eine grobe Verletzung der wirtschaftlichen Interessen Faulhabers. Faulhaber versuchte deshalb 1609 in einer an Finten und Ränken nicht armen Korrespondenz mit Roth und dem ebenfalls in Nürnberg ansässigen Rechenmeister Kurz, mit Roth zu einer Abgrenzung der beidseitigen Interessenbereiche auf dem Buchmarkt zu kommen. Faulhaber hatte sich um diese Zeit unter dem Eindruck des Erfolgs der in der *Arithmetica Philosophica* demonstrierten algebraischen Fähigkeiten von Roth der mathematischen Praxis, insbesondere dem perspektivischen Zeichnen, dem Vermessungswesen und dem Wehrbau zugewandt. Aus einem Brief Faulhabers an Sebastian Kurz von 1609 geht hervor, daß[21]

> etliche ansehenliche Kaiserliche Räth, bewuste Künsten von mir zu lehrnen begert, ich aber geförcht, wanns über das dritt hertz komme, so möchte solches zu weit paregiert, und mir mit solcher Kunst gehen, wie mit mein lustgarten, das es mir ein anderer in truckh gebe, also haben mir die fürnembsten herrn alhie geraten, solches an mein Obrikhait zubringen, und derselbigen Rath zuhaben, ob mir bey der Röm: Kay: Mht: Priuilegien deshalben ausgebracht wurde, hernach etlich *Comendation* schriften an die Chur: und Fürsten mitgethailt werden möchten. wie dann die sachen Gott lob uff guot Mittlen steht, also das die herrn Eltern und gehaime Räth (meine gepietende Gn herrn) solche wichtige Künsten in Reyfen Ratschlag nemmen werden.

Im selben Brief konnte Faulhaber dann auch bereits über einen ersten Erfolg berichten:

Es hat den fürnembsten herrn einer so ein Steürherr (oder losunger ist) bey mir in meiner behausung 2 mal eingekehrt, der gibt mir guote verträstung, das ich glaub ein Ersamer Rath werde 2 herrn des Raths deputiern, welche die Künste bey mir (gegen gebührend Obligation) lehrnen, und zuo gemein Baw und Kriegswesen, anlegen möchten.

Faulhaber wollte auch eine Verbindung zu dem «Churfürstlichen Sächsischen Ingenieur» Georg Stripff herstellen, der zu dieser Zeit Kurz in Nürnberg besuchte, weil er hoffte,

sein Gnädigster Fürst und herr werden des Bergwerkhs halben, zu den Künsten lust und liebe gewinnen, dann es in bergkwerckhen ein große Nutzbarkeit gibt, weil der Magnet (wegen des Ertz und eysens) in bergkwerckhen falsch, dises aber gehet, gar geschwind, leycht, doch gar wunderbarlich zuo. Pitt so es sein kan wöllt mir von allen seinen Instrumenten, ein Abriss (nur auffs schlechtest) zukommen lassen, ich vergleichs anderwerths.

Als Stripff bald darauf nach Prag weiterreiste, schickte ihm Faulhaber über Kurz seine Erfindung über die Orientierung untertage zu in der Erwartung, daß der Kurfürst von Sachsen, falls er sie im sächsischen Bergbau einsetzen möchte, sie anderen Fürsten zusenden würde[22]

alls dem König, in Polen oder sonsten höre ich der König in denmarckh, Schweden sey auch ein liebhaber solcher Künsten, deswegen vermeindte ich der zuo lübeckh (dessen ihr nennen thüet) möchte es dahin befürdern könnden, der hr Mauritius Jonß, zuo Cölln beym Churfürsten oder anderstwo.

Nach dem erneuten Ersuchen bei Kurz, jede nur erdenkliche Möglichkeit bis zum König von England auszuschöpfen, zweifelte Faulhaber nicht mehr daran,

das under so vilen Potentaten, etwan einer würdt gefunden werden, der es begern, und bezahlen würdt.

In kurzer Folge brachte Faulhaber 1610 in Frankfurt/Main[23] und in Augsburg[24] zwei Traktate über Instrumente der mathematischen Praxis heraus. In der Widmung der *Newe Geometrische vnd Perspectiuische Inuentiones* betonte Faulhaber die Bedeutung von geometrischen und perspektivischen Kenntnissen für das Bau- und Wehrwesen. Faulhaber, der erfahren mußte, daß seine

Polygonalische *Inventiones* ... den kunstreichen Rechnern vnnd Cossisten allein/ vnd gemeinen Leuthen nicht/ tauglich seynd,

Newe
Geometrische vnd Perspectiui-
sche Inuentiones
Etlicher sonderbahrer In-
strument / die zum Perspectiuischen
Grundreissen der Pasteyen vnnd Vestun-
gen / wie auch zum Planimetrischen Grundlegen
der Stätt / Feldläger vnd Landtschafften / deßgleichen
zur Büchsenmeisterey sehr nützlich vnnd ge-
brauchsam seynd.
Auß demonstriertem vnnd bewehr-
tem Fundament zusammen geordnet / vnd
mit verständlichen Kupfferstücken in
Truck gegeben:
Durch
Johann Faulhabern Rechenmeistern vnd
Modisten / rc. in Vlm.
Getruckt zu Franckfurt am Mayn / bey Wolff-
gang Richtern / in Verlegung Anthonj
Hummen.
M. DC. X.

Abb. 2 Titelblatt des Traktats *Newe Geometrische und Perspectiuische Inuentiones*, wobei der Titel durch die Darstellung einer Reihe von Instrumenten der mathematischen Praxis umrahmt ist; auffällig ist, daß hier bereits der Proportionalzirkel der Galileischen Form und der Reduktionszirkel von Bürgi dargestellt sind. Denselben Rahmen hat Faulhaber 1613 für das Titelblatt von *Himlische gehaime Magia* verwendet.

hatte sich der mathematischen Praxis zugewandt, deren Nützlichkeit außer Frage zu stehen schien. Daß die Vermittlung von Kenntnissen auf diesem Gebiet auch wesentlich einträglicher war, hat sicherlich mit zu diesem Wandel oder besser zu dieser Ergänzung seines Unterrichtangebots geführt. Dementsprechend bot Faulhaber seinen Lesern, die den Gebrauch und die Anwendungsmöglichkeiten von «zur zeit gar geheime vnd verborgene Instrument» lernen wollten, eine entsprechende Unterweisung[25] an. Die ziemlich allgemein gehaltenen Andeutungen über die verschiedenen Einsatzmöglichkeiten der in diesen Traktaten beschriebenen Instrumente dürften zumindest bei unerfahrenen Lesern das Bedürfnis nach weiteren Informationen in Form mündlicher Unterweisung erheblich gesteigert haben.

Faulhaber, der bei einem der beiden Traktate von 1610 versäumt hatte, die Erlaubnis des Rats einzuholen, erhielt deshalb auf der Dombauhütte einen strengen Verweis[26]. Außerdem wurde ihm mitgeteilt, daß er wegen der angeblichen Vernachlässigung seiner Schule bis auf weiteres sein Salär nicht mehr erhielte.

Im folgenden Jahr gestattete der Ulmer Rat Faulhaber, drei seiner «Inventionen» an hohe Potentaten veröffentlichen zu dürfen, eine vierte über das Minieren, also die Anlage unterirdischer Stollen und Gänge, aber nicht. Außerdem wurde er mit 50 Gulden für seine «Inventiones» belohnt[27].

1612 erschien Faulhabers *Newer Mathematischer Kunstspiegel*, der neben der Beschreibung eines Vermessungsinstruments und eines besonderen Proportionalszirkels eine Spekulation über die Zahlen in Daniel und der Apokalypse enthält. Eine lateinische Übersetzung von Johannes Remmelin, einem Arzt und Schüler Faulhabers, kam im selben Jahr heraus[28]. Beide Traktate wurden in der Ulmer Druckerei von Johann Meder gesetzt, der daraufhin ermahnt wurde, künftig keine Arbeit mehr von den beiden ohne Zustimmung des Rats zu drucken[29]. Hintergrund für das erneute Eingreifen des Rats in Faulhabers Publikationsaktivitäten waren von den Vertretern der Kirchenbehörde schon früher beanstandete Zahlenspekulationen in diesen Veröffentlichungen. Dabei ist zu beachten, daß der Rat der Stadt allgemein die Funktion einer Zensurbehörde für alle von seinen Bürgern ausgehenden Schriften beanspruchte, wobei potentielle Autoren jeweils um Druckerlaubnis für die von ihnen geplanten Veröffentlichungen nachzusuchen hatten. Bei der Beurteilung solcher oft abschlägig beschiedener

Druckvorhaben stützte man sich seitens des Rats auch auf Gutachten von außen, die die fachliche Qualität ebenso wie die Unbedenklichkeit des Inhalts hinsichtlich etwa religiöser Glaubenssätze oder wirtschaftlicher und militärischer Interessen der Gemeinde überprüften. Faulhaber erfreute sich aufgrund seiner verschiedentlich erfolgreichen Versuche, die Ulmer Zensur zu täuschen, einer besonderen Aufmerksamkeit der Kirchenbehörde und des von ihr an seine Aufsichtspflicht erinnerten Rats. So wurde ihm 1613 auferlegt, den Verkauf der *Himlischen Gehaimen Magia*, deren Druckfassung von Titel, Vorrede und Schluß des der Zensur vorgelegten Manuskripts abwich[30], in Ulm einzustellen und die bei dem Verleger Remmelin befindliche Restauflage an die Behörden auszuliefern[31].

1.2 Die Welt von Gog und Magog erschlossen durch die prophetischen Zahlen

Faulhaber war aber offensichtlich von den Ermahnungen der kirchlichen und weltlichen Ulmer Obrigkeit nur mäßig beeindruckt und trat 1613 mit der *Andeutung/ Einer vnerhörten newen Wunderkunst*, die in Nürnberg gedruckt war, erneut mit einer Deutung der apokalyptischen Zahlen als Pyramidalzahlen an die Öffentlichkeit. Hier zitiert Faulhaber auch die bündigste Erklärung für den Sinn solcher Zahlenspekulationen[32]

> Die Zahlen sind Göttliche geheime Sachen/ Göttliche Zeugnussen/ Die gantze heilige Schrifft gebraucht sich derselbigen/ Darvon ist auch alles in der Natur/ in seine Proportz vnd maß gegangen/ durch den Willen deß Allmächtigen/ der es gemacht.

Schließlich erschien im selben Jahr — verlegt von Remmelin in Ulm und gedruckt in Nürnberg — die *Himlische gehaime Magia Oder Newe Cabalistische Kunst/ vnd Wunderrechnung/ Vom Gog vnd Magog* die Faulhaber dem Kaiser Matthias gewidmet und rechtzeitig zu Beginn des Reichstages zugesandt hatte; aus der Widmung wird deutlich, daß Faulhaber vom Kaiser Schutz gegen seine Gegner vor allem in seiner Heimatstadt erhoffte. Besonders die Vertreter der Ulmer Kirchenbehörde zeigten sich über Faulhabers erneuten Vorstoß in den Bereich abenteuerlicher Zahlenspekulationen erbost. Man warf ihm vor[33],

> daß er es nicht bei seiner Kunst der Arithmetik, Geometrie, Mathematik hat verbleiben lassen, sondern aus Buchstaben, Zahlen und versiegelten Worten eine Prophecey erzwingen will,

und beorderte ihn auf die Dombauhütte, wo er von den Religionsherren «über solche verdächtige Verba unnd Phrases» befragt und angehört werden sollte[34]. Man vermutete nämlich, daß Faulhaber, der die ursprüngliche Fassung des Titels *Himlische gehaime Weißheit* durch *Himlische gehaime Magia* ersetzt hatte, nur ein völlig unzureichendes Verständnis der Begriffe «Magia» und «Kabbala» hatte und hinsichtlich der Verwendung dieser Begriffe von dem Rektor des Ulmer Gymnasiums, Johann Baptist Hebenstreit, und dem Arzt Johannes Remmelin beeinflußt worden war[35].

In der Vorrede an den Leser und im Beschluß der *Himlischen gehaimen Magia* nimmt Faulhaber in Anspruch, im Gegensatz zu denen,

> die auß ihrer eignen Vernunfft/ oder fürwitz/ solchen Geheymnussen deß allerhöchsten nachgrüblen,

von Gott selbst etwas über die in den «Biblischen zahlen» verborgenen Geheimnisse erfahren zu haben.

Hier steckt ein Schlüssel zum Verständnis des Konflikts zwischen Faulhaber und seinen vielen Kritikern. Faulhaber betonte bis zu seinen letzten Schriften den Charakter des Geheimnisvollen, mit dem Gott selbst die «Biblischen zahlen» umgab. Wenn Gott gewollt hätte, daß dem Menschen die Entdeckung des Geheimnisses mit den Mitteln des natürlichen gesunden Menschenverstands offenstünde, hätte man die Zahlen in der Apokalypse schon viel früher entschlüsseln können. Dies entsprach aber, zumindest nach Faulhaber, nicht den Absichten Gottes, der sich zur Auflösung der geheimnisvollen Bedeutung der biblischen Zahlen bestimmter auserwählter Personen bediente. Dazu mußten solche Personen von Gott erleuchtet werden, wobei es sich von selbst versteht, daß das Ergebnis der Erleuchtung außerhalb der Reichweite menschlicher Fähigkeiten steht. Faulhaber behauptete, zu den von Gott Erleuchteten zu gehören, was ihn nach seinem Selbstverständnis auch jeder Notwendigkeit enthob, Erklärungen für die ihm zugänglich gemachten Erkenntnisse abzugeben. Den meisten seiner Zeitgenossen erschien ein solcher Anspruch unannehmbar, weil sie an Faulhaber wenig oder besser nichts entdecken konnten, was einen solchen Anspruch gerechtfertigt hätte. Außerdem sahen sie sich durchaus in der Lage, jedermann einsichtige Erklärungen für das Zustandekommen der sehr vagen Äußerungen Faulhabers über die Bedeutung der biblischen Zahlen abzugeben, nach denen Faulhaber als Scharlatan oder als ein fehlgeleiteter religiöser Fanatiker erschien.

Aus den wenigen klareren Beispielen für Faulhabers Nutzung der biblischen Zahlen zu Deutungen und Voraussagen läßt sich ableiten, daß Gott nach Faulhabers Auffassung Zeichen setzte, die für ihn an ihrer Beziehung zu einer oder mehreren der sieben biblischen Zahlen erkennbar waren. Dabei sah sich Faulhaber offenbar in dem Maße, in dem ihm seine Gegner unsinnige Spekulationen und Phantastereien vorwarfen, als der einzige bestätigt, der aus solchen nur scheinbar unzusammenhängenden und damit sinnlosen Beziehungen einen Sinn erkennen konnte.

Es paßt durchaus zu den unterschiedlichen Auffassungen von Faulhaber und seinen sich auf den gesunden Menschenverstand berufenden Kritikern, daß Faulhabers Deutungen der biblischen Zahlen alles andere als eindeutig waren, weil man dieselbe Zahl als Polygonalzahl, Pyramidalzahl oder Summe von solchen für verschiedene Polygone darstellen konnte. Wer hier ein Problem wegen mangelnder Eindeutigkeit der Darstellung sieht, der sei auf zeitgenössische Texte verwiesen, die zeigen, daß es z. B. für die meisten damals nicht darum ging, einen Bedeutungsinhalt möglichst eindeutig durch ein Wort festzulegen, sondern daß vielmehr als Tugend angesehen wurde, ein und dieselbe Bedeutung durch möglichst viele verschiedene Wörter ausdrücken zu können. Außerdem war die Schreibweise für ein und dasselbe Wort, ein und denselben Namen nicht eindeutig festgelegt; so kann man für das Bindewort «und» auf einer Seite bis zu drei verschiedene Schreibweisen, auf ein und demselben Blatt, das das Erbe und die Nachfolge des Herzogs von Friedland, des Generalissimus Wallenstein, regelt, die Familie einmal als die von Waldstein und einmal als die von Wallenstein bezeichnet finden[36]; die suggestive Wirkung der Wiederholung, in verschiedenen Formen angelegte rhetorische Figuren wie Hendiadyoin waren dem einfachsten Rechenmeister bei den Anpreisungen seines Angebots geläufig, wobei man am häufigsten einem deutschen Ausdruck den entsprechenden in latinisierter Form folgen ließ, was dem Autor den Anstrich größerer Gelehrsamkeit verlieh. Zu Faulhabers

Zeit zählte noch am meisten, wer über eine Vielzahl von Ausdrucksmöglichkeiten verfügte oder als Rechenmeister eine Vielzahl von Lösungsmöglichkeiten für ein und dasselbe Problem anbieten konnte.

Die durchaus stattliche Anzahl von Verteidigern Faulhabers zeigt, wie groß die Bereitschaft noch war, die Vieldeutigkeit seiner Darstellungen der biblischen Zahlen ohne weiteres zu akzeptieren und unkritisch an das Wunderbare zu glauben. Andererseits beweisen die Gegner Faulhabers, daß der Boden für eine Rezeption der Ideen Descartes' ebenfalls bereits gut vorbereitet war, der seine Zeit davon zu überzeugen suchte, daß die Leistungsfähigkeit des recht gebrauchten menschlichen Verstandes ausreicht, auch das Wunderbare zu erklären. Zu den Voraussetzungen einer sinnvollen Nutzung des Verstandes gehörte bei Descartes die Reduktion eines komplex erscheinenden Sachverhalts auf einige Grundelemente. Das setzte seinerseits die Beseitigung von Vieldeutigkeiten voraus.

Im Gegensatz dazu entsprach der Faulhaberschen Vieldeutigkeit und dem damit einhergehenden Mangel an Unterscheidungs- und Abgrenzungsvermögen ein undifferenzierter Universalismus. So haben in Faulhabers *Gehaimer Magia* drei «Testimonien» über technische Erfindungen, die dem dunkel gehaltenenen eigentlichen Text vorausgehen, die Funktion, den Kaiser und «andere Potentaten» auf Faulhaber als Erfinder hinzuweisen, und gleichzeitig als Ausweis für seine Fähigkeit zu dienen, die apokalyptischen Zahlen deuten zu können. Sie zeigen, daß Faulhaber in einem solchen universalistischen Verständnis seine kabbalistischen Deutungen auf derselben Ebene der Nützlichkeit und Anwendbarkeit angesiedelt sehen wollte wie seine technischen Erfindungen.

Der eigentliche, gut zehn Seiten umfassende Text der *gehaimen Magia* enthält den nicht weiter vertieften Hinweis auf die Notwendigkeit, über einen «General Schlüssel» jeder «Himlischen Wunderzahl ihr Philosophisch Algebraisch Gewicht» zuzuweisen und damit bestimmte Zeitmaße festzulegen, aus denen sich Voraussagen für das Eintreffen wichtiger Ereignisse ableiten lassen. Dazu kommt eine Wortrechnung, die sich nicht allein auf ein, sondern auf insgesamt vier Alphabete bezieht, einen Spruch zu entschlüsseln, den Faulhaber

> auß dem ersten Buch Mosis/ deßgleichen auß dem Propheten Hesekiel/ der Offenbarung S. Johannis/ vnnd andern dunckeln Weissagungen durch Göttliche Gnad *observieret.*

Erst 1619, im Todesjahr von Kaiser Matthias, hat Remmelin in einer Verteidigungsschrift für Faulhaber, dem *Sphyngis Victor*, diesen Spruch mit den einzelnen Schritten der dazu erforderlichen Wortrechnung veröffentlicht. Er lautet:

> Gog vnd Magog ein hoher Regent in Europa kompt auß Japheths Geschlecht.

Gog aus dem Land des Magog ist in dem alttestamentarischen Ezechielbuch der Führer der am Ende aller Zeiten gegen das Volk Gottes in Israel ziehenden Völker, der nach anfänglichen Erfolgen zusammen mit seinen Anhängern von Gott selbst vernichtet werden wird. Der von Faulhaber in vielen seiner kabbalistischen Schriften bemühte Gog hatte im Rahmen einer weit zurückreichenden christlichen Tradition die Züge des Antichrist angenommen.

Faulhaber war, von einer einige Jahre währenden Unterbrechung in den 20er Jahren abgesehen, lebenslang mit seinen kabbalistischen Spekulationen befaßt, durch die er in z. T. große Wellen schlagende Auseinandersetzungen mit der weltlichen und kirchlichen Obrigkeit verwickelt wurde und deretwegen er zweimal aus seiner Heimatstadt floh. Die kabbalistische Deutung der apokalyptischen Zahlen wurde auch mit den von der Stadt mit Argwohn beobachteten Versammlungen von Anhängern der Rosenkreuzerbewegung in Zusammenhang gebracht, an denen Faulhaber zumindest aus der Sicht der Ulmer kirchlichen Obrigkeit maßgeblichen Anteil hatte[37].

> Und nachdem ankommen, daß inn Johann Faulhabers unnd Herrn D. Davidts Verbecii Geselschafft bis inn 70 Personen, so man die Rosenkreutz Brueder nenne, aber verborgner weis Conventicula haltten, unnd vil zusamen schreiben. aber in specie khöndte man niemandt wißen, dann obbemelte beede ...

Tatsächlich hatte Faulhaber, wie ein Brief von 1618 zeigt[38], einigen, zu seinem Bedauern nicht erfolgreichen Aufwand getrieben, um in Kontakt mit der «löblichen Gesellschaft des Rosenkreuz» zu kommen. Zu solchen Versuchen zählt mutmaßlich eine anonyme lateinische Schrift von 1615, deren Autorschaft später Faulhabers Schüler und Freund, Johannes Remmelin, für sich in Anspruch nahm[39]. Diese Schrift war als eine Art Lockruf ausdrücklich den «über alles erleuchteten und hochlöblichen Männern der Fama der Rosenkreuzerbruderschaft» gewidmet. Hauptanliegen der anonym veröffentlichten sogenannten Rosenkreuzermanifeste[40], auf denen die Rosenkreuzerbewegung der Zeit beruht, scheint eine theologische und politische Einigung zwischen den verschiedenen protestantischen Richtungen gewesen zu sein[41]. In den Manifesten war von einer Bruderschaft der Rosenkreuzer die Rede, deren Mitglieder über ein außerordentliches Wissen verfügten, das die Neugier vor allem vieler Gebildeter reizte. Dabei hatte Faulhaber ebenso vergeblich wie viele andere versucht, mit der Brüderschaft in Kontakt zu treten, über deren Existenz niemand Genaueres in Erfahrung zu bringen wußte.

Die in den Rosenkreuzermanifesten vor allem in der *Chymischen Hochzeit: Christiani Rosencreutz* verwendete Bildsprache hat enge Bezüge zur zeitgenössischen Alchimie, in deren Geheimnisse einzudringen Faulhaber ebenfalls bemüht war. Als Erfolg solcher Anstrengungen teilte Faulhaber seinem Begleiter auf der Suche nach den Rosenkreuzern, Rudolf von Bunau, 1621 mit[42]:

> ich habe es durch Gottes Hilf so weit gebracht, daß ich aus 1 gran Gold in wenigen Tagen 2 gran Gold machen kan, deshalben ich denn dem Allmächtigen Lob vnd Danck sagen thue/ vnd ob es wohl aus 1 Loth 10 werden sollen/ hab ich es doch bis anhero nicht weiter wie gemelt bringen können vnd solches mit eigenen Händen gearbeitet.

Sich mit Alchimie zu beschäftigen, war noch zwei Generationen nach Faulhaber für die aufgeklärtesten Vertreter der neuen Naturwissenschaften wie Leibniz und Newton eine Selbstverständlichkeit. Newton unterschied eine «göttliche» Alchimie, der es um ein Verständnis der von Gott bewirkten Wachstums- und Umwandlungsprozesse geht, von einer ausschließlich mit Metallumwandlung, vor allem in Gold, befaßten Alchimie[43]. Gerade die Goldmacherkunst hatte im Vorfeld und erst recht während des Dreißigjährigen Krieges Hochkonjunktur, als sich die unter chronischem Geldmangel leidenden kleinen und großen Potentaten an die Versprechungen der verschiedensten Betrugsalchimisten klammerten und ihnen reihenweise aufsaßen[44]. So suchte auch Faulhaber nach einer Tinktur, mit der es ihm möglich wäre «ein Mark Silber zu rechten/ natürlichem/ wahrhafften gutem Gold/ wie es Gott in der Erden erschaffen» ebenso wie Quecksilber in Gold zu verwandeln[45]. Offenbar war Faulhaber bei seinen alchimistischen Versuchen wie so vielen anderen trotz seiner vollmundigen Behauptung Bunau gegenüber der rechte Erfolg nicht beschieden; sonst hätte sein Wissen entsprechende Spuren hinterlassen.

1.3 Die Vorhersage eines Kometen für das Jahr 1618

Anders verhält es sich mit der Vorhersage des Auftauchens eines Kometen für den 1. September 1618, die unter den vielen für seine Zeitgenossen aufregenden Geschichten und Geschichtchen in Faulhabers Leben einen gewissen Höhepunkt darstellt. Die in einem Einblattkalender für 1618 enthaltene Vorhersage löste eine Fülle von Reaktionen aus, die sich vor allem in vielen Pamphleten für und gegen Faulhaber äußerten.

Tatsächlich waren 1618 von Johannes Kepler drei Kometen beobachtet worden[46], die man allerdings, soweit sie überhaupt wahrgenommen wurden, zumindest in Ulm und Tübingen als ein und denselben Himmelskörper auffaßte. Der erste war nur sehr schwach von etwa Ende August bis Ende September zu erkennen und wurde offenbar von den meisten, nicht aber von Faulhaber übersehen. Ein für jedermann gut sichtbarer Komet war erst im November des Jahres beobachtet worden. Das veranlaßte die Kritiker von Faulhaber u. a. zu dem Vorwurf, das um zwei Monate verspätete Eintreffen des Kometen völlig unberechtigt als Bestätigung seiner Voraussage zu beanspruchen. Dem hielt einer der Freunde Faulhabers entgegen[47], daß

> nach beygeruckter Zeit sich die Warheit durch den Willen Gottes zuereignen vnnd vorgesagter Cometstern am hohen Himmel männiglich zu praesentiren angefangen/ auch von ihme Faulhabern neben andern glaubwürdigen gelehrten Leuten in ipso Septembri, vnd also zubegerter Zeit/ allbereit wiewol dunckel observirt/ vnd hierdurch seiner Prophecey ohnwidertreibliche Krafft von Gott ertheilet worden/

Faulhaber hatte seine Beobachtungen über den von ihm im August gesichteten Kometen in einem Brief vom 26. August 1618 dem mit ihm befreundeten Matthäus Beger in Reutlingen mitgeteilt[48], um sie an den Tübinger Professor Michael Maestlin weiterzuleiten und mit dessen eigenen Beobachtungen dieses Kometen vergleichen zu lassen. Beger hatte aus Tübingen nur in Erfahrung bringen können[49]:

> Es sey solcher Comet erst in November gesehen worden/ von jnen zu Tübingen vnd deren Orten/ darauß gnugsamb erscheint/ das wolermelter Herr Faulhaber der erste gewesen sey/ welcher deren orten solchen Newen Cometen am Himmel wahr genommen habe.

Faulhaber wertete das Auftreten des von ihm in einem Kalender für den 1. September 1618 vorhergesagten und bereits im August auch von anderen[50] beobachteten Kometen als einen großen Erfolg und als eine Bestätigung der besonderen ihm von Gott verliehenen Fähigkeiten.

Faulhaber hat mit dem ihm eigenen Selbstbewußtsein in der *Fama Siderea Nova* seinen Erfolg gefeiert und die daraus abgeleiteten Ansprüche angemeldet. Als Herausgeber der *Fama Siderea Nova* war ein Julius Gerhardinus Goldtbeeg aus Jena angegeben, hinter dem sich Daniel Mögling verbarg, der auch das Pseudonym Theophilus Schweighart verwendete[51].

Der ihm früher freundschaftlich verbundene Rektor des Ulmer Gymnasiums, Johann Baptist Hebenstreit, und einer der dortigen Lehrer, der «Praeceptor» Zimbertus Wehe, der sich hinter einem Pseudonym zu verstecken suchte, waren die Hauptgegner Faulhabers in den an die *Fama* anschließenden Auseinandersetzungen.

Hebenstreits Frontenwechsel kam für Faulhaber ziemlich überraschend. Hebenstreit war von Faulhaber noch in der Beobachtung des bzw. der Kometen von 1618 unterwiesen worden und hatte auch noch den Text für Faulhabers *Fama* korrigiert[52]. Mit seinem *Cometen Fragstuck*, das Ende 1618 herauskam, wollte Hebenstreit die sich angesichts des allgemeinen, sehr großen Interesses an den Kometenerscheinungen des Jahres 1618 bietenden Marktchancen so früh wie möglich nützen. Der ihm dabei unterlaufene Fehler, Mars und Arcturus zu verwechseln, wurde offenbar von einem seiner Konkurrenten auf dem Markt der Komentenschriften, Isaak Habrecht, dem Leibarzt des Grafen von Hanau, rasch entdeckt und zur Grundlage einer vernichtenden Kritik an Hebenstreits Schrift gemacht[53]. Hinzu kam, daß Hebenstreit auch mit seiner Auffassung über das Wesen und den Ort der Kometen nicht gerade das Wohlwollen der Astronomen erregte.

Hebenstreit hatte bereits in dieser Schrift Faulhaber, ohne ihn namentlich zu erwähnen, angegriffen u. a. durch die Feststellung, daß seine Augen «zu blöd» waren, am 1. September 1618 einen

Schrifftmessige vnd Cabalistische Andeutung oder Vorbildung deß newen Miraculosischen Cometsterns Anno 1618.

Abb. 3 Der von Faulhaber für 1618 vorhergesagte Komet nach der *Fama* von 1619.

erst sehr viel später sichtbaren Kometen zu sehen. In seiner zweiten lateinischen Schrift[54] von 1619 wandte sich Hebenstreit sehr viel ausführlicher gegen die Möglichkeit, aufgrund kabbalistischer Zahlenspekulationen Ereignisse wie das Auftauchen von Kometen voraussagen zu können. Dabei setzte er sich mit dem Inhalt der *Fama* auseinander, wiederum ohne Faulhaber namentlich zu erwähnen, was als bewußt gewählte Form der gesellschaftlichen Distanzierung von Faulhaber gedeutet werden kann.

Faulhaber, der von seinem Briefpartner Kurz über dessen Verbindungen zu Verlagen in Nürnberg und Augsburg über die Identität von Hisaias sub cruce und Zimbertus Wehe informiert worden war[55], deutete Hebenstreits plötzliche Gegnerschaft als Ausdruck von dessen Enttäuschung über den Mißerfolg seiner deutschen Kometenschrift.

Hebenstreit und Wehe wiesen darauf hin, daß Faulhaber die Voraussage des Kometen einer Arbeit des kaiserlichen Mathematikers und Astronomen Johannes Kepler entnommen hatte. Tatsächlich waren Faulhaber die Ephemeriden Keplers für 1618 bekannt, in denen für den 1. September 1618 Julianischen Stils als ekliptikale Länge des Mars, ausgehend vom Meridian durch Uraniborg, der Sternwarte Tycho Brahes auf der Insel Hven, und ebenso als ekliptikale Breite des Mondes 3° 33′ angegeben waren[56]. Außerdem hatte Kepler in seinem *Prognosticon* für das Jahr 1618 in einem Abschnitt über Krankheiten bemerkt[57]:

> Es wäre dann/ daß etwa ein Comet darzu käme: weil wir seit Anno 1607 keinen gehabt.

Wehe verband in seiner von Hebenstreit[58] übernommenen Rekonstruktion der Grundlage für Faulhabers Kometenvorhersage von 1618 das von Kepler ohne genauere zeitliche Angabe für möglich gehaltene Auftauchen eines Kometen im Jahr 1618 mit den für die Länge des Mars und die Breite des Mondes in den Ephemeriden von 1618 für den 1. September alten Stils übereinstimmenden Werten[59]:

> Daß er (wie wol contra omnem rationem Mathematicam, Arithmeticã, & Astronomicam) die gradus vnd minuta gantz pueriliter utrobiq; confundiert, vnd in ein Zahl zusammen geschmältzet/ vnnd hat jhme müssen longitudo Martis 3. grad. 33. min. soviel als 333. deßgleichen auch latitudo Lunae 3. grad. 33. min. soviel als 333. machen. Welche beyde Zahlen zusammen addiert, weilen sie seinen numerum mysticum 666. produciren, mit welchem er alle seine Hirnbre-

Septembris **Motus Planetarum** **Anno 1618.**

Iuliani	Gregoriani	♄ Longi	La	♃ Longi.	La	♂ Longi.	La	☉ Longitudo	♀ Longi.	La	☿ Longi.	La	☽ Longi.	Latit.	☊ L
		♊ Gr. Mi.	M D I	♓ Gr. Mi.	M D I	♋ Gr. Mi.	S A O	♍ Gr. Mi. Se.	♎ Gr. Mi.	S D O	♍ Gr. Mi.	S D I	♈ Gr. Mi.	M A G. M.	♒ O
22 *Ægidij*	1	8. 4	56	1.56	23	27.14	48	8.37. 2	9.16	37	12.51	30	26.43	0.31	42
23 *G 12.*	2	8. 6	56	1.48	23	27.52	48	9.35.15	10.28	34	14.43	25	♒ 9.52	S 0.42	39
24	3	8. 8	56	1.41	23	28.30	49	10.33.31	11.41	32	16.36	20	23.20	1.52	36
25	4	8. 0	57	1.33	23	29. 8	50	11.31.48	12.53	29	18.24	15	♓ 7.12	2.59	33
26	5	8.11	57	1.25	23	29.46	51	12.30. 7	14. 6	27	20.11	10	21.24	3.56	29
27	6	8.[illegible]3	57	1.17	23	♌ 0.24	52	13.28.27	15.18	25	21.58	O 5	♈ 5.48	4.38	26
28	7	[illegible]	57	1. 9	24	1. 2	52	14.26.49	16.31	22	23.41	59	20.24	5. 3	23
29 *Nati: M*	8	8.1[illegible]	57	1. 2	24 A	1.39	53	15.25.12	17.43	20	25.26	53	♉ 4.59	D 5. 8	20
30 *G 9.*	9	8.17	57	0.54	24	2.17	54	16.23.38	18.56	18	27.10	47	19.33	4.55	17
31	10	8.18	57	0.47	24	2.55	55	17.22. 6	20. 8	15	28.50	41	♊ 3.57	4.22	14
1	11	8.19	57	0.40	23	3.33	56	18.20.35	21.21	12	♎ 0.31	35	18. 0	3.33	10
2	12	8.19	58	0.33	23	4.10	57	19.19. 7	22.33	9	2.10	28	♋ 1.51	2.34	7
3	13	8.20	58	0.26	23	4.48	58	20.17.42	23.46	6	3.49	22	15.31	1.26	4
4	14	8.20	58	0.19	23	5.26	59	21.16.19	24.58	3 M	5.26	15	29. 1	0.14	♈ 29
5	15	8.20	58	0.13	23	6. 3	1 0	22.14.58	26.11	3	7. 3	8	♌ 12.18	M 0.57	58
6 *G 14 Cr:*	16	2.21	58	0. 7	23	6.41	1	23.13.40	27.23	6	8.38	1 M	25.22	2. 4	54
7	17	8.21	58	0. 0	23	7.18	2	24.12.23	28.35	9	10.11	6	♍ 8.13	3. 4	51
8	18	8.21	58	♒ 29.53	23	7.55	3	25.11. 8	29.47	12	11.45	14	20.42	3.52	48
9 *Angari*	19	Re: 8.2[illegible]	58	29.47	23	8.32	3	26. 9.55	♏ 0.59	16	13.18	21	♎ 3.17	4.30	45
10	20	8.21	59	29.41	23	9. 9	4	27. 8.44	2.11	19	14.49	29	15.35	4.54	42
11 *Matthe*	21	8.21	59	29.35	22	9.45	5	28. 7.35	3.23	22	16.19	36	27.41	5. 4	39
12	22	8.20	59	29.29	22	10.22	6	29. 6.29	4.35	25	17.47	43	♏ 9.43	A 5. 1	35
13 *G 15.*	23	8.20	59	29.23	22	10.59	7	♎ 0. 5.25	5.47	28	19.16	51	21.39	4.45	32
14	24	8.20	59	29.17	22	11.35	8	1. 4.22	6.59	32	20.44	58	♐ 3.32	4.16	29
15	25	8.19	59	29.12	22	12.12	9	2. 3.23	8.11	35	22.12	I 5	15.26	3.35	26
16	26	8.19	59	29. 7	22	12.48	10	3. 2.26	9.23	38	23.37	12	27.37	2.46	23
17	27	8.18	59	29. 1	22	13.24	10	4. 1.31	10.35	41	25. 2	20	♑ 9.25	1.50	20
18	28	8.18	2 0	28.56	22	14. 0	11	5. 0.37	11.47	45	26.26	27	21.47	0.46	16
19 *Mic...*	29	8.17	0	28.51	22	14.36	12	5.59.44	12.59	48	27.48	34	♒ 4.33	S 0.22	13
20 *G* [illegible]	30	8.16	0	28.47	21	15.11	13	6.58.53	14.11	51	29. 9	41	17.45	1.31	10

♄ stationarius præcise faciet [illegible] cum oculis Tauri. ♂ inter d. 10. & 11. mane transibit inter Asellos. ♀ inter 8 & 9 supra spicam transibit, die 21. sub lance Austrina. ☿ die 21. paulo supra spicam perspicillo quærendus. ☽ die 12. [illegible] teget genu Geminorum die 24. [illegible] teget cor Scorpii.

Abb. 4 Die Seite aus den Ephemeriden von Johannes Kepler für das Jahr 1618, auf der für den 1. September Julianischen Stils die (ekliptikale) Länge des Mars und die Breite des Mondes jeweils mit 3° 33′ angegeben ist.

chende Grillen verdünchen will/ so hat es/ Faulhaberischer meinung nach/ nicht fehlen können/ es hat müssen hier Himmlische Weißheit verborgen liegen/ vnnd hat auff diesen tag den 1. Septembris der Cometstern in Allweeg seinen Anfang nemmen/ vnd erscheinen sollen.

Die Aussagen von Hebenstreit und Wehe über Faulhabers Vorgehen bei der Kometenvorhersage widersprechen in keiner Weise den gelegentlich doch recht abenteuerlich anmutenden kabbalistischen Spekulationen Faulhabers in anderem Zusammenhang; auch hat weder Faulhaber selbst noch einer seiner Verteidiger in diesem Punkt den beiden Kritikern konkret widersprochen. Das gilt sowohl für die als «Vorläufer einer Rechtfertigung Faulhabers» unter dem Pseudonym Justus Cornelius erschienene Verteidigungsschrift für Faulhaber[60] als auch für die daran anschließende «Fortsetzung der Rechtfertigung Faulhabers», deren Autor das Pseudonym C. Euthymius de Brusca verwendete[61]. Hinter Justus Cornelius steht wahrscheinlich[62] der Arzt David Verbez oder Verbecius; dafür spricht auch eine Mitteilung von Faulhaber an Kurz, daß Verbez etwas gegen Hebenstreit vorbereite[63]. Ob C. Euthymius de Brusca ein anderes Pseudonym für Verbez ist oder ob sich hinter diesem Namen ein anderer Autor verbirgt, ist ungeklärt. In beiden Schriften wird jedenfalls ausdrücklich auf die Angaben der Position des Mars und des Mondes in den Ephemeriden Keplers für das Jahr 1618 verwiesen[64]. C. Euthymius de Brusca machte zwar geltend, daß Faulhaber den Kalender Keplers für das Jahr 1618, in dem von einem Kometen die Rede war, erst im Dezember 1618, als der Komet längst aufgetaucht war, über Hebenstreit zu sehen bekam[65]; einige Seiten später versuchte er aber das Eingeständnis der Richtigkeit von Wehes Darstellung durch die Aussage zu überspielen, Faulhaber habe die Einsicht, daß 666 eine «Tessaracondexagonal» Zahl mit der Wurzel 6 und ebenso eine Prismenzahl auf der Basis eines Neunecks mit derselben Wurzel ist, «der Speculation vnd Betrachtung» eben der Länge und Breite des Mars bzw. des Mondes für den 1. September 1618 zu verdanken[66].

Wie später deutlich werden wird[67], läßt sich 666 als eine zu einem 46-Eck gehörige Polygonalzahl der Wurzel 6, also als sechstes Glied einer arithmetischen Folge zweiter Ordnung mit dem Anfangsglied 1 und der Differenz 44, bzw. als eine zu einem Neuneck gehörige Prismenzahl der Wurzel 6, also dem sechsfachen des sechsten Gliedes einer arithmetischen Folge zweiter Ordnung mit dem Anfangsglied 1 und der Differenz 7, darstellen. Beide Darstellungen lassen allerdings nicht die geringste Verbindung zu dem von Kepler angegebenen Wert von 3° 33′ für die Länge des Mars bzw. die Breite des Mondes am 1. September 1618 erkennen, und selbst Faulhaber dürfte es schwergefallen sein, aus den angegebenen Darstellungen für 666 eine auf das Erscheinen eines Kometen hindeutende Information zu filtern.

Nach alledem ist es sehr wahrscheinlich, daß Hebenstreit und Wehe mit ihrer Darstellung des Weges, auf dem Faulhaber zu seiner Kometenvorhersage gekommen war, recht hatten; es sieht auch so aus, daß Hebenstreit und Wehe, die ja beide vor der Auseinandersetzung um den Kometen von 1618 ein eher freundschaftliches Verhältnis zu Faulhaber gepflegt hatten, über Faulhabers Methode gar nicht spekulieren mußten, sondern direkt oder über Mittelsleute davon erfahren hatten.

Der von den beiden für Faulhabers Spekulationen als unfreiwilliger Ideengeber erwähnte Kepler gehörte dann auch zu den Kritikern von Faulhaber; er hatte, allerdings erst auf längeres Drängen von Hebenstreit hin, eine Schrift mit dem Titel *Kanones Pueriles* unter einem Pseudonym veröffentlicht, das wie der Titel eine Permutation der Buchstaben des Namens Joannes Keplerus ist[68].

Hebenstreit erreichte vor allem durch den Hinweis auf die Gefährdung der Jugend der Reichsstadt durch Faulhaber und seine Anhänger, daß Faulhaber vom Magistrat im Herbst 1619 zu einem nichtöffentlichen «deutschen Colloquium» auf die Dombauhütte geladen wurde[69]. Mit Rücksicht auf Faulhabers mangelhafte Lateinkenntnisse wurden die Fragen und Antworten in deutscher Sprache formuliert. Über den Inhalt dieses «Colloquiums», das nur in einem sehr eingeschränktem Maße als ein protestantisches Gegenstück zu der Befragung Galileis vor der römischen Inquisition im April 1633 angesehen werden kann, wurde ein Protokoll angefertigt, das noch erhalten ist. Faulhabers Aussage, daß er seine Kenntnisse über die biblischen Zahlen allein seinem Fleiß, insbesondere beim Studium der Arithmetik, und dem Gebet verdanke, auf die Hauptfrage, ob seine Kometenvorhersage das Ergebnis göttlicher Eingebung oder eigener Spekulation sei, bewahrte ihn zunächst vor weiteren Maßnahmen der Obrigkeit.

Der Verlauf des Kolloquiums mit Faulhaber wurde übrigens von den Anhängern wie von den Gegnern Faulhabers, ersichtlich aus den bis 1621 veröffentlichten Streitschriften, als Erfolg der jeweils eigenen Seite interpretiert.

1.4 Intellektuelle Ritterschaft in der Auseinandersetzung der Getarnten und Maskierten

Die «Faulhaberiani» und ihre Gegner kämpften teilweise, ohne ihre Identität preiszugeben, d. h. sie benutzten Pseudonyme oder veröffentlichten anonym. Die Motive dafür waren offenbar verschieden. Kepler, den Hebenstreit um Unterstützung gebeten hatte, wollte als kaiserlicher Mathematiker nicht namentlich in einen Streit gezogen werden, der ihm bestenfalls periphere Bedeutung zu haben schien und verwendete deshalb ein Anagramm seines Namens. Wehes Identität wurde durch Informationen über die von ihm beauftragte Augsburger Druckerei entdeckt, wobei er durch Weglassung des Druckorts und die Verwendung des Pseudonyms «Parnassische» Druckerei die Identifizierung erschwert hatte. Wehe veröffentlichte unter dem Pseudonym Hisaias sub cruce, angeblich um sich gegen die Verletzung seiner Ehre durch den direkten Umgang mit einem intellektuell und auch sozial weit unter seinem Niveau Stehenden zu schützen[70]. Für den sozialen Unterschied zwischen ihm und Faulhaber hatte Wehe auf Faulhabers Herkunft aus einer Weberfamilie und seine Ausbildung als Rechenmeister verwiesen[71]. Vor dem Hintergrund der Herkunft Faulhabers versuchte Wehe Faulhabers Bemühungen um Kontakte zu hochgestellten Persönlichkeiten und insbesondere seine Ausschreibungen an «alle Philosphos, Mathematicos, sonderlich Astronomos vnnd Gelehrte des gantzen Teutschlands» als lächerliche Anmaßungen, als unzulässige soziale Grenzüberschreitungen erscheinen zu lassen[72].

Der pseudonyme Kämpfer für Faulhabers Seite, Justus Cornelius, behauptete, daß Wehe sein Pseudonym von einem Zeitgenossen, dem wahren Hisaias sub cruce gestohlen habe, der seinerseits mit dem Umfeld der «noch ongewissen» Bruderschaft der Rosenkreuzer in Verbindung gebracht wurde, über die Cornelius einige offenbar größeres Interesse[73] beanspruchende Bemerkungen einzustreuen wußte[74]. Hinter dem «wahren» Hisaias sub

Cruce steckt der für Hebenstreits astronomischen Ehrgeiz so wenig förderliche Arzt Isaak Habrecht, dessen zumindest dem Nürnberger Buchhändler Simon Halbmayer bekanntes Pseudonym von Wehe bewußt mißbraucht wurde[75].

Wenn Justus Cornelius mit dem Arzt David Verbez identisch ist, dann dürften sich seine Motive, sich eines Pseudonyms zu bedienen, von denen Wehes unterscheiden. Einmal konnte sich der bekannte Arzt durch die Benutzung eines Pseudonyms einen Freiraum schaffen, unbeschadet seines Ansehens Hebenstreit und Wehe in dem von Wehe angeschlagenen, einer sachlichen Auseinandersetzung unangemessenen und verletzenden Ton zu antworten. Dabei zielte er darauf ab, Hebenstreit und Wehe als charakterlose, dünkelhaft auf ihre Würde bedachte, gotteslästerliche, neidische, in der Sache völlig inkompetente und wirklichkeitsfremde «Schulfuxer» zu entlarven. Cornelius/Verbez zeigte sich erstaunlich gut über wenig rühmliche Einzelheiten aus Wehes Vergangenheit informiert, dessen Herkunft als Sohn eines Drechslers kaum als Rechtfertigung für die beanspruchte soziale Höherstellung gegenüber Faulhaber anzusehen war[76]. Verbez, der sich gerade um diese Zeit vehement, aber offensichtlich ohne Erfolg, um offizielle Maßnahmen gegen die in Ulm überhandnehmende Konkurrenz von nichtakademischen Heilern aller Art bemüht und deswegen 1619 der Stadt seine Dienste aufgekündigt hatte[77], könnte sich auch eines Pseudonyms bedient haben, weil er der Obrigkeit, die ihn rosenkreuzerischer Umtriebe verdächtigte, und den Gegnern Faulhabers keine Angriffsmöglichkeiten bieten wollte, vor er die Stadt verlassen hatte.

Auch wenn Faulhaber durch Cornelius/Verbez als seinem Widersacher Wehe ebenbürtig rehabilitiert war, konnte er doch nach dem Verbot des weiteren Vertriebs von Wehes Schrift durch den Magistrat von Ulm aufgrund des Einspruchs der Zensurbehörde Wehes Angriffe nicht selbst beantworten[78]. Es liegt nahe anzunehmen, daß die von der Zensurbehörde in Ulm zurückgewiesenen Entgegnungen Faulhabers zumindest teilweise in den Schriften seiner Verteidiger berücksichtigt wurden. Insofern sind die wiederholten Hinweise von Cornelius/Verbez auf die bewunderungswürdige Langmut Faulhabers gegenüber seinen Widersachern Hebenstreit und Wehe lediglich als öffentlichkeitswirksame Taktik einzustufen.

Kennzeichnend für die in der Auseinandersetzung um Faulhabers *Fama* sichtbare Vermischung verschiedener Interessen, sich wirtschaftlich oder auf dem sozialen Markt der Ehre und des Ansehens Vorteile zu verschaffen bzw. anderen Vorteile vorzuenthalten, sind auch die Einstellungen und Argumentationsweisen der Beteiligten sehr unterschiedlich. Während Faulhabers Gegner durch ihr Bestreben, Faulhaber gegen seine stark ausgeprägte Aufsteigermentalität an seinem sozialen Ort zu halten, sozial konservativ erscheinen, wirkt die Forderung der beiden an antiken Bildungsidealen orientierten Philologen Hebenstreit und Wehe nach Durch- und Einsichtigkeit der von Faulhaber für seine Vorhersagen verwendeten Methoden modern. Demgegenüber berufen sich die Faulhaberiani wie Faulhaber selbst in der konservativsten Weise auf eine nicht weiter zu hinterfragende Kompetenz und Autorität, sind aber bereit, zumindest für Faulhaber eine soziale Besserstellung und damit soziale Mobilität zuzulassen.

Interessant für die in dieser Auseinandersetzung ins Spiel gebrachten sozialen Dimensionen sind auch die Hinweise von Justus Cornelius auf das Tragen bzw. den Gebrauch von Degen, also einer Waffe, die über ihre unmittelbare Funktion hinaus als ein soziales Unterscheidungsmerkmal diente. Hebenstreit soll aus Rachsucht gegenüber den Entdeckern seiner schon aus dem Holzschnitt auf dem Titelblatt seines *Cometen Fragstuck* ersichtlichen Verwechslung von Mars und Acturus in der Schule und auf den Straßen von Ulm «einen milchfarben schnöden Dägen» getragen haben[79]. Wehe wurde daran erinnert, daß er Faulhaber herausgefordert und deswegen eine entsprechende Entgegnung zu gewärtigen habe, die allerdings nicht auf der Ebene einer physischen, sondern einer geistigen Auseinandersetzung erfolgen würde, da Faulhaber nicht «sovil Fechtschulen mit solchem Fleiß» besucht hätte wie Wehe[80].

Hinter diesen Anspielungen stecken zwei Motive. Einmal richteten sich die Angriffe von Hebenstreit und noch mehr die von Wehe über Faulhaber hinaus gegen alle seine Anhänger, von denen viele als Männer von Stand jeden Versuch einer Herabsetzung ihrer Ehre mit der Waffe zu beantworten erzogen waren. Die unter Verwendung von Pseudonymen antretenden, aus angesehenen Kreisen stammenden Schüler und Verteidiger Faulhabers sahen andererseits den Degen als eine Metapher für einen jetzt auf der Ebene der Mathematik und der Astronomie auszutragenden Waffengang an. Für sie war die Belohnung für eine erfolgreiche Beschäftigung als Liebhaber der Mathematik, anders als für Faulhaber, rein ideell und äußerte sich in einer Mehrung ihres Ansehens in der Gesellschaft.

Vor einem solchen Hintergrund wird verständlich, warum die Hinweise Wehes auf die beengten sozialen Verhältnisse des jungen Faulhaber, verbunden mit dem Versuch, Faulhabers sozialen Bewegungsradius auf diese Verhältnisse zu beschränken, für Faulhaber einen besonderen Ansporn bedeuteten, sich von seiner Vergangenheit zu lösen.

Wie stark und wie lange dieses Motiv in Faulhaber nachwirkte, zeigt ein 1630 angefertigtes Portrait Faulhabers, das dem Tafelband zur *Ingenieurs-Schul* beilag[81]. Der Kupferstich zeigt den Ingenieur Faulhaber, dessen Haar- und Barttracht wie Kleidung ein ganz anderes Image ansprach als eine 15 Jahre früher entstandene Darstellung des Rechenmeisters Faulhaber. Der Faulhaber von 1630 stellt einen der Kleiderordnung der Zeit nach einer höheren sozialen Schicht angehörigen Herrn dar, dessen veränderte Ansprüche durch verschiedene Hinweise, Zeichen und Embleme kenntlich gemacht sind.

Am auffälligsten, weil vielleicht befremdlichsten, ist der Hinweis auf die im 16. Jahrhundert nach der Erstausgabe von 1544 vielmals aufgelegte Kosmographie von Sebastian Münster[82] mit dem Ziel, nachzuweisen, daß die Faulhaber schon vor mehr als 400 Jahren an Turnieren teilnahmen und sich dabei ritterlich hielten. Auf den von Faulhaber angegebenen Seiten der Kosmographie Münsters findet sich, daß an dem Turnier der «Ritterschaft des Rheinstrams» in Worms von 1209, dem u. a. drei Kurfürsten beiwohnten, unter der Rubrik «Die Edlen» ein «Dieterich Faulhaber», an dem Turnier der «Ritterschaft vom Rheinstram» in Ingelheim am Rhein von 1337 unter den Edlen ein «Albrecht Faulhaber» und am Turnier der «Ritterschaft des Rheinstrams» in Darmstadt von 1403 unter den Edlen ein «Frewein Faulhaber» aufgeführt war. Bei diesen Erwähnungen der Turnierteilnehmer in der Kosmographie von Münster handelt es sich um bloße Namenslisten, die außer der Zugehörigkeit zu einer Ritterschaft eines bestimmten geographischen Bereichs wie etwa Rheingau, Franken, Sachsen oder Bayern und zu einer sozialen Untergruppe unter den allein zugelassenen Adligen keine weiteren Angaben wie genaue Herkunft, Verwandtschaftsbeziehungen usw. enthal-

Aigendtliche Bildnuß
Deß Ehrnvösten vnd weitberühmbten Herren Johannis Faulhabern/ bestelten Mathematici inn Vlm seines Alters fünff vnd dreyssig Jar.

Schrifften Herren Johann Faulhabers Teutsch publiciert auch gröstes theils Lateinisch vertiert.

1. Arithmetischer Cubicossischer Lustgarten ꝛc. Getruckt zu Tübingen bey Erhardto Cellio. Anno 1604.
2. New erfundner gebrauch eines Niderländischen Instruments. Getruckt zu Augspurg bey David Francken. Anno 1610.
3. Newe Geometrische vnd perspectiuische Inventiones etlicher Sonderbarer Instrument. Getruckt zu Franckfurt bey Wolffgang Richter/in verlegung Anthoni Hummen. Anno 1610.
4. Andeutung einer vnerhörten Newen Wunderkunst/welche der Geist Gottes in etlichen Prophetischen vnd Biblischen Geheimnussen zahlen biß auff die letste hat wollen versigelt vnd verborgen halten. Getruckt zu Nürnberg durch Abraham Wagenmann Anno 1613.
5. Himlische geheime Magia, oder Newe Cabalistische kunst vnd wunderrechnung vom Gog vnd Magog. Getruckt zu Nürnberg durch Abraham Wagenmañ. Año 1613.
6. Newer Arithmetischer Wegweiser. Getruckt zu Vlm durch Johañ Meder. Anno 1615.

Getruckt zu Augspurg / bey David Francken: In verlegung Steffan Müchelspacher. 1615.

Abb. 5 Johannes Faulhaber als Rechenmeister nach einem Stich von 1615.

ten. Die aufgelisteten Faulhaber gehörten alle der Ritterschaft des Rheingaus an; sie waren als «Edle» in der größten und gleichzeitig hierarchisch untersten Gruppe angesiedelt. Die in der Kosmographie aufgeführten Gruppen beginnen mit den Fürsten, denen in dieser Reihenfolge die «Graffen», «Freyherren», «Ritter» und schließlich die «Edlen» folgen.

Die Angaben in der Kosmographie Münsters reichen nicht einmal aus, um sicherzustellen, daß die drei erwähnten «Edlen» namens Faulhaber aus dem 13., 14. und 15. Jahrhundert miteinander verwandt waren, noch viel weniger, um sie mit den überwiegend als Weber tätigen Faulhaber im Ulm des 16. Jahrhunderts in Verbindung zu bringen.

Nichts wäre dem Faulhaber von 1630 nach den Erfahrungen mit Wehe ferner gelegen, als an seine Herkunft als Sohn eines Webers zu erinnern. Ihm ging es darum, den später erreichten sozialen Aufstieg in der für seine Zeit überzeugendsten Form zu legitimieren, durch den Hinweis auf die Zugehörigkeit zum Adel. Genau diese Funktion einer Legitimation sollte der Hinweis auf die in der Kosmograhie von Münster erwähnten Ritter des Namens Faulhaber erfüllen.

Auf der zweiten Legitimationsebene der Eignung für die beanspruchte Stellung sind auf dem Portrait Faulhabers von 1630 seine besonderen Fähigkeiten und Verdienste aufgeführt. Dazu gehört auch ein lateinischer Vierzeiler, der den herausragenden Einfallsreichtum, das «Ingenium» Faulhabers betont, wobei die Verwendung des Lateinischen ebenfalls auf ein höheres soziales Niveau verweist.

1.5 Der Wandel zum vielbeschäftigten Ingenieur vor dem Hintergrund des Dreißigjährigen Krieges

Wesentlich für den späteren sozialen Aufstieg Faulhabers waren seine immer wieder gepflegten Kontakte zu hochmögenden Herren. An einen von ihnen, den Herzog Friedrich von Württemberg, hatte sich Faulhaber auf dem Höhepunkt des Kometenstreits gewandt und daraufhin vom Herzog wie von der Kirchenbehörde in Ulm die Erlaubnis erhalten, seine mathematischen und technischen Kenntnisse in Württemberg öffentlich zu lehren. Als bekannt wurde, daß Faulhaber in seinen württemberger Vorträgen, die er 1620 in Heidenheim an der Brenz und in Aalen begonnen hatte, hauptsächlich über seine um Gog und Magog kreisenden Spekulationen sprach, wurde ihm die Fortsetzung seiner Vorträge untersagt[83].

Daß Faulhaber trotz aller Kritik und trotz seines wiederholt gegebenen Versprechens, von diesen Dingen zu lassen, sich von solchen Spekulationen nie wirklich distanzierte, zeigt ein Brief an Kurz von 1627, in dem Faulhaber vorhersagte[84]:

> Der nechst künfftig newe Stern, würdt an dem Orth des Himmels gliebts Gott erscheinen, da Gott der Herr am Anfang etliche Stern in der Proportion der h. Prophetischen Zahlen erschaffen, wie ichs alles H. D. Verbezius und andern gelehrten hinderlegt.

Um die Zeit der heftigsten Auseinandersetzungen über Faulhabers Kometenvorhersage von 1618 hielt sich der junge Descartes in Süddeutschland auf; seine Biographen wußten später zu berichten, daß er im Winter 1619/20 mit Faulhaber in Ulm zusammengekommen war. Allerdings enthalten weder die erhaltenen Papiere von Descartes oder von Faulhaber irgendeinen Hinweis auf eine solche Begegnung. Wichtiger als die vergleichsweise belanglose Frage, ob sich Descartes und Faulhaber persönlich begegneten, ist die nach einer Vertrautheit Descartes' mit den Arbeiten von Faulhaber. Tatsächlich weisen einige der frühesten mathematischen Schriften von Descartes, aber auch seine *Géométrie*, Gemeinsamkeiten vor allem mit dem Inhalt der 1622 erschienenen *Miracula Arithmetica* Faulhabers auf, mit deren Abfassung Faulhaber um die Zeit der fraglichen Begegnung mit Descartes begonnen haben dürfte. Wenn es also zu einer Begegnung mit Descartes gekommen sein sollte, dann machen solche Gemeinsamkeiten einigermaßen wahrscheinlich, daß Faulhaber in seiner Eigenschaft als Privatlehrer Descartes über einen Teil seiner damaligen Kenntnisse informiert hat.

Den Hintergrund für den Aufenthalt Descartes' in Ulm bot der Krieg, der damals begann; der Krieg sollte aufgrund der Vielzahl der dabei beteiligten Mächte, zu denen die habsburgischen Spanier und die Erzfeinde der Christenheit, die Türken, ebenso gehörten wie die Landsleute des Schwedenkönigs im Land der Mitternachtssonne und der Papst in Rom, aufgrund der vielseitigen und unentwirrbar miteinander vernetzten Interessen und Ansprüche dreißig Jahre dauern. An diesem Krieg hat sich Descartes als ein junger Mann auf der katholischen Seite beteiligt. Anlaß für Descartes, mit Faulhaber zusammen zu kommen, könnte die Hoffnung gewesen sein, die in Frankreich und in den Niederlanden erworbenen mathematischen Kenntnisse zu erweitern und über Faulhaber, dem entsprechende Kontakte nachgesagt wurden, etwas über die geheimnisvolle Bruderschaft der Rosenkreuzer zu erfahren.

Weniger interessant für Descartes als die Faulhaber unterstellten Kontakte zu der Bruderschaft der Rosenkreuzer dürfte die Faulhaber ebenfalls vorgeworfene Zugehörigkeit zu den sogenannten Schwenckfeldianern gewesen sein. Kaspar Schwenckfeld galt als Vertreter des radikalen Flügels der Reformation. Er hatte seit 1521 kräftig an deren Ausbreitung mitgewirkt und sich 1525 mit Luther überworfen, wobei hier unterschiedliche Auffassungen über das Abendmahl und Schwenckfelds spiritualistisches Kirchenverständnis eine Rolle spielten. Meist auf der Flucht seit 1529 hielt er sich hauptsächlich in Straßburg, Augsburg und Ulm auf, wo er 1561 verstarb, und predigte seine «himmlische Philosophie», die der freien Wirkung des Geistes ein größeres Gewicht gab als der Bindung an den Wortlaut der Bibel und an die Sakramente. In seinem Gefolge entwickelte sich die mystische Gemeinschaft der Schwenckfeldianer, die die Nachfolge Christi im Sinne der Bergpredigt, Gewissensfreiheit und Toleranz forderten und Waffendienst wie Eid ablehnten. Faulhaber wehrte sich immer wieder heftig gegen den Vorwurf des Schwenckfeldianismus.

Als bekannt geworden war, daß er gegen sein Versprechen Anfang 1621 in Aalen wiederum über Gog und Magog gesprochen hatte, wurde ihm zunächst die Absolution bei der Beichte versagt; er hatte sich dann bei einem anderen Beichtvater die Absolution erschlichen und trotz der wiederholten Vorstellungen des Superintendenten Dr. Dieterich, nicht daran teilzunehmen, das Abendmahl eingenommen; daraufhin wurde er von der Ulmer kirchlichen Obrigkeit vom Abendmahl ausgeschlossen[85]. Die Dinge eskalierten bis zum Ende des Jahres 1621, wobei vor allem der Vorwurf einer bewußten Mißachtung und Hintergehung der Obrigkeit eine Rolle spielte. Hinzukam, daß im selben Jahr eine Schrift anonym erschienen war[86], in der das Vorgehen des Ministeriums gegen Faulhaber scharf angegriffen wurde[87]. Das Ministerium sah sich veranlaßt, schärfer gegen Faulhaber vorzugehen, der jede Kenntnis über die Schrift und ihren Verfasser leugnete. Zwei von der Obrigkeit abgefangene Schreiben Faulhabers an den mit ihm befreundeten Arzt Dr. Verbezius und die Aussagen des Junkers Hans Ludwig Schad, der mit Faulhaber und Verbezius verkehrt hatte[88], schürten Argwohn und Verdacht gegen Faulhaber so weit, daß man sich berechtigt sah, Faulhaber gefangen zu setzen[89]. Faulhaber sollte nach den von ihm wiederholt beanspruchten göttlichen Erleuchtungen und seiner Mitgliedschaft in der Bruderschaft der Rosenkreuzer befragt werden[90].

Faulhaber entzog sich seiner Gefangensetzung noch vor dem Hl. Abend desselben Jahres durch seine Flucht nach Augsburg[91], wo ihm das dortige Ministerium ebenfalls die Zulassung zum Abendmahl verweigerte. Als sich von Augsburger Seite insbesondere Johann Fugger der Ältere in Ulm für Faulhaber eingesetzt und man daraufhin von einer erneuten Gefangensetzung Faulhabers abgesehen hatte[92], kehrte er im März 1622 nach Ulm zurück, um im Mai, nachdem Faulhaber einer weiteren Vorladung, sich auf der Dombauhütte zu rechtfertigen, nicht Folge geleistet hatte[93], für drei Monate nach Tübingen zu gehen. Von den Theologen der Universität Tübingen wurde ihm mitgeteilt[94],

> daß die Bibel an dem Orth (da der Stritt mit der Zahl 666 war) gefälscht war, in der griechischen Hauptsprach, welches ich zuvor mein lebenlang nie gewußt.

Dies mag wohl den Ausschlag dafür gegeben haben, daß Faulhaber nach langem Hin und Her anfang 1624 als ein freier Mann nach Ulm zurückkehren konnte und dort nach einer Aussprache und Aussöhnung mit den Kirchenvertretern ein für die Ulmer Kirchenbehörde annehmbares Glaubensbekenntnis unterschrieb[95]. Daß Faulhaber trotz des Eingeständnisses seines Irrtums seine Überzeugung nie aufgab, daß ihm Gott besondere Fähigkeiten zur Deutung der in der Offenbarung enthaltenen «himmlischen» Zahlen verliehen hatte, zeigen seine späten Schriften.

David Verbez brachte 1622 in Augsburg Faulhabers *Miracula Arithmetica* zum Druck, die neben der *Academia Algebrae* von 1631 das wichtigste mathematische Werk Faulhabers darstellen.

Im Herbst 1622 ging Faulhaber, der schon in den Jahren zuvor immer wieder von seiner Heimatstadt Ulm für Vermessungsarbeiten auch für die Befestigungsanlagen herangezogen worden war, als Festungsbauingenieur nach Basel, wo er bis Januar 1624 beschäftigt war. Während seiner Basler Tätigkeit besuchte Faulhaber 1623 für kurze Zeit die Niederlande. Für den Weggang von Ulm waren die Streitigkeiten mit der kirchlichen Obrigkeit verantwortlich. Den Wandel in Faulhabers Lebensverhältnissen beleuchtet am besten ein Brief an Kurz vom 30. April 1624:

> ich hab nicht underlassen könnden, den herrn Bruder einmal wider schrifftlich zubesuchen und denselbigen meinen jezigen zustand zuberichten. Demnach ihme noch wol bewust sein würdt aus was ursachen ich uff etliche *Universitäten* geraist, und nacher der Statt Basel beschriben und von selbigem *Senat* bey der Statt Ulm ausgebetten, auch in die Niderland zu Printz Moritzen in wichtigen geschäfften verschickht worden und aber der Printz mit mir *tractieren* lassen wöllen, das ich bey seiner *Excellenz* in ein ewiger Bestallung einlassen solle, da mir dan 3mal souil anerbotten werde, als ich zu Basel besoldung gehabt, alls hab ich solche angebotene bestallung glimpflich abgeschlagen, und meinem vatterland zuvorderst zudienen mich resolvirt. darauff ich nach vorhergegangenem Examen für ein *Ingenieur* erklärt, und der printz mir sein brustbild von Gold verehrt[96]. Da mir nun Gott der HERR wider mit gesundem leib (als ich die Niderländischen Fortificationen hin und wider gesehen) nachher Basel geholffen und der Herr Obriste Mylander, meine Herren alhie in ulm berichtet, was massen Printz Moritz mein Newe *Invention* in der Fortification approbirt, und ich mit solcher Erfindung meinem vatterland in ihren wichtigen und zweifelhafftigen Puncten bedient sein könde, als hat der herr Burgermeister, mich wider alhero beschriben, darauff ich meinen Abschid von Basel genommen, wie der Herr aus beygelegter Copey zusehen, und mit meinem Sohn uff Strasburg gefahren, von dannen bin ich mit den Ulmischen Kauffleüthen wider alhero khommen, darauff ich mich mit den herrn Predigern alhie dergestalt verglichen das ich in allem wol *content* bin, innmassen ein schrifftlicher vergleich zwischen uns auffgericht, der von beeden theilen underschriben. Darnach bin von dem *Senat* alhie ich für einen *Ingenieur* bestelt, und ist mein Pact mit demselben besigelt worden.

Die in diesem Bericht deutliche Wende in Faulhabers Leben war das Ergebnis langjähriger Bemühungen Faulhabers, sich für die Stadt Ulm und andere großmögende Herren wie den Herzog Johann Friedrich von Württemberg oder den Landgrafen Philipp von Hessen-Butzbach durch eine Vielzahl von Dienstleistungen vor allem bei der Lösung von Vermessungs- und Bauproblemen unentbehrlich zu machen. Für die 1618 eingegangene Bestallung bei dem Landgrafen von Hessen mußte Faulhaber wie auch später bei anderen Engagements außerhalb der Stadt Ulm jeweils die Erlaubnis des Rats einholen. Das Ansehen, das sich Faulhaber durch seine Arbeiten außerhalb von Ulm zu verschaffen wußte, hat ihm auch wesentlich geholfen, seinen Status in Ulm selbst zu verbessern. So war es keine Frage, daß man Faulhaber an der lange geplanten Reform des Ulmischen Maßsystems beteiligte, als man 1627 an Johannes Kepler, der seit dem Vorjahr zur Überwachung der Drucklegung der Rudolphinischen Tafeln in Ulm wohnte, mit der Bitte herantrat, ein für die Ulmischen Längen- und Hohlmaße geeignetes Eichgefäß, den später so genannten Keplerkessel, zu schaffen.

Bei den Verhandlungen um den ersten Vertrag mit der Stadt in seiner neuen Eigenschaft als Ingenieur hatte Faulhaber «mit der Besoldung zu hoch in die Stauden geschlagen»[97]. Man hatte sich dann auf einen Dreijahresvertrag geeinigt, in dem ihm im ersten Jahr 400 und in den beiden folgenden je 500 Gulden neben den üblichen Zuwendungen in Form von Holz und Getreide zustehen sollten[98]. Faulhabers Einkommen als Ingenieur, das etwa das zehnfache der durchschnittlichen jährlichen Besoldung der Stadt für einen der sechs um diese Zeit in Ulm tätigen Rechenmeister und Modisten ausmachte, verdeutlicht seinen sozialen Aufstieg.

1628 hob die Stadt den Vertrag mit Faulhaber als Ulmischer Ingenieur auf. Bis zum September 1629 wurde er gegen Auslieferung der für die Stadt interessanten Modelle aus seiner Kunstkammer auf ein «Warttgelt» von jährlich 100 Gulden gesetzt[99]. Danach konnte er angesichts der schlechten Zeiten nur noch nach Bedarf für die Erledigung bestimmter Aufträge entlohnt werden[100]. 1631 ist Faulhaber auf der vergleichsweise bescheidenen Basis von 200 Talern jährlich für zwei Jahre angestellt worden[101]; nach einer weiteren Verlängerung um zwei Jahre endete Faulhabers Bestallung bei der Stadt Ulm einen Monat vor seinem Tod[102].

Faulhaber hatte in den Jahren ab 1629 wieder mehr Zeit, sich durch Veröffentlichungen bemerkbar zu machen und viele Reisen als Berater in Befestigungsfragen zu machen. So kam er jeweils nach Einholung des Einverständnisses der Stadt Ulm z. B. nach Schaffhausen, Nikolsburg in Südmähren, Frankfurt/M., Memmingen und Lauingen. Im Juni 1632 war Faulhaber in Leipzig, wo er dem dafür zuständigen «königlichen Ingenieur» «sein Bedenken, die Stadt zu fortificiren», übergab. In Donauwörth traf er 1632 mit Gustav Adolf zusammen, der ihm ein sehr hohes Angebot unterbreitet haben soll, falls Faulhaber in seine Dienste träte.

Faulhaber hat über seine Begegnung mit Gustav Adolf in den dem Schwedenkönig gewidmeten *Vernünfftiger Creaturen Weis-*

sagungen selbst berichtet. Danach sollte Faulhaber auf Geheiß des von Gustav Adolf in Ulm eingesetzten Kommandanten dem König über die Ulmer Befestigungsanlagen berichten. Aus von Faulhaber nicht angegebenen Gründen kam es nicht zu dieser Unterredung. Eine zweite Gelegenheit zu einem Gespräch mit Gustav Adolf ergab sich, als sich Faulhaber zusammen mit dem Bürgermeister und einigen Begleitern in Lauingen aufhielt und von dem schwedischen König nach Donauwörth beordert wurde. Faulhaber nutzte die Gelegenheit, dem Schwedenkönig nicht nur über seine Kenntnisse als Festungsbauingenieur zu informieren, sondern sich auch mit seinen Deutungen von Zahlen, Wundern und Zeichen interessant zu machen, aus denen die historische Rolle von Gustav Adolf in der von Gott vorherbestimmten Menschheitsgeschichte deutlich hervorgehen sollte. Anlaß für den Gustav Adolf gewidmeten Traktat war vor allem ein im Juni 1630, dem Jahr des Kriegseintritts des «Löwen von Mitternacht», erlegter «Wunderhirsch», dessen Abmessungen wie Länge des Geweihs, des Kopfes oder der Läufe bei einer von Faulhaber passend gewählten Einheit die biblischen Zahlen, darunter auch 666 ergaben. Der Wunderhirsch bedeutete für Faulhaber allgemein, daß «ein hoher Regent» aus dem Land der Rentiere in die Gegend, in der der Wunderhirsch erlegt wurde, mit einer Kriegsmacht «schnell wie ein Hirsch» einfallen würde. Bei den Zeitgenossen, auf die die außerordentliche Beweglichkeit und die hohen Marschleistungen der schwedischen Heere den nachhaltigsten Eindruck hinterließen, dürfte eine solche Deutung ihre Wirkung nicht verfehlt haben. Seine Sicht der Besonderheiten des Wunderhirsches sah Faulhaber auch in Übereinstimmung mit der des Laufes des Kometen von 1618. Die von Faulhaber den «guthertzigen» Lesern angebotenen «Specialia» seiner Deutungen waren nichtssagende, mit vielen Bibelstellen garnierte Allgemeinplätze und damit alles andere als speziell oder gar konkret.

Ob Gustav Adolf, der noch im selben Jahr in der Schlacht bei Lützen gegen die unter Wallensteins Kommando kämpfenden Kaiserlichen fiel, Zeit fand, sich Faulhabers Deutung des Wunderhirsches zu Gemüte zu führen, ist unbekannt. Das Angebot des schwedischen Königs, bei ihm als Festungsbauingenieur tätig zu werden, hat Faulhaber jedenfalls ebenso wie andere davor ausgeschlagen. Ein solches Verhalten scheint auf den ersten Blick nicht gut vereinbar mit den seit 1625 wieder verstärkten Bemühungen Faulhabers, sich durch geeignete Veröffentlichungen als Fachmann zur Lösung technischer Probleme und insbesondere für das Wehr- und Vermessungwesen zu profilieren. Anscheinend wollte Faulhaber keine Dauerstelle weit entfernt von seiner Heimatstadt; er bemühte sich aber sehr wohl um zeitlich befristete Aufträge außerhalb von Ulm. So hat sich Faulhaber verschiedentlich über seinen Nürnberger Korrespondenten Sebastian Kurz nach einer möglichen Beschäftigung als Festungsbauingenieur in Nürnberg erkundigt, ohne allerdings in Nürnberg auf Interesse an seinem Engagement zu stoßen[103]. Offenbar hatte ihn die Situation des damals als Ingenieur für die Nürnberger Befestigungsanlagen verantwortlichen Hans Carl[104] zu den Anfragen ermutigt; Carl war 1609/10 bei Faulhaber «in der Cost» gewesen und von ihm ausgebildet worden[105].

Unter den vor der *Ingenieurs-Schul* veröffentlichten technischen Schriften, mit denen Faulhaber auf sich aufmerksam machen wollte, war die interessanteste die *Geheime Kunstkammer* von 1628. Es handelt sich um einen Katalog von 100 Nummern, in denen sich Faulhaber anheischig macht, für eine Fülle von technischen Problemen Lösungen anzubieten, von denen die meisten anhand von Modellen in der «Kunstkammer» seines Ulmer Hauses erklärt werden konnten. Das Vorgehen des Ingenieurs Faulhaber entspricht dabei ganz dem des Rechenmeisters Faulhaber mit der Veröffentlichung des *Lustgartens*. Wer sich, was in den damaligen Kriegszeiten durchaus nahelag, darüber informieren wollte[106],

> Wie man Pasteyen/ Bollwerck/ Faulsebrayen/ Cavalier/ Kazen/ Ravelin/ halbe Mond/ Hornwerck/ Contrascarpen/ Item Trancheen/ Batterien/ Blockhäuser/ Reduiten vnnd Schantzen/ sampt ihren Brustwehren/ vnnd anderer Zugehör mit sonderbahren Vortheylen künstlich machen/ vnd wenigerm Kosten auffbawen soll,

mußte oder sollte nach Ulm zu Faulhaber kommen, um gegen Bezahlung entsprechende Unterweisung zu bekommen. Faulhaber bot auch an, «einen Obristen/ welcher nicht rechnen kan» in kurzer Zeit in die Fortifikation einzuweisen, womit angesichts des offenbar sehr schlechten mathematischen Ausbildungsstandes höherer Offiziere ein durchaus dringliches Bedürfnis befriedigt werden konnte. Faulhaber war auch um Nachhilfe für die Schlachtenlenker nicht verlegen, denen er anbot, «Allerley wunderliche Schlachtordnung zu machen». Unter den vielen Angeboten von technischen Lösungen, die wie Vorschläge für neue Roste von Brennöfen, verbesserte Mühlkonstruktionen, Wasserspritzen, Steinsägen und Münzprägewerke den Bereich des Wehrwesens weit überschritten, findet sich auch der Hinweis auf einen neuen Beweis der Quadratur des Kreises sowie[107]

> Etliche newe/ vnd vnerhörte miraculosische Inventiones in der Arithmetica, Geometria, Mechanica, Architectonica, Astronomia, vnd anderen freyen Künsten.

Anders als in der *Geheimen Kunstkammer* hat Faulhaber unter dem Eindruck der Einnahme und Zerstörung von Magdeburg durch die unter dem Befehl von Tilly und Pappenheim stehenden Truppen der katholischen Liga im Jahr 1631, bei der viele in Kellern untergebrachte Frauen und Kinder erstickten, in seinem 1632 erschienenen Traktat *Magdenburgischer Phoenix* genauere Angaben zum Bau von erstickungssicheren unterirdischen Schutzräumen vor allem für Frauen und Kinder gemacht, die dort nicht nur vor dem Bombardement der Belagerer, sondern vor dem oft noch schlimmeren Zugriff der schändenden, mordenden und sengenden Soldaten im Fall der Einnahme der Stadt gesichert sein sollten.

Mit solchen Veröffentlichungen hat Faulhaber, wie die Besucher seiner Kunstkammer in Ulm und seine verschiedenen Engagements als Festungsbauingenieur außerhalb von Ulm zeigen, erfolgreich auf seine technische Kompetenz hinzuweisen gewußt und vielleicht auch seine ihm gegenüber nicht immer sehr großzügige Heimatstadt dazu veranlaßt, ihn 1631 wieder als Ingenieur zu beschäftigen.

Dabei sollte nicht vergessen werden, daß die protestantischen Reichsstädte etwa zum Unterhalt der Heere von Gustav Adolf durch hohe Kontributionen beitragen mußten, die z. T. durch Zusatzsteuern aufgebracht werden mußten und die Finanzlage auch so reicher Städte wie Ulm oder Nürnberg stark verschlechterten. Dennoch scheint Faulhaber zu den wenigen gehört zu haben, die durch den großen Krieg eher gewannen als verloren.

Von den Schrecken der Kriegsjahre, die Faulhabers Karriere als Kriegsbauingenieur wesentlich begünstigten, ist auch in den erhaltenen Briefen nur wenig zu spüren. Faulhabers Kommunikations- und Publikationsverhalten, seine Buchanschaffungen sind auch in den schlimmsten Kriegsjahren nicht anders als in besseren. Das hat sicherlich damit zu tun, daß Ulm von direkten Kriegseinwirkungen weitgehend verschont blieb; ein sehr eindringlicher Bericht über die zeitgenössische Stimmung in Ulm, der allerdings unter dem Eindruck der in Ulm schrecklich wütenden Pest[108] nur einige Tage vor dem Tod Faulhabers geschrieben wurde, stammt von seinem glücklicheren Widersacher im Bemühen um eine feste Stelle bei der Stadt, Joseph von Furttenbach[109]:

> Da seind in diser Wochen 350 Bürger und Bürgerinnen und derselben Kinder gestorben und in den Baaren zum Frawenthor hinaus getragen worden, diejenige aber, so in beeden Brechhäusern (vor dem Gensthor), wie auch die Bettler, so auf den Gassen lagen und starben, nit gezellet, und wurde jedem ein neue Baar oder Sarch gemacht, dahero alle Schreiner in der ganzen Statt sovil mit Baaren zu machen zu schaffen gehabt, daß sie unwillig und müde darüber worden.
>
> Der gemeine Pöffel war noch alle weil frech, die lieffen zusamen, fraßen und soffen, wollte niemandt mer arbeiten. Ein jeder thette von seinen Freunden die Erb einnemmen und sprachen wir wollen noch lustig sein, wer weiß wie lang wir leben.
>
> Im Kriegswesen war es so still, alls ob unser Lebtag nie kein Krieg gewesen were, allso war alles sicher, die Pauren schnitten das Korn ein und war so wol gerathen, daß man nit genug Menschen haben könte, so das Korn einsambelten, dahero vil Korn im Veld stehen blibe und zu Grund gehn mußte, dan man auch umb große Belohnung keine Menschen haben könte, die da arbeitten wolten, und hatt ein jeder gnug zu leben.

Auch die Korrespondenten Faulhabers berichten nur selten von den kriegsbedingten Nöten der Zeit; so, wenn der ehemalige Professor der Universität Tübingen, Eberhardt Schullltheiß, Faulhaber acht Exemplare seiner *Tabulae Geographicae* anbot, um mit dem Erlös seinen beiden jungen Neffen unter die Arme zu greifen, die auf dem Weg nach Augsburg, wo sie als Schneider Arbeit zu finden hofften, von 30 Soldaten ihrer letzten Habe beraubt worden waren[110]. Näher wird Faulhaber das Schicksal seines Freundes Dr. Remmelin gegangen sein, der sich unter dem wachsenden Rekatholisierungsdruck in Augsburg so bedrängt fühlte, daß er Kurz im Juli 1630 um Hilfe anging, ihm eine Bleibe und Arbeitsmöglichkeit als Arzt in Nürnberg oder «in einem andern evangelischen Stätlin» zu suchen, weil er nach Ulm unbeschadet seines dortigen Bürgerrechts wegen der vielen Ulmer Ärzte nicht mehr zurückgehen wollte[111]. Auch an Kurz ging der Krieg nicht spurlos vorrüber; fast 30 000 Nürnberger starben an Hunger und Seuchen, als im Sommer 1632 die von Wallenstein befehligten Heere die in Nürnberg verschanzten Schweden unter Gustav Adolf mehrere Wochen belagerten[112], was Faulhaber nach der Mitteilung von Briefverlusten durch plündernde Soldaten im Oktober zu der Bemerkung veranlaßte, «Ach freylich ist es ein Jammer zu Nürnberg»[113].

Faulhaber ist in der 1631 in Augsburg veröffentlichten *Academia Algebrae*, seinem reifsten mathematischen Werk, wieder auf seine mit dem *Lustgarten* von 1604 einsetzenden arithmetisch-algebraischen Untersuchungen zurückgekommen. Hier finden sich seine anspruchvollsten Ergebnisse über Potenzsummen natürlicher Zahlen und auch die deutlichsten Hinweise auf die Faulhaber geläufigen Methoden zu ihrer Findung. Aber auch in diesem Werk, das von seinem Gegenstand her ohne Berührungspunkte zur mathematischen Praxis zu sein scheint, finden sich Hinweise auf Verbindungen zur Mechanik und Technik. Am Ende seiner rein mathematischen Darlegungen wird der Leser wieder mit den schwierigsten Problemen konfrontiert, unter denen sich auch das folgende findet[114]:

> Nun hab ich ... noch ein wunderbarlichs Werck inventiert/ welches vnderschiedliche Reichs Fürsten/ Grafen vnnd Herren/ bey mir inn meiner Kunstkammer gesehen/ welchs in der form wie ein *Sphaera Materialis* ist/ Also/ daß zwo Kuglen in einander (vnnd gegen einander) gehen/ die Eusserste ist durchbrochen/ daß man die innerste Kugel sehen/ vnd die darauff notierte *Mysteria* vnnd *arcana* observiren kan. Wann ich nun das werck gegen der rechten Hand vmbtreibe/ so gehet die eusere Kugel auch gegen der Rechten/ vnd die innere Kugel gegen der lincken Hand/ Treibe ich aber das werck gegen der lincken Hand vmb/ so gehen solche Kuglen wie zuvor/ Nemlich/ die eusere gegen der rechten/ vnd die innere Kugel gegen der lincken Hand/ Solchen Trib verursachten zwey Räder/ welche zwar beide verborgen/ an einem Wehlbaum seind/ aber dannoch gehet ein Rad (am selben einigen Wehlbaum) schneller weder das ander/ Ist die Frag/ welcher gestalt das müglich sey.

Einige Seiten weiter stellt Faulhaber die cossistische Algebra als die unerläßliche Voraussetzung für alle anderen mathematischen Wissenschaften einschließlich der Mechanik dar[115].

> Gleichwol kan ich allhie dises zu berichten nicht vmbgehen/ daß die Algebra oder Coß ein solche kunst vnd wissenschaft ist/ daß sie einem Erfahrnen/ ein Liecht zu allen anderen Mathematischen *disciplinen* gibt/ Derohalben solte ein jeder/ welcher die Mathematische Künsten lehrnen will/ sich zuvor darinnen zu üben/ befleissen/ dann sie kan die allerhöchste Geheimnuß in den Mathematischen vnd Mechanischen künsten erfinden vnd aufflösen/ wie ich in einem großen

> Werck (welches *Theatrum Academiarum & Officinarum* tituliert/ darauff vber 160 bewegliche Bilder zusehen/ allerhand freyer künsten Faculteten vnd Wissenschafften/ so vndter der Sonnen zu finden) in meiner Kunstkammer angedeutet/ Ja es könden auch vnglaubliche sachen durch die Coßn praestiert werden.

Hier verweist Faulhaber wieder auf seine im Lauf der Jahre in seinem Ulmer Haus ständig erweiterte Sammlung von Demonstrationsmodellen für seine verschiedenen Erfindungen.

Eine Zusammenfassung seiner Interessen als Mathematiker und Ingenieur hat Faulhaber in seiner *Ingenieurs-Schul*, seinem umfangreichsten Werk zur mathematischen Praxis, hinterlassen.

Das Titelblatt dieses Spätwerks von Faulhaber zeugt von einem Wandel. Durch den Krieg und seinen persönlichen sozialen Aufstieg zum «Ingenieurn vnd Burgern in Vlm» bedingt, suchte Faulhaber stärker als in früheren Jahren seine Leser von der Brauchbarkeit der vermittelten mathematischen Methoden vor allem im Vermessungswesen und im Wehrbau zu überzeugen. Außerdem wollte er mit diesem Werk ein Kompendium der einschlägigen Literatur bis zu den neuesten Erscheinungen schaffen. 1630 erschien in Frankfurt/Main der erste und wichtigste Teil der *Ingenieurs-Schul*, der das neue Rechenhilfsmittel der Logarithmen, angewandt auf die Trigonometrie, zum ersten Mal in deutscher Sprache vorstellte.

Über die vor allem von Briggs entwickelten Methoden zur Berechnung der dekadischen Logarithmen natürlicher Zahlen[116] wurde der Leser in einem Anhang informiert, dem Faulhaber 1631 zwei in Augsburg gedruckte Tafelwerke folgen ließ.

Der 1633 in Ulm zusammen mit dem dritten und vierten erschienene zweite Teil der *Ingenieurs-Schul* behandelt die sogenannte reguläre Fortifikation, bei der die äußersten Punkte der Bastionen die Eckpunkte eines regulären Polygons bilden. Dabei berücksichtigte Faulhaber in seiner Darstellung auch die zur Distanzierung des Angreifers und seiner Geschütze erdachte Gestaltung des Geländes außerhalb des geschlossenen Walls mit den Bastionen einschließlich verschiedener Formen von Vorwerken. Im dritten Teil der *Ingenieurs-Schul* wird der Leser über die den Gegebenheiten einer natürlich gewachsenen Stadt und eines im Allgemeinen nicht ebenen Geländes angepaßte irreguläre Fortifikation informiert[117].

Abb. 6 Titelkupfer des ersten Teils der *Ingenieurs-Schul* von 1630.

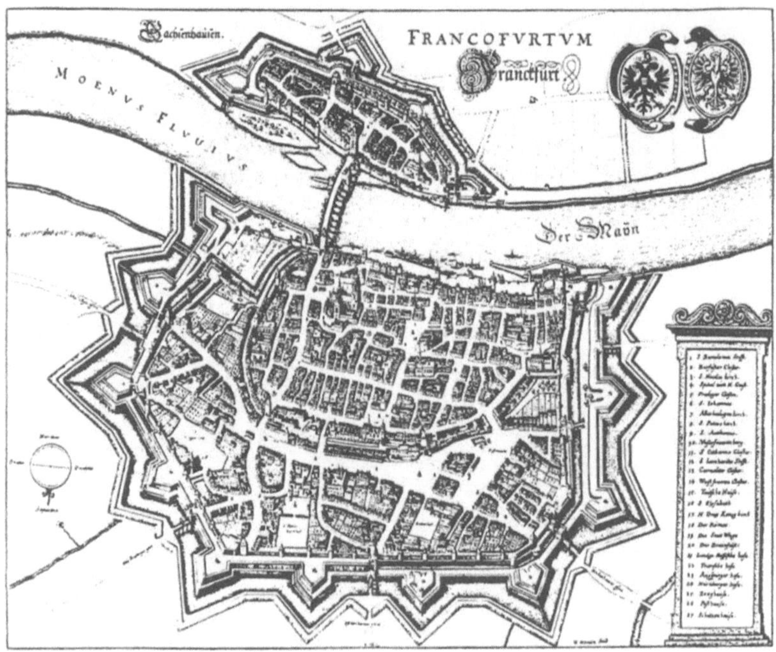

Abb. 7 Die Stadt Frankfurt als Beispiel einer dem Weichbild einer Stadt angepaßten irregulären Fortifikation nach einem Kupferstich von Matthäus Merian von 1646.

Der vierte und letzte Teil der *Ingenieurs-Schul* mit seinen durch viele Abbildungen illustrierten Vorschlägen zur Belagerung und Verteidigung befestigter Orte entspricht der Tradition von technischen Werken mit Titeln wie *Theatrum machinarum*. Dabei erscheinen nicht alle der darin enthaltenen Vorschläge durch Faulhabers Tätigkeit als Festungsbaumeister an verschiedenen Orten erprobt. Auch die wenigen noch erhaltenen Gutachten Faulhabers für die Möglichkeit, eine Stadt zu befestigen, reichen von an den konkreten lokalen Gegebenheiten orientierten Baumaßnahmen bis zu dem dem Rat der Stadt Schaffhausen unterbreiteten Vorschlag, sich statt auf eine sehr kostspielige «royal» Fortifikation auf eine Faulhaber von Gott geoffenbarte neue Kriegskunst zu verlassen[118].

> Solche Kunst (welche Gedeons Kriegs Kunst genänndt[119]) ist also beschaffen, daß man mit 100 qualificierten Kriegs Männern laut gött-

licher Verhaissung 10 000 Man in die Flucht schlagen kan ... Es müsten E. Hr. erfahren wieuil sie solcher qualificierter Männer inn Ihrer Statt hetten, ... Welches durch mein new inventierte Musterungs Kunst geschehen könndte, so ich durch göttliche Gnad (ob ich wol kein Soldat) andren Kriegserfahrnen anzugeben waiß ... allein müessen solche Kriegs Männer durch etliche newe Mittel armiert und ihnen sonderbare Stratagemata gezaigt werden, welche E. Hr. ich uff deren g. Begeren zu eröffnen underdienstlich erbietig bin.

Der so phantastisch anmutende Vorschlag Faulhabers ist allerdings in einem größeren Zusammenhang zu sehen: Faulhaber hatte nach einer Begehung der Wehr- und Wasseranlagen der Stadt Schaffhausen vom 29. Dezember 1628 im Beisein des Magistrats und einiger Zunftmeister, zu der als weiterer auswärtiger Fachmann der württembergische «Capitain» Wolf Friedrich Löscher, damals Kommandant auf Hohentwiel, eingeladen war[120], ein Gutachten über die für die Stadt erforderlichen Wehrbaumaßnahmen abgegeben[121], das ganz an den Gegebenheiten orientiert war und Vorschläge wie den Ausbau des bereits begonnenen Wassergrabens, die Erweiterung des Schießlochs am unteren Turm zur besseren Verteidigung der dort befindlichen Zugbrücke oder den gelegentlichen Bau einer so genannten Wolfsgrube enthielt; unter einer Wolfsgrube verstand man eine sehr oft verdeckte tiefere kegelförmige Grube, an deren tiefster Stelle ein stark gespitzter Pfahl eingepflanzt war. Im engeren Sinn war eine Wolfsgrube eine entsprechende Vertiefung zwischen dem inneren und dem äußeren Tor einer befestigten Stadt, wobei der Boden der Grube mit stählernen Fußangeln, damals so genannten Mordeggen ausgelegt war[122]. Faulhabers erstes Gutachten für Schaffhausen ließ allerdings auch erkennen, daß er im Grunde ganz andere und wesentlich aufwendigere Baumaßnahmen als notwendig ansah, als sie dem Magistrat der Stadt zu dieser Zeit tunlich schienen. Offenbar beeindruckte das wesentlich ausführlichere Gutachten seines Konkurrenten Löscher[123] den Rat der Stadt weit mehr; da sich Faulhaber sechs Wochen später noch in der Gegend aufhielt und er von der positiveren Reaktion auf das Gutachtens Löschers Wind erhalten hatte, versuchte Faulhaber mit einem radikal anders gearteten Vorschlag nochmals ins Geschäft zu kommen. Der zunächst geradezu absurd klingende neue Vorschlag Faulhabers berücksichtigte immerhin die von dem sparsamen Stadtvätern des reichen Schaffhausen für das gesamte 17. Jahrhundert durchgehaltene Ablehnung einer An-

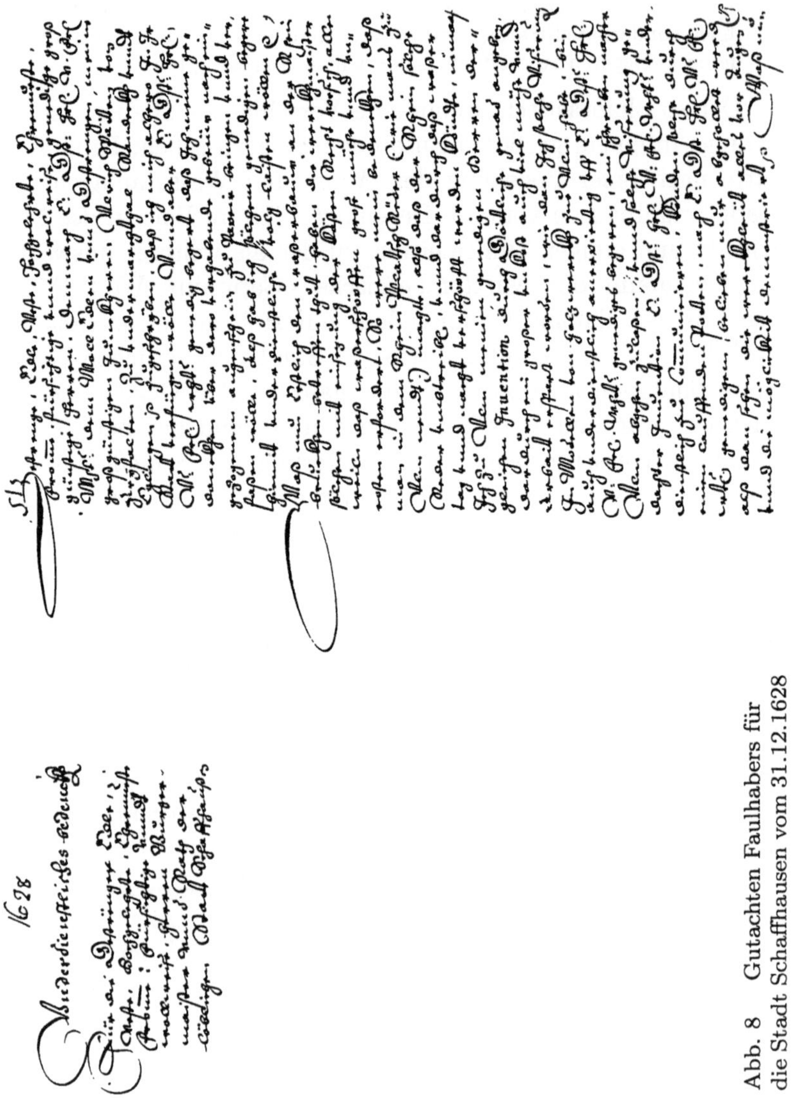

Abb. 8 Gutachten Faulhabers für die Stadt Schaffhausen vom 31.12.1628

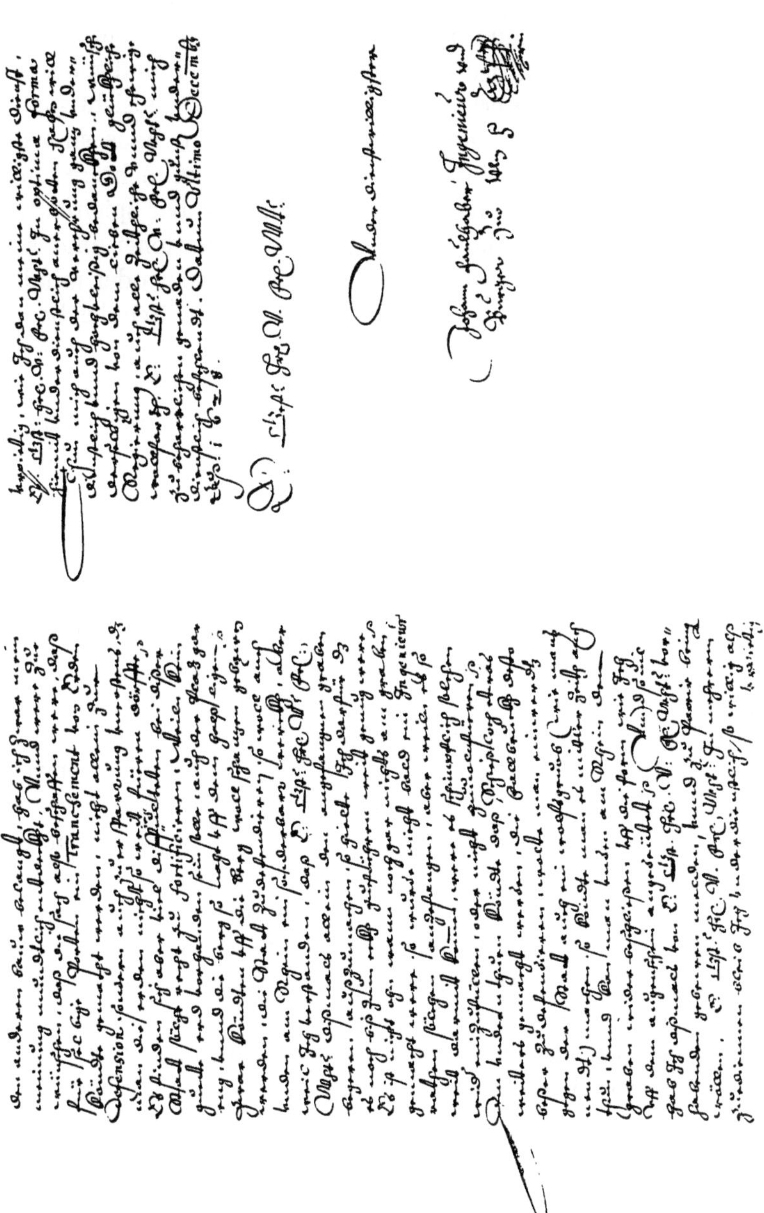

passung der Stadtbefestigung an die in dieser Zeit entwickelte Fortifikationstechnik[124]. Faulhabers phantastisches Projekt wurde allerdings nicht weiterverfolgt. Die Schaffhauser Episode zeigt allerdings durchaus typisch für eine Zeit, in der auch unseriöse Projektemacher aufgrund ihrer verlockenden Versprechungen bei plötzlich auftretenden Bedrohungen gehört wurden und gelegentlich auch eine Chance erhielten, daß es für einen umsichtig planenden Magistrat wie den von Schaffhausen durchaus sinnvoll war, nicht nur ein Gutachten einzuholen, sondern mehrere Gutachter miteinander konkurrieren zu lassen. Offenbar spielten bei der Auswahl der Gutachter vertrauliche Informationen und Beziehungen eine Rolle. Faulhaber scheint dabei mehr oder minder systematisch die Hilfe und den Einfluß ehemaliger Schüler beansprucht zu haben.

Auch wenn das Vorgehen der Schaffhauser nicht bei allen Auftraggebern Faulhabers üblich war, bedeutet es doch, daß man für einen Teil der Aufträge für den Festungsbauingenieur Faulhaber nur eine Teilbeschäftigung annehmen sollte.

Das Beispiel von Faulhabers erster Beschäftigung als Festungsbaumeister in Basel zeigt[125], welche Möglichkeiten vergleichsweise zu den verhältnismäßig bescheidenen Aufträgen, die man damals in Schaffhausen zu vergeben bereit war, eine solche Tätigkeit eröffnen konnte. Im Gegensatz zu Schaffhausen war man in Basel vor dem Hintergrund der Festungsbauaktivitäten von schweizer Städten wie Genf, Bern und Zürich zumindest, nachdem die Basler Geistlichkeit als Sprachrohr einer verunsicherten Bürgerschaft 1622 einen gewissen Druck auf den zu zögerlichen Rat ausgeübt hatte, wesentlich ernsthafter daran interessiert, die mittelalterlichen hohen Befestigungsmauern durch eine neue zeitgemäße Anlage wenigstens teilweise zu ersetzen. Nach einem im Mai 1622 erstellten Plan des sehr erfahrenen aber schon über 70-jährigen Théodore Agrippa d'Aubigné beschloß man, von den 22 im Entwurf Aubignés vorgesehenen Bastionen vier wirklich zu bauen. Dazu mußten u. a. die Türme der mittelalterlichen Befestigung abgebrochen und umfangreiche Grundstückskäufe für die neuen Großbaustellen getätigt werden. Mit der Bauleitung für den ersten und offenbar, was den personellen und finanziellen Einsatz anlangt, kostspieligsten Bauabschnitt von Oktober 1622 bis Juni 1623, bzw. bis Januar 1624 wurde Faulhaber betraut. Dabei ist anzunehmen, daß man sich in Basel für Faulhaber interessierte, weil er mit dem Festungsbau in Ulm gut vertraut und aufgrund der Querelen mit der Ulmer Kirchenbehörde im Gegensatz zu anderen Spezialisten verfügbar war. Erfahrungen mit dem Festungsbau in Ulm wurden besonders hoch bewertet, weil Ulm eine gewisse Vorreiterfunktion für die Verwirklichung des damals als wirksamst eingeschätzten niederländischen Fortifikationssystems wahrnahm. Die in den Jahren 1617 bis 1622 erstellten neuen Befestigungsanlagen von Ulm waren im Wesentlichen dem Kriegsbauingenieur der Generalstaaten Johann van Valckenburgh zu verdanken; nach Valckenburghs Weggang von Ulm Ende 1619 wurden die Festungsbauvorhaben nach seinen Plänen von dem Mannheimer Festungsbaumeister Johann Wenderlin fortgesetzt[126]. Faulhaber hatte, nachdem er anscheinend schon früher für den Rat der Stadt bei den Festungsbauten gutachterlich tätig geworden war[127], noch vor dem Eintreffen von Wenderlin, wie er im Januar 1620 berichtet[128],

> diser tagen mit sambt meinen bey stenden, die Statt ulm Rings umbher zur fortification mit Göttlicher hilff ausgesteckht.

Faulhaber war 1622 in Basel mit Sack und Pack sowie einer größeren Gruppe von «Wallschlagern», Facharbeitern für das Fortifikationswesen, aus Ulm eingetroffen. Einschließlich des Wohngeldes und der Zuschüsse für die temporäre Übersiedlung seiner Familie wurden Faulhaber von der Stadt für diese 9 Monate weit mehr als 800 Gulden und darüberhinaus eine größere Menge von Naturalien wie Korn, Wein und Holz zugestanden. Nicht gerechnet die Kosten für Landkäufe oder für das von der Stadt besoldete Beamtenpersonal mußten für Material und die Löhne der aus Ulm mitgebrachten und von anderswoher angeheuerten Arbeiter in dieser Zeit mehr als 60 000 Pfund Silber aufgewandt werden, obwohl die Bürgerschaft zu zusätzlichen Frondiensten verpflichtet wurde. Die ungeheure Anspannung der Finanzkraft und der Arbeitskapazität der Stadt veranlaßte den Rat, noch 1622 beim Prinzen Moritz von Oranien als einem der berühmtesten Heerführer seiner Zeit und der Kapazität für den niederländischen Festungsbau anfragen zu lassen, was von den Plänen Aubignés zu halten sei, und ob er nicht zwei seiner besten Baumeister für Basel abstellen lassen könne[129]. Dazu hatte man Faulhaber und den Basler Kriegsobersten Peter Holzappel, genannt Mylander, zum Prinzen Moritz in die Niederlande geschickt. Der

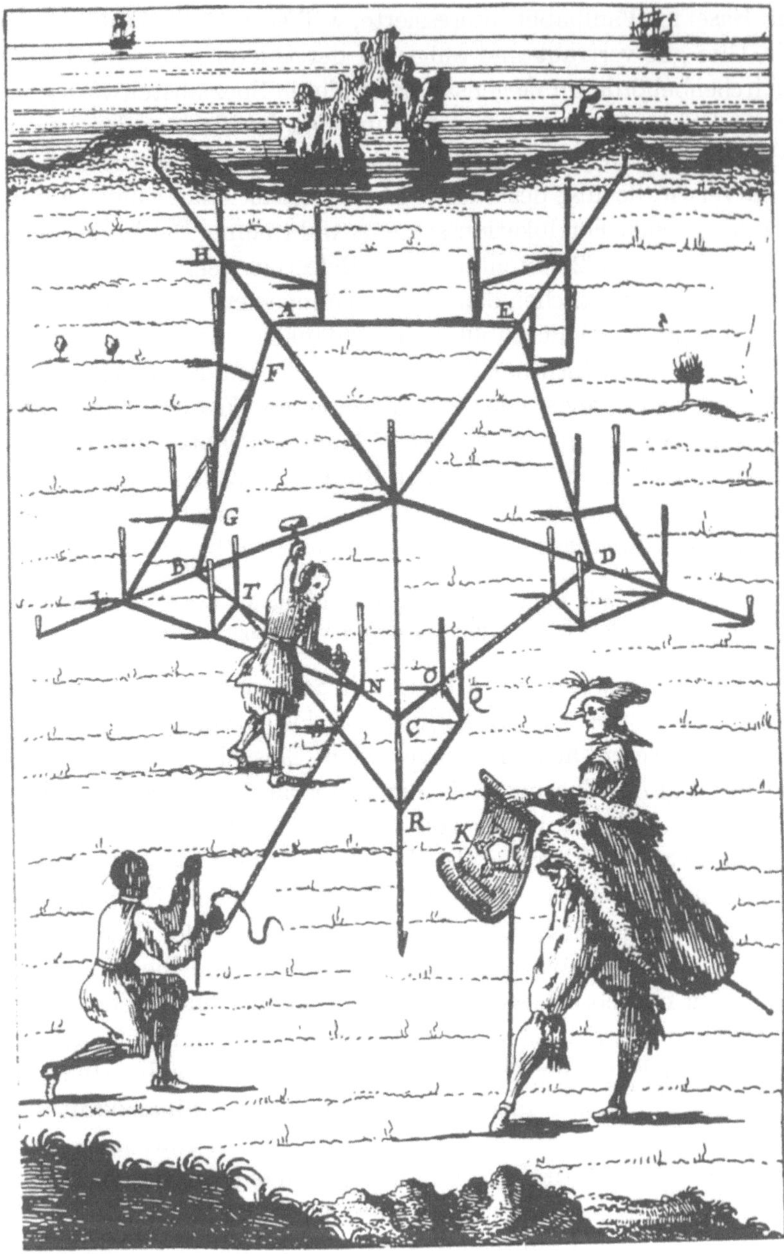

Abb. 9 Das Abstecken einer regulären, in diesem Fall fünfeckigen Fortifikation nach Allain Manesson Mallet, *Les Traveaux de Mars ov la Fortification novvelle*, Amsterdam 1672.

Prinz hielt von den Plänen Aubignés sehr wenig und von Faulhaber, der im Mai 1623 zum Prinzen nach den Haag gekommen war, so viel, um ihn als «erfahren gnug» zu beurteilen[130],

> alles wass darzue erfordert wirdt, erheyschter notturfft nach zue verrichtenn unndt praestieren.

Die lange Abwesenheit von Faulhaber hatte den Rat dazu veranlaßt, noch während Faulhabers Aufenthalt in den Niederlanden nach Ersatz Ausschau zu halten, den man schließlich in dem Pfälzer Ingenieur Adam Stapf gefunden zu haben glaubte. Stapf wurde zunächst mit der Begutachtung des bisher Begonnenen und auch der drei Pläne für die Fortifikation Basels von Johann van Valckenburgh beauftragt, die Faulhaber aus den Niederlanden mitgebracht hatte. Stapf verwarf die drei Pläne Valckenburghs, weil ihre Durchführung und dann ihr Unterhalt einschließlich des dafür erforderlichen militärischen Personals die finanziellen Mittel der Stadt bei weitem übersteigen würde. Stapf erstellte stattdessen einen eigenen Plan, der sich mit einer Begradigung der für die Verteidigung der Stadt ungeeigneten alten Anlage und der Errichtung einiger Schanzen an den gefährdetsten Stellen begnügte. Die dafür errechneten Kosten betrugen über das bisher aufgewandte hinaus etwa 275 000 Pfund Silber. Ein solcher für Basel im frühen 17. Jahrhundert ungeheurer Betrag war aber im Vergleich zu den Kosten für eine vollständige Befestigung «Royal», die im Sinn einer Annäherung an das Ideal der Form eines regulären Sternpolygons die Innenfläche der Stadt mehr als verdoppelt hätte, eher bescheiden zu nennen. Ulm hatte für seine Fortifikationsbauten in den Jahren 1617 bis 1622 mehr als zwei Millionen Pfund Silber aus eigenen Mitteln aufgebracht.

Basel trennte sich nach der Fertigstellung der angefangenen Bauten im Januar 1624 von Faulhaber, der danach aufgrund des günstigen Berichts des Obersten Mylander über seine Tätigkeit als Festungsbauer in seine Heimatstadt zurückkehren konnte. Nach dem unerwartet frühen Tod von Stapf, der im März 1624 an der Pest gestorben war, stellte man in Basel noch im selben Jahr alle Wehrbauaktivitäten ein.

Basel ist trotz der eingegangenen Kompromisse in Richtung einer, gemessen an den ursprünglichen Plänen, sehr viel bescheideneren Lösung, die die Stadt letztlich dazu zwangen, auf politischem Wege jeden Test ihrer Verteidigungsfähigkeit während des

30-jährigen Krieges zu vermeiden, ein Beispiel dafür, wie groß die finanziellen Belastungen für die Errichtung einer den Belagerungsgeschützen gewachsenen Fortifikation waren. Daß sich Basel die noch viel höheren Investitionen von Ulm für die gesamte Kriegszeit sparen konnte, hat mit dem Geschick seiner Vertreter zu tun, die Stadt als einen für alle am Krieg beteiligten Mächte attraktiven Markt auch für Proviant, Geld und Informationen zu etablieren.

Von einer anderen Seite betrachtet, beleuchtet der Umfang der mit einer solchen Wehranlage verbundenen Bauarbeiten auch das soziale Prestige des dafür verantwortlichen Festungsbaumeisters. Die soziale Bedeutung eines Festungsbauingenieurs spiegelt sich in seiner Verantwortung nicht nur für die Funktionstüchtigkeit und die bauliche Qualität der unter seiner Leitung erstellten Wehranlagen, sondern auch in der Erwartung seiner absoluten Verschwiegenheit hinsichtlich der Besonderheiten der von ihm erstellten Anlagen gegenüber potentiellen Belagerern. Bald nach 1624 entstanden in Basel Gerüchte, die zur Zeit der Abfassung der mit dem Wehrwesen befaßten Teile der *Ingenieurs-Schul* von Faulhaber einen Höhepunkt erreichten, daß Faulhaber die Geheimnisse der Basler Festungsanlagen an Feinde der Stadt verraten habe. Die Gerüchte führten zunächst im Frühjahr 1628 zu einem Briefwechsel zwischen dem Basler Bürgermeister Spörlin und Faulhaber. Offenbar befriedigte die Antwort Faulhabers den Rat von Basel so wenig, daß sich dieser im Sommer 1628 an den Magistrat von Ulm wandte, um Faulhaber von der befürchteten Veröffentlichung Basler Festungsbaugeheimnisse abzubringen. In einer Stellungnahme zu solchen Vorwürfen gestand Faulhaber zwar zu, daß er Basel im fünften Abschnitt seines Buches anführe, daß aber von[131]

> Heimblichkeiten der statt Basel, dardurch dieselbige in gefahr oder schaden gefüert werden khöndte,

keine Rede sein könne. In einem Brief an den Rat der Stadt Basel vom 19. August 1628 versprach Faulhaber, den entsprechenden Abschnitt über Basel in seinem Buch wegzulassen, sein Wissen über Basel bei künftigen Auftraggebern nicht zu mißbrauchen, bei der möglichen Mitteilung seiner neuen Erfindungen zur Einnahme großer Städte an «große Potentaten» darauf zu dringen, solche Erfindungen nicht gegen Basel einzusetzen, und schließlich auf Wunsch der Stadt im Falle einer drohenden Belagerung zur Verfügung zu stehen, wenn ihm die Stadt Basel

> für solche Ehrliche guthalten vnd trew järlich 100 oder mehr Reychs thaler wartgeld sampt 2 oder 3 saum guten Basel wein

als Gegenleistung zukommen ließe[132]. Faulhabers Rechtfertigung für sein von einem Nachfahren der betroffenen Basler als erpresserisch empfundenes Schreiben war, daß man ihn für seine Verdienste um die Stadt in der Kipper- und Wipperzeit nur mit schlechtem Geld und nicht, wie versprochen, mit gutem Geld entlohnt hatte. In ihrer offiziellen Antwort an den Rat von Basel nahmen die Ulmer Ratsherren an dem ihnen vorgelegten Schreiben Faulhabers keinen Anstoß, versicherten aber, daß sie Faulhaber bei Strafe verboten hätten, irgendwelche Geheimnisse von Basel weiterzugeben, und daß Ihnen ein Verstoß Faulhabers gegen dieses Verbot nicht bekannt wäre.

Die Veröffentlichungen des 1635 an der Pest verstorbenen Faulhaber enthalten — seinen Absichten entsprechend, die wichtigsten Ergebnisse mit den dazugehörigen Erklärungen nur mündlich zu vermitteln — nur einen Teil seines mathematischen und technischen Wissens. Seinen Lesern gegenüber hatte Faulhaber solche Zurückhaltung auch immer wieder durch den Hinweis zu rechtfertigen gesucht, daß er seine «Inventiones» «ohne zweifel durch Göttliche eingebung»[133] gleichsam als ein nur ihm geoffenbartes Geheimnis erlangt habe. Dabei unterdrückt Faulhaber doch sehr geflissentlich, daß der Großteil seiner technischen «Secreta» aus der zeitgenössischen Literatur übernommene Lesefrüchte sind. Letzteres wurde übrigens schon 1620 und 1621 in Augsburg festgestellt, als Faulhaber unter dem Eindruck der wachsenden Schwierigkeiten mit der Ulmer Kirchenbehörde mit dem Gedanken spielte, sich in Augsburg anzusiedeln, und deshalb der Stadt zuerst über den Nachrichtenhändler Jeremias Schiffle eine Liste seiner technischen Erfindungen[134] und ein Jahr darauf ein Münzprägewerk anbot[135]. In beiden Fällen urteilten die mit der Begutachtung von Faulhabers Angeboten betrauten Augsburger «Bau- und Zeugmaister» bzw. «Ober Schulherrn und Baumaister»[136],

> daß solliche beruembte Secreta und Wissenschafften nit allein inn vilen Buechern alberait in Truckh vorhin verfertiget, sondern aus derngleichen getruckhten Buechern von Ime mehr Teils ohne gemachte Proben zusammengetragen worden.

Faulhabers Zurückhaltung betrifft auch die Verbindungen zwischen Mathematik und Technik, für die sich außer dem zitierten Hinweis auf die Notwendigkeit algebraischer Kenntnisse für die Lösung technischer Probleme wenig in den Traktaten Faulhabers findet. Die interessantesten betreffen weniger den Einsatz mathematischer Methoden bei anstehenden technischen Aufgaben, sondern führen von der Technik zur Mathematik. So gibt es sicherlich eine Verbindung von der in den Arsenalen der Zeit üblichen Stapelung von Kanonenkugeln in Pyramidenform zu den von Faulhaber und Roth behandelten Pyramidalzahlen, die ihrerseits die Grundlage für eine Reihe weiterführender Ergebnisse waren. Die heuristische Methode, der sich Faulhaber im Zusammenhang mit seinen Potenzsummenformeln bedient hat, weist zurück auf die Technik des Webens, auf das zur Erstellung eines Webmusters erforderliche Programm, und damit auf die Anfänge des Mathematikers und Ingenieurs Johannes Faulhaber.

2 Der *Lustgarten* als neues Angebot auf dem Markt der Rechenmeister und die Antwort von Peter Roth

2.1 Die Anfänge des Mathematikers

Das älteste Zeugnis für die mathematischen Interessen von Faulhaber und gleichzeitig für seine damaligen Kenntnisse bietet eine Aufgabe, die der 16jährige 1596 seinem späteren Kollegen als Rechenmeister in Ulm, Abraham Hering, stellte[137]. Es geht dabei darum, einen nur teilweise gefüllten quaderförmigen Kupferkessel gegebener Abmessungen mit einem prismatischen Schöpfgefäß zu leeren. Der Querschnitt des Schöpfgefäßes ist ein rechtwinkliges Dreieck von dem die Hypothenuse sowie die Summe der Katheten gegeben sind. Über die Lösung einer quadratischen Gleichung oder direkt durch Erraten erhält man die Längen der Katheten bzw. den Querschnitt des Gefäßes und damit auch sein Volumen, da die Höhe des Prismas bzw. die Breite des Gefäßes ebenfalls gegeben ist. Damit läßt sich auch die Frage beantworten, wie oft das Schöpfgefäß benutzt werden muß, um den Kupferkessel zu leeren.

Am Ende der Aufgabe stellt Faulhaber, der sich als «Liebhaber der Arithmetica» bezeichnet, fest: «diß Exempel hab ich Componiert vnnd auffgelöst.» Das läßt die Vermutung zu, daß Faulhaber zu dieser Zeit zumindest über gute arithmetische Kenntnisse verfügte und darüber hinaus quadratische Gleichungen in einer Unbekannten nach den Regeln der sogenannten Coß lösen konnte. Coß war einmal in Anlehnung an das italienische Wort *cosa* die Bezeichnung für die Unbekannte und zum anderen das deutsche Fachwort für die Gleichungslehre. Über mathematische Kenntnisse, die über Elementares hinausgingen, läßt dieses sehr kurze Dokument keine Aussagen zu. Aus einer Stelle seines *Lustgartens* von 1604 geht allerdings hervor, daß Faulhaber für sogenannte Polygonalzahlen eine «General Regul ... den 24. Septembr. Anno 1596 erfunden»[138]. Ob er aber damals schon diese allgemeine Regel, ebenso wie an dieser Stelle des *Lustgartens*, zur Aufstellung und Lösung von kubischen Gleichungen verwendet hat, muß offen bleiben.

Wahrscheinlich hat sich Faulhaber den Bereich der doch schon sehr viel anspruchsvolleren kubischen Gleichungen erst später erschlossen. Dafür sprechen nicht nur zahlreiche Hinweise Faulhabers auf die Beschaffung von und Auseinandersetzung mit Werken, in denen die Lösung kubischer Gleichungen behandelt wird, in dem späteren Briefwechsel mit Sebastian Kurz, sondern indirekt auch ein Rückblick auf seine Entwicklung, die sich im Brief vom 17. 12. 1604 an Sebastian Kurz findet. Hier dementiert Faulhaber, 1599 einen Traktat veröffentlicht zu haben, erinnert sich aber an ein von ihm zu dieser Zeit verfaßtes Manuskript, das er ausgeliehen und nicht wieder erhalten hat. Faulhabers Wunsch, dieses Manuskript wiederzusehen, weil ihn interessiert, was er damals zustande brachte, deutet darauf hin, daß sich sein Kenntnisstand seit 1599 und erst recht seit 1596 stark verändert hat.

Es darf angenommen werden, daß sich Faulhaber zur Erweiterung der in seinen Ausbildungsjahren erworbenen Kenntnisse derselben Methoden bediente, wie sie aus seinen späteren Schriften und dem Briefwechsel mit Kurz ersichtlich werden. Danach hat er sich zunächst mit der ihm zugänglichen deutschsprachigen mathematischen Literatur auseinandergesetzt, die dort formulierten Aufgaben und Aufgabenlösungen gesammelt, modifiziert oder neue Probleme ersonnen, die er anderen mitteilte und deren Lösungen er eventuell gegen die Lösungen neuer ihm noch unbekannter Aufgaben eintauschte; er kam früh darauf, daß es wichtig sein kann, sich bei den Witwen verstorbener Rechenmeister um deren hinterlassene Papiere zu kümmern, da diese sehr oft unbekannte Aufgaben, Lösungswege und auch didaktische Hinweise enthielten; schließlich ließ er sich von hinreichend sprachkundigen aus dem wachsenden Kreis seiner Freunde und Bekannten, die sich teilweise aus ehemaligen Schülern rekrutierten, in anderen Sprachen, vor allem in Latein, abgefaßte mathematische Werke ganz oder teilweise ins Deutsche übersetzen. Aus alledem wird deutlich, daß es für Faulhaber in seiner Anfangszeit haupsächlich darum ging, ein möglichst umfangreiches, dem Kenntnisstand der informierten Rechenmeister vor allem in Nürnberg entsprechendes mathematisches Wissen anzusammeln, um auf dem Markt konkurrenzfähig zu sein. Erst später, als er auf der Grundlage eines solchen Wissens zu eigenen Entdeckungen kam, entwickelte er, stark beeinflußt durch seine Erfahrungen mit Peter Roth, ein Bedürfnis, sich die wirtschaftliche Nutzung der ihm, wie er immer wieder beanspruchte, von Gott vermittelten mathematischen und technischen «Erfindungen» durch Privilegien und andere Maßnahmen zu sichern. Vor dem Hintergrund seiner überwiegend wirtschaftlichen Motive wäre es verfehlt, bei Faulhaber aus solchen Maßnahmen ein voll entwickeltes Bewußtsein für ein auf individueller Leistung beruhendes geistiges Eigentum zu folgern. Allerdings läßt sich bei dem späteren Faulhaber ein bei seinen Zeitgenossen noch seltenes Bemühen feststellen, die Autoren, aus denen er gelernt und übernommen hat, möglichst genau anzugeben.

Für den jungen Faulhaber galt das noch nicht in solchem Maß, wenn auch in seinem *Lustgarten* bei einigen Aufgaben bereits die Namen derjenigen genannt sind, denen er die Mitteilung dieser Aufgaben verdankte.

Faulhabers *Arithmetischer Cubicossischer Lustgarten* von 1604 ist repräsentativ für seine Kenntnisse zu Beginn des Briefwechsels mit Kurz; er enthält allerdings nur Aufgaben, aber keine Lösungsmethoden. Dabei deutet schon der Titel an, daß sich Faulhaber bis zur Abfassung des *Lustgartens* intensiv mit kubischen Problemen auseinandergesetzt hat.

2.2 Die Röslein des *Lustgartens* und ihr Raub durch die *Arithmetica Philosophica* von Peter Roth

Faulhaber hat den Titel dieser Aufgabensammlung zunächst dem Zeitgeist entsprechend gewählt, um Aufmerksamkeit zu erregen. Wahrscheinlich war auch für die Zeit des Frühbarock die metaphorische Gleichsetzung von den damals höchst anspruchsvollen kubischen Problemen und den farbenprächtigen und duftenden Blumen eines Lustgartens alles andere als selbstverständlich. Seinem durch seinen Beruf als Rechenmeister geprägten Selbstverständnis nach waren mathematische Kenntnisse für Faulhaber eine Ware, die marktgerecht verkauft werden mußte. Faulhaber wußte durch seinen Umgang mit den «Liebhabern der

Mathematik», daß der Reiz der von ihm im *Lustgarten* zusammengestellten 160 Aufgaben in einer möglichst ansprechenden Einkleidung, vor allem aber in der Herausforderung lag, sich mit besonders schwierigen Problemen auseinandersetzen und dabei die eigenen Fähigkeiten erproben zu können. Den dafür erforderlichen Kenntnisstand hat er auf dem Titelblatt bereits durch den Hinweis auf Cardano, der die Auflösung verschiedener Typen kubischer Gleichungen in seiner *Ars magna* veröffentlicht hatte[139], und auf «andere Lateinische Scribenten» angesprochen. Faulhaber, der selbst des Lateinischen nicht mächtig war, suggerierte damit zunächst seinen Lesern, daß die erfolgreiche Beschäftigung mit seinen Aufgaben nebenbei den in diesen lateinisch abgefaßten Werken enthaltenen Kenntnisstand vermittelt. Allerdings hielt es auch Faulhaber für ratsam, sich solche Kenntnisse vorher zu erwerben, wie ein kleines Gedicht auf der Rückseite des Titelblatts deutlich macht:

> Wer in disen Lustgarten will
> Spacieren, der soll in der still,
> Bey Cardano hollen zuvor,
> Den Schlüssel zu dem Garten Thor.
> Vnd welcher alsdann kompt hinein,
> Der soll die letzten Röslein mein,
> Nicht alle abbrechen, sonst kan
> Kein anderer riechen daran.

Hier ist also wenig verschlüsselt gesagt, daß man sich diesen Lustgarten nur nach vorhergehender Unterweisung erschließen kann. Als bestgeeigneter Mann für solche Unterweisung bot sich natürlich der Autor selbst an. Insofern hatte der *Lustgarten* für seine Käufer die Funktion eines Verkaufkatalogs von mathematischen Kenntnissen, die Faulhaber Interessenten gegen entsprechendes Honorar zu vermitteln bereit war. Gerade diese Funktion macht den *Lustgarten* zu einer Quelle für die mathematischen Kenntnisse, über die Faulhaber und auch einige andere deutsche Rechenmeister um 1604 verfügten.

Schon der Titel deutet an, daß sich Faulhaber nunmehr mit dem durch Cardano erreichten Wissensstand über die Lösungsmöglichkeiten kubischer Gleichungen vertraut gemacht hatte. Offenbar hatte Faulhaber die *Ars magna* von Cardano sowohl in der Nürnberger Ausgabe von 1545 als auch in der Basler Ausgabe von 1570 eingesehen, wie etwa sein Hinweis auf ein von

Arithmetischer Cubiccossischer
Lustgarten.

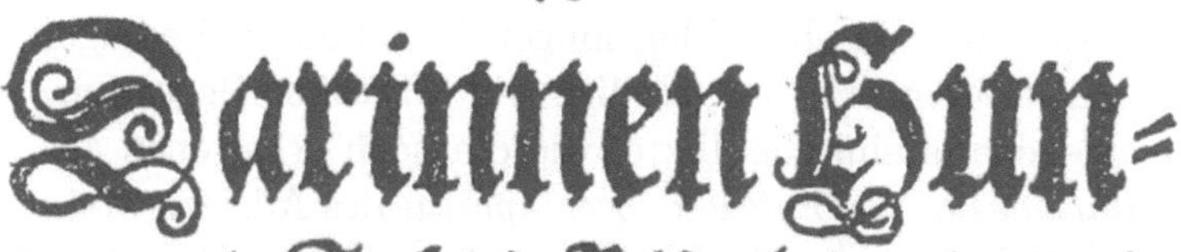
Darinnen Hun-
dert vnd Sechtzig Blümlein / das ist /
außerlesner schöner künstlicher Exempel
mit Newen Inuentionibus gepflantzet werden.

Welche theils auß Hieronymo Cardano / vnnd andern Lateinischen Scribenten
versetzt vnnd gezogen: Theils aber insonderheit die
liebliche Polygonalische Röslin / von newem zum Lust
erzogen worden:

Durch

Johann: Faulhabern Rechenmeister vnnd
Modisten / 2c. in Vlm.

ES kan ein Gärtner pflantzen wol /
Mit Bäumn vnd Blumen setzen vol /
Ein Lustgarten: Aber darneben
Muß der HERR das Gedeyen geben.

Getruckt

Zu Tübingen / bey Erhardo Cellio.

Im Jahr / 1604.

Abb. 10 Titelblatt des *Lustgartens* von 1604

ihm entdecktes Versehen in beiden Ausgaben des «Cardanischen getruckten Lateinischen Exemplars» in Aufgabe 59 bezeugt[140]. Dabei ist anzunehmen, daß ein Schüler oder Freund für Faulhaber die die kubischen Gleichungen betreffenden Passagen der *Ars magna* übersetzt hat, ähnlich wie Matthäus Beger um 1620 verschiedene lateinische Texte, wie die noch erhaltenen aus den *Institutiones astronomicae et geographicae* des Adriaen Metius[141] oder einer lateinischen Beschreibung eines Heronischen Automaten, für Faulhaber ins Deutsche übertragen hat[142]. Andererseits hatte Faulhaber schon 1617 Beger gegenüber versichert[143]:

> ich habe mich zeithero bemühet, die allerfürnehmsten mathematischen Bücher teutsch zu bekommen, welche ich durch keine andere Mittel habe erlangen mögen, als daß ich mich eines sehr mühsamen Werkes unterfangen, und solche Bücher, so gut ich gekonnt und mir (als einem, der die lat. Sprach nie studiert und erst den Verstand derselben erlernt) aus dem Latein in einfältig Teutsch vertiret, daß ich jezo also bei der Hand habe in teutscher Sprach die Bücher Euclidii, Archimedis, Apollonii, Sereni, Theodosii, Js. Regiomontani, Cardani u. a., die ich unterlasse zu nennen, welche mir von Herrn Michael Maestlino, Prof. in Tübingen sind fürgeliehen worden; und habe jetzt unter handen noch zu vertieren die opticae Vitellionis, so Gott mir Gnad verleyhet, daß ich also vermeine, ich werde nunmehr an rechten guten mathematischen Grund und Fundament keinen Mangel haben, fürohin etwas darauf zu konstruieren und bauen.

Faulhaber hat also solche Übersetzungen mehr oder minder systematisch gesammelt; das bestätigt auch eine Bemerkung im Anschluß an eine Liste seiner Veröffentlichungen bis 1618 und an eine Aufzählung bereits fertiger oder geplanter Manuskripte, wonach er über die Beger gegenüber erwähnten deutschen Übersetzungen von griechischen und zeitgenössischen Autoren hinaus noch die der einschlägigen Arbeiten von Georg Peuerbach und John Neper «vnd andern fürnehmen Authorn mehr» besitzt; im Gegensatz zu seiner Behauptung im Brief an Beger, solche Übersetzungen selbst angefertigt zu haben, begnügt sich Faulhaber hier mit der Feststellung, daß die aufgezählten Übersetzungen «ihme von Gelehrten vnd erfahrnen Leuten/ ins Teutsch gegen andern nutzlichen Künsten *vertirt* worden seynd[144]».

Ein Blick auf die von Faulhaber angegebenen Lösungswerte der einzelnen Aufgaben zeigt allerdings, daß viele Probleme ohne die Cardanischen Lösungsformeln für kubische Gleichungen gelöst werden können. Ein sehr großer Anteil der Aufgaben läßt sich auf die Lösung quadratischer Gleichungen zurückführen. So erfordert Aufgabe 7 des *Lustgartens* die Lösung einer Gleichung achten Grades. Es geht darum, den Quotienten x einer geometrischen Folge von 5 Gliedern mit dem Anfangsglied 1 zu finden unter der Bedingung, daß die fünf möglichen Quotienten aus der Summe von je vier dieser Glieder und dem verbleibenden Glied zusammen 1676 ergeben. Faulhaber, der die fünf Glieder der Folge und die Quotienten aus der Summe von je vier Gliedern und dem verbleibenden Glied für zwei mögliche Lösungen

$$x = 3 + \sqrt{8} \quad \text{und} \quad x = 3 - \sqrt{8}$$

in der Form

3.p.rad.qu.8 und 3.min.rad.qu.8

angibt, deutet damit schon an, daß sich die Bedingungsgleichung achten Grades

$$x^8 + 2x^7 + 3x^6 + 4x^5 + 4x^3 + 3x^2 + 2x + 1 = 1676x^4$$

auf eine quadratische Gleichung reduzieren läßt. Peter Roth, der im zweiten und umfangreichsten Teil seiner *Arithmetica Philosophica*[145] von 1608 alle 160 Aufgaben des *Lustgartens* unter Angabe der Lösungswege gelöst hat, ging bei Aufgabe 7 wie folgt vor[146]: Durch Addition von $5x^4$ auf beiden Seiten der Bedingungsgleichung machte er diese jeweils zu Quadraten, erhielt also:

$$(x^4 + x^3 + x^2 + x + 1)^2 = (41x^2)^2.$$

Nachdem er die positiven Wurzeln der beiden Gleichungsseiten einander gleich gesetzt und auf beiden Seiten jeweils $\frac{5}{4}x^2$ addiert hatte, erhielt er wiederum auf beiden Seiten Quadrate:

$$\left(x^2 + \frac{1}{2}x + 1\right)^2 = \left(6\frac{1}{2}x\right)^2$$

und unter alleiniger Berücksichtigung der positiven Wurzeln schließlich die quadratische Gleichung

$$x^2 - 6x + 1 = 0$$

mit den beiden schon vorher angegebenen Lösungen.

Auch die in Aufgabe 10 zu lösende Gleichung

$$x^{12} + 36x^3 + 7 = 28x^6$$

läßt sich durch eine Substitution der Form $y = x^3$ zunächst auf eine Gleichung vierten Grades zurückführen, die sich wiederum auf eine quadratische Gleichung reduzieren läßt[147]. Die Lösung des Problems stellt sich dann für Faulhaber und Roth dar als dritte Wurzel aus den beiden Wurzeln der quadratischen Gleichung in der Form

$$\sqrt[3]{3 \pm \sqrt{2}}$$

oder in Faulhabers Schreibweise[148] als

Rad. vn. cub.3 pl. rad.qu.2. oder rad. vn. cub.3 min. rad.qu.2.[149]

Allerdings wies Roth bereits bei der Behandlung der nächsten Aufgabe darauf hin, daß ein Ergebnis in Form einer dritten Wurzel aus den Wurzeln einer quadratischen Gleichung unter besonderen Umständen eine einfachere Darstellung zuläßt[150]:

> Diese Frag gehört in die Cubiccoß. Wann nun solche durch deß Cardani Regel auffgelöst werden soll/ so muß man zuvor *radicen cubicam* auß einem *binomi* oder *residuo* extrahirn können. Derowegen will ich drey Regeln von solcher extraction welche vom Herrn *M. Stiffelio* seliger/ in der quartcoß Rudolphi beschrieben worden/ anfänglich hieher setzen/ damit man sich auch derselben inn nachfolgenden *quaestionibus* zu gebrauchen habe/ vnd seind dieselben diese:

Es folgen drei Regeln für die Bestimmung natürlicher p und q, falls für die ebenfalls natürlichen a und b eine Darstellung

$$\sqrt[3]{a \pm \sqrt{b}} = p \pm \sqrt{q}$$

oder

$$\sqrt[3]{\sqrt{a} \pm \sqrt{b}} = \sqrt{p} \pm \sqrt{q}$$

möglich ist, also

$$(p \pm \sqrt{q})^3 = a \pm \sqrt{b} \quad \text{bzw.} \quad (\sqrt{p} \pm \sqrt{q})^3 = \sqrt{a} \pm \sqrt{b}$$

gilt. Für die Lösung quadratischer Gleichungen pflegte Roth auf die «Reguln Christophori», die acht Regeln der Coß von Christoff Rudolff[151], zu verweisen, ohne sie zu wiederholen. Die acht Regeln behandeln der Reihe nach rein lineare, quadratische, kubische und biquadratische Gleichungen, dann folgen die drei Typen quadratischer Gleichungen

$$x^2 + bx = c, \; x^2 + c = bx \quad \text{und} \quad x^2 = bx + c$$

sowie schließlich eine Gleichung vierten Grades, die sich mit der Substitution $x^2 = y$ auf eine quadratische Gleichung der Form

$$y^2 + by = c$$

bringen läßt. Man darf aus der Selbstverständlichkeit, mit der Roth die acht Regeln der Coß von Rudolff als bekannt voraussetzt, schließen, daß sie zum Standardrepertoire zumindest der meisten deutschen Rechenmeister geworden waren[152]. Das zeigt auch Roths Lösung von Aufgabe 6 des *Lustgartens*. Hier ist die Differenz zweier jeweils mit ihren Wurzeln multiplizierten «Pronic Zahlen» gegeben, wenn sich die Wurzeln um 1 unterscheiden, — eine Pronikzahl mit der Wurzel x hat den Wert $(x + 1) \cdot x$ — wobei eine der beiden Wurzeln gesucht ist. Das Problem führt auf eine quadratische Gleichung der Form

$$ax^2 = bx + c,$$

wobei die Koeffizienten a, b und c damaligem Verständnis entsprechend positiv sind. Roth sieht hier die beiden Lösungsmöglichkeiten nach der 7. oder «5. Regul Christophori/ welche ich aber wegen vieler mühe zu setzen vnterlassen»[153].

2.2.1 Die Rezeption der Cardanischen Auflösungstheorie kubischer Gleichungen in Deutschland bei Stifel, Jung, Faulhaber und Roth.

Für die Lösung kubischer Gleichungen hatte Roth im ersten Teil seiner *Arithmetica Philosophica* nach Cardano die folgenden 13 Typen unterschieden, wobei der Koeffizient von x^3 jeweils 1 ist und die Koeffizienten der übrigen Potenzen von x, falls sie in der Darstellung

$$x^3 + ax^2 + bx + c = 0$$

negativ sind, durch ein Transponieren auf die rechte Gleichungsseite positiv gemacht werden:

1.	$x^3 + bx = c$	8.	$x^3 + bx = ax^2 + c$
2.	$x^3 = bx + c$	9.	$x^3 + ax^2 = bx + c$
3.	$x^3 + c = bx$	10.	$x^3 = ax^2 + bx + c$
4.	$x^3 = ax^2 + c$	11.	$x^3 + c = ax^2 + bx$
5.	$x^3 + ax^2 = c$	12.	$x^3 + bx + c = ax^2$
6.	$x^3 + c = ax^2$	13.	$x^3 + ax^2 + c = bx$
7.	$x^3 + ax^2 + bx = c$		

Unmittelbar im Anschluß an die Aufzählung dieser Typen, denen dann später entsprechend viele Kapitel zu ihrer Lösung folgen, formuliert Roth, daß eine Gleichung n-ten Grades höchstens n Wurzeln aufweist[154]:

> ... seynd in allen nachfolgenden Cossen auffs meinste so vil geltungen *radicis* zu finden/ mit wieviel die höchste Quantitet der fürgegebenen Cossischen aequation/ vermög der Cossischen Progression/ verzeichnet wird.

Im ersten Kapitel wird die Cardanische Lösung für den ersten Typ einer kubischen Gleichung $x^3 + bx = c$ verbal als

$$\sqrt[3]{\sqrt{\left(\frac{b}{3}\right)^3 + \left(\frac{c}{2}\right)^2} + \frac{c}{2}} - \sqrt[3]{\sqrt{\left(\frac{b}{3}\right)^3 + \left(\frac{c}{2}\right)^2} - \frac{c}{2}}$$

angegeben. Nach zwei Beispielen zur Illustration dieser Lösungsregel und der Bemerkung, daß diese kubische Gleichung nur eine «waare geltung *radicis*», also nur eine positive reelle Wurzel, aufweist, stellte Roth ein von ihm selbst beanspruchtes Näherungsverfahren vor, das allerdings mit vertretbarem Aufwand nur bei Gleichungen mit ganzzahligen Wurzeln zum Erfolg führt. Dazu braucht man nur

$$x^3 + bx = x(x^2 + b)$$

für $x = 1, 2, 3, \ldots$ bis zu einem n zu berechnen, für das sich der Wert c ergibt. So stellte Roth zur Lösung der Gleichung $x^3 + 400x = 2125$ die folgende Tabelle auf:

$\langle n \rangle$	$\langle n^2 \rangle$	$\langle n^2 + 400 \rangle$
1	1	401
2	4	404
3	9	409
4	16	416
5	25	425

Die Werte $n \cdot (n^2 + b)$ oder hier $n \cdot (n^2 + 400)$ tabellierte Roth nicht; er begnügte sich mit der Feststellung, daß $5 \cdot (25 + 400) = 2125$ und damit 5 eine Wurzel der Gleichung ist. Ist das Verhältnis von b zu c ziemlich klein, wie in der als zweites Beispiel gelösten Gleichung

$$x^3 + 213x = 3674,$$

dann empfahl er mit dem größten n zu beginnen, für das $n^3 \leq c$ gilt, in diesem Fall also mit 15, das sich als noch zu groß erweist.

Die Suche nach einem passenden kleineren n führte mit Hilfe einer entsprechenden Tabelle für $n = 11$ zum Erfolg[155]. Dem möglichen Einwand, daß dieses Verfahren bei Gleichungen, deren Wurzeln irrational und von der Form $r + \sqrt{s}$ oder $\sqrt{r} + \sqrt{s}$ sind, nicht zum Erfolg führen könnte, begegnete Roth mit der Feststellung, daß man mit etwas Glück auch in diesem Fall mit seiner Regel auf eine Wurzel stoßen könne, und mit der Frage, was denn die deutsche Rechenbuchliteratur, das Rechenbuch des Lübecker Rechenmeisters Johann Jung[156] eingeschlossen, für solche Fälle angeboten hätte[157].

Es lohnt sich vor allem mit Rücksicht auf die Frage, was von den Rechenmeistern wie hier von Roth als Fortschritt beansprucht wurde, einen Blick auf das lange verschollene[158] Rechenbuch von Johann Jung zu werfen; darüberhinaus könnte das jetzt aufgefundene Exemplar[159], das nach einem später mit Tinte getilgten Eintrag auf dem Titelblatt «Fürg Phillipp Millers von Vllm 1586» in Ulmer Besitz war, sogar Faulhabers erste Beschäftigung mit kubischen Gleichungen angeregt haben.

Jung, der nach den in der Widmung an Johann Neudörffer enthaltenen biographischen Angaben um 1550/55 geboren sein dürfte, ging[160]

> Anno 1567. zu dem wolweisen Herrn Casparo Frantzen/ Rechenmeister vnd jtzt Bürgermeister zur Schweidnitz in die Schule, welcher mich künfftig Anno 1568. an Herrn Casparum Schleupnern/ Rechenmeister zu Breslaw in dienst verschriebe/ der mich Anno 1570 an den wolerfarnen *Mathematicum* Herrn Steffan Brechteln zu Nürnberg (welcher gleich den andern zweyen Herren E. H. lieben Herrn Vaters seligen Diener gewesen) brachte/ von deme ich zum Herrn Andreas Gundelfinger Rechenmeister zu Nürnberg/ vnd von demselben zu E. H. in dienst kam.

Schon hier wird deutlich, daß Nürnberg, der Druckort für die *Ars Magna* Cardanos, als ein, wenn nicht das, Zentrum für die Ausbildung von Rechenmeistern im deutschen Reich gelten konnte. Man erwartete, in Nürnberg am ehesten über den neuesten Entwicklungsstand informiert werden zu können. Ganz offenbar war ein entsprechender Ausbildungsnachweis eine gute Voraussetzung für eine Anstellungsmöglichkeit. Johann Jung hatte nach seiner Ausbildung durch Johann Neudörffer in «Rechnen/ Schreiben/ Buchhalten/ vnd andern darzu gehörenden Künsten» eine Urkunde erhalten, in der ihm sein Lehrherr bestätigte, daß er ihn «andere zu vnderweisen düchtig schetzete». Unmittelbar darauf hatte Jung begonnen, in Lübeck «Rechen vnd Schreibschule zu halten». Dabei hatte sich Jung nach dem Vorbild Neudörffers nach Erledigung seiner Schulpflichten in den Abendstunden anspruchsvolleren mathematischen Problemen zugewandt, die er zusammen mit den Lösungen nach dem Abendessen seinen «Schülern oder Kostknaben» diktierte. Ursprüngliche Absicht Jungs war es, aus diesen Diktaten ein für den Selbstunterricht geeignetes Buch zu machen. Das verwirklichte Buch weist keine Erklärungen, sondern lediglich z. T. sehr kurz gefaßte und jeweils nur an konkreten Beispielen illustrierte Regeln auf, dürfte also für den Selbstunterricht wenig geeignet erschienen sein. Jungs Erklärung dafür ist, daß das ursprünglich geplante Buch zu lang und damit für die meisten unerschwinglich geworden wäre. Was dieses kurz gefaßte Rechenbuch von fast allen anderen Rechenbüchern auf dem Markt unterschied, war ein Lösungsangebot für kubische Gleichungen.

Die kubischen Gleichungen werden im Anschluß eines «Die achte Regeln Coss/ oder Algebrae» betitelten Teils behandelt. Diese acht Regeln sind — wie auch später bei Roth — die Regeln der Coß von Christoff Rudolff. Nach den jeweils an einem Beispiel mit entsprechender Einkleidung illustrierten acht Fällen bemerkt Jung[161]:

> So viel haben die Alten von der Coss geschrieben. Zu diesem aber hat *Scipio Ferreus* eine sache erfunden/ aus welcher grunde folgende 2 Regeln flissen.

Nach der in cossistischer Schreibweise vorgestellten Gleichung

$$x^3 = 560 - 6x$$

gibt Jung folgende Lösungsregel für diesen Typ kubischer Gleichungen:

> Den Cubum des Dritten theils der Zal/ so das Zeichen x hat/ Addir zum Quadrat des halben theils der ledigen Zal/ vnd Radix quadrata des komenden Agregats/ mit dem halben theil der ledigen Zal/ gibt ein Binomium/ an deme der grössere theil ist eine Irrational zal. Daraus suche also *Radicem Cubicam.*

Damit hat Jung nur die erste der beiden Kubikwurzeln

$$\sqrt[3]{\sqrt{\left(\frac{b}{3}\right)^3 + \left(\frac{c}{2}\right)^2} + \frac{c}{2}}$$

in der von Cardano angegebenen Lösung

$$x = \sqrt[3]{\sqrt{\left(\frac{b}{3}\right)^3 + \left(\frac{c}{2}\right)^2} + \frac{c}{2}} - \sqrt[3]{\sqrt{\left(\frac{b}{3}\right)^3 + \left(\frac{c}{2}\right)^2} - \frac{c}{2}}$$

für den Gleichungstyp

$$x^3 + bx = c$$

berücksichtigt. Statt nun davon die zweite Kubikwurzel abzuziehen, fährt er unmittelbar fort:

> Subtrahir die Quadrata der zweyer theil von einander/ aus dem Relict Extrahier *Radicem Cubicam*/ zu der Cubic Wurtzel suche eine Quadratzal/ doch das das [sic!] Agregat theile das Quadrat des Surdischen theils/ das zum Quotient ein Quadrat zal kome/ so ist alsdenn Radix quadrata des Agregats der grössere theil/ vnd Radix quadrata der gefundenen Zal/ ist der kleiner theil an solcher Cubic wurtzel/ vnd das Duplat solches kleinern theils ist der wert eines x thut alhie 8.

Subtrahiert man die Quadrate der beiden Teile des Radikanden, so erhält man $(\frac{b}{3})^3$. Die dritte Wurzel daraus ergibt $\frac{b}{3}$. Zu ihr soll eine Quadratzahl e^2 addiert werden, so daß die entstehende Summe d in das Quadrat des «surdischen theils», also in $(\frac{b}{3})^3 + (\frac{c}{2})^2$, geteilt wieder eine Quadratzahl f^2 ergibt. Wenn man solche ganzen Zahlen e und d (und f) finden kann, gilt nach den nachfolgenden Sätzen

$$\sqrt[3]{\sqrt{\left(\frac{b}{3}\right)^3 + \left(\frac{c}{2}\right)^2} + \frac{c}{2}} = \sqrt{d} + e \text{ und } x = 2e.$$

Hinter den Aussagen von Jung steckt folgendes: Obwohl die kubische Gleichung, wie im vorliegenden Fall, eine ganzzahlige Lösung hat, ist sie aus der Cardanischen Formel nicht unmittelbar zu erkennen, weil der Radikand der kubischen Wurzel $\sqrt{2^2 + 280^2} + 280$ keine ganze Zahl ist. Um die Wurzel x berechnen zu können, muß die Cardanische Formel auf die Form

$$\sqrt[3]{\sqrt{\left(\frac{b}{3}\right)^3 + \left(\frac{c}{2}\right)^2} + \frac{c}{2}} - \sqrt[3]{\sqrt{\left(\frac{b}{3}\right)^3 + \left(\frac{c}{2}\right)^2} - \frac{c}{2}}$$

$$= \sqrt{d} + e - (\sqrt{d} - e) = 2e$$

mit ganzzahligem d und e gebracht werden; damit gilt

$$\frac{b}{3} = d - e^2 \text{ oder } \frac{b}{3} + e^2 = d \text{ und } \frac{(\frac{b}{3})^3 + (\frac{c}{2})^2}{d} = (d + 3e^2)^2 = f^2,$$

wie im Text von Jung verlangt, was bei der vorliegenden Gleichung $e = 4$ und $d = 18$ ergibt. Jungs Regel für den Typus

$$x^3 + bx = c$$

und die anschließende, analog formulierte Regel für den Gleichungstyp

$$x^3 = bx + c$$

entsprechen, wenn auch nicht wörtlich, den beiden von Michael Stifel in der Coß von Rudolff angebenen Regeln[162] zur Lösung kubischer Gleichungen. Dabei dürfte die gegenüber Stifel wesentlich knappere Darstellung bei Jung den Großteil seiner Leser vollkommen im Dunkeln darüber gelassen haben, warum und wie das Verfahren im Fall der Existenz einer ganzzahligen Lösung funktioniert.

Jedenfalls deutet sich hier an, daß Jung und sein in den Abendstunden studiertes Vorbild Michael Stifel mit den Cardanischen Lösungen der kubischen Gleichungen nur dann etwas anfangen konnten, wenn die damit ausgedrückten Werte in den als zulässig angesehenen Zahlenbereich gehörten. Die Vertreter der Coß des 16. Jahrhunderts sahen als zulässige Wurzeln einer Gleichung neben ganzzahligen und rationalen gewisse irrationale Werte an, deren Formen den von Euklid in Buch X der Elemente beschriebenen entsprechen mußten. Unterstellt man, daß Jung bzw. Stifel diesen Zahlenbereich nicht verlassen wollten, dann erklären sich seine im Vergleich zu Cardano bzw. zu Scipione del Ferro und Niccolò Tartaglia zunächst so befremdlich aussehenden Lösungen der beiden Haupttypen kubischer Gleichungen auf eine natürliche Weise. Gleichzeitig wird damit klar, daß die vollständige Rezeption der von Cardano in der *Ars magna* bekannt gemachten Lösungen kubischer Gleichungen wesentlich mit einer veränderten Haltung gegenüber den als zulässig angesehenen Lösungsbereich zu tun hatte. Solange die Euklidischen Irrationalitäten als die einzig zulässigen Formen irrationaler Gleichungswurzeln galten, waren die Cardanischen Formeln bloße Formalismen, deren Benutzung man wie Jung auf die zulässigen

Fälle beschränkte. Erst als man Radikalschachteln mit Wurzelexponenten höher als 2, die sich nicht auf die Euklidischen Irrationalitäten reduzieren lassen, als sinnvolle Gleichungslösungen anzusehen begann, kamen die Cardanischen Lösungen zu ihrem vollen Recht. Offenbar war man in Kreisen deutscher Rechenmeister erst um 1600 bereit, solche Radikalschachteln als sinnvolle Lösungen anzunehmen.

Wie sein weiteres Vorgehen zeigt, waren für Jung eigentlich nur ganzzahlige und eventuell noch rationale Lösungen wirklich sinnvoll. Um solche Lösungen im Fall ihrer Existenz bestimmen zu können, bot Jung ein eigenes Verfahren an, das er gegenüber den von Stifel übernommenen Regeln als besonders einfach anpreist[163]:

> In vorigen zweyen Regeln hastu vermerckt/ wie mühsam der Wert eines Radices zu finden sey/ wil dir aber einen bericht hieuon thun/ das du leichtlicher darzu komen magst/ Vnd erstlich die 13. vergleichungen/ so Stifelius setzet/ in Kunst Exempeln fordern/ nachmals auch daraus den des x zu suchen lehren.

Es folgen 13 Aufgaben, die den 13 von Cardano unterschiedenen und von Stifel übernommenen Typen kubischer Gleichungen entsprechen. Die erste führt auf die Gleichung

$$x^3 = 560 - 6x.$$

Jung löst sie durch Probieren nach der Umformung

$$x^2 = \frac{560}{x} - 6;$$

er bestimmt also einen Teiler von 560, hier 8, dessen Quadrat 64 um 6 kleiner ist als 70, der Quotient aus 560 und diesem Teiler. Aufgabe 4 führt auf die Gleichung

$$x^3 = 1470 - 23x^2 \quad \text{oder} \quad x = \frac{1470}{x^2} - 23,$$

wobei 49 als einziger quadratischer Faktor von 1470, also $x = 7$, zum Erfolg führt. Die Gleichung in Aufgabe 7

$$x^3 = 10x^2 + 20x + 48$$

ergibt zunächst

$$x^2 = 10x + 20 + \frac{48}{x}$$

und im nächsten Schritt

$$x = 10 + \frac{20 + \frac{48}{x}}{x}.$$

Bei dieser Aufgabe muß $x > 10$ sein, wenn $x > 0$ ist; mit $x = 12$ ist eine Lösung gefunden. Mit den folgenden sechs Aufgaben wird der Leser auf eine allgemeine Regel vorbereitet, die durch die Gleichung

$$x^{28} = 65532x^{12} + 18x^{10} - 30x^6 - 18x^3 + 12x - 8$$

und deren Umformung

$$1 = \cfrac{65532 + \cfrac{18 + \cfrac{-30 + \cfrac{-18 + \cfrac{12 - \cfrac{8}{x}}{x^2}}{x^3}}{x^4}}{x^2}}{x^{16}}$$

die die Lösung 2 nahelegt, illustriert wird.

Zwei Abschnitte über Brüche und über Irrationalzahlen, in denen eine kubische Gleichung mit rationalen Koeffizienten durch eine Substitution der Form $y = \frac{x}{r}$ auf eine Gleichung mit ganzen Koeffizienten bzw. eine Gleichung höheren Grades durch eine Substitution der Form $y = x^r$ auf eine kubische Gleichung gebracht werden, schließen das Kapitel über kubische Gleichungen in Jungs Rechenbuch ab.

Das vorher erörterte numerische Probierverfahren zur Bestimmung eventuell vorhandener ganzzahliger Wurzeln kubischer Gleichungen von Roth ist tatsächlich eine Ausarbeitung des von Jung vorgeschlagenen Verfahrens.

Erst wenn das Verfahren Roths, das auf den von Jung und schon vorher von Christoph Rudolff[164] angegebenen Regeln fußt, nicht zum Erfolg führt, sollte die Lösungsregel von Cardano angewandt werden. Dies gilt auch für ein analoges Verfahren, das Roth im Kapitel 2 bei der Behandlung von kubischen Gleichungen des Typs

$$x^3 = bx + c$$

vorschlägt. Hier wird entsprechend $x \cdot (x^2 - b)$ für ganzzahlige n berechnet, bis sich der Wert c ergibt. Dabei deutet sich schon eine Aufweichung der Haltung an, nur positive Werte für die Koeffizienten und Wurzeln zuzulassen. Ähnlich wie Cardano bzw. dessen Informant Tartaglia führte Roth hier die Unterscheidung zwischen «waaren», also positiven, und «gedichten», negativen, Wurzeln ein. Ist $x = r$ eine positive Wurzel von

$$x^3 = bx + c,$$

so ist der «gedichte» Wert $-r$ Wurzel der Gleichung

$$x^3 + c = bx,$$

da, was Roth nicht ausführt,

$$r^3 - br = c \text{ oder } -c = -r^3 + br = (-r)^3 - b(-r)$$

und damit $-r$ Wurzel der Gleichung

$$-c = x^3 - bx \text{ oder } x^3 + c = bx$$

ist. Roth wußte auch, daß, wenn in der Cardanischen Lösungsformel für den Typ

$$x^3 = bx + c$$

$$x = \sqrt[3]{\frac{c}{2} + \sqrt{\left(\frac{c}{2}\right)^2 - \left(\frac{b}{3}\right)^3}} + \sqrt[3]{\frac{c}{2} - \sqrt{\left(\frac{c}{2}\right)^2 - \left(\frac{b}{3}\right)^3}}$$

$$\left(\frac{c}{2}\right)^2 - \left(\frac{b}{3}\right)^3 < 0$$

ist, die Gleichung drei reelle Wurzeln hat, von denen eine positiv und zwei negativ sind. Die direkte Bestimmung der drei reellen Wurzeln für den hier vorliegenden Fall des sogenannten *casus irreducibilis* durch Rückführung auf die Winkeldreiteilung war Roth nicht bekannt. Wie Cardano war er darauf angewiesen, eine der drei Wurzeln durch Erraten oder systematisches Probieren nach den von ihm als eigenständige Leistung beanspruchten Verfahren zu ermitteln, um dann die beiden anderen aus der bereits bekannten Wurzel und dem Koeffizienten b zu bestimmen.

In den nachfolgenden Kapiteln des ersten Teils behandelte Roth die Lösungen der restlichen von Cardano unterschiedenen Typen kubischer Gleichungen, ohne auf die von Cardano im 25. Kapitel des 10. Buchs der *Ars magna* behandelten 16 Sonderregeln einzugehen. Roth verwies allerdings auf die Cardanischen

Sonderregeln bei der Lösung der Aufgaben 13 und 14 des *Lustgartens*. Verweise auf andere Autoren als Stifel, Rudolff und Cardano finden sich im zweiten Teil der *Arithmetica Philosophica* nur in Aufgabe 25, wo Roth feststellte[165], daß die zugehörige Gleichung «durch deß Johann Jungen Regel leicht zu solvirn» sei, in Aufgabe 114, wo er auf «daß 13. Exempel in Simon Jacobs kleinen Arithmetic Büchlein von der Zinß Rechnung» verwies[166], und in Aufgabe 149, wo er die benötigte Formel für die Summe der Kubikzahlen von 1 bis n «Simon Jacobs getruckten quart Arithmetic fol. 16» und der von Stifel herausgegebenen «Quartcoß Herrrn Christoff Rudolphs folio 17» entnahm[167]. Bei dieser Gelegenheit bezeichnete er Simon Jacob als einen «fürtrefflichen und wolgelehrten Mathematicus».

Regeln bzw. Verfahren zur Auffindung eventuell vorhandener ganzzahliger Wurzeln kubischer Gleichungen wie die von Roth im ersten Teil der *Arithmetica Philosophica* angegebenen erschienen schon allein deswegen als sinnvoll, weil die Aufgabensteller kubische Aufgaben sehr oft so einrichteten, daß sie genau eine ganzzahlige oder zumindest rationale Wurzel aufwiesen. Dies gilt auch für einen Teil der kubischen Probleme des *Lustgartens*, der allgemein dem didaktischen Prinzip eines Aufsteigens vom Einfacheren zum Schwierigeren folgt.

2.2.2 Die verschiedenen Farben der Röslein des *Lustgartens*.

Dementsprechend beginnt Faulhaber den *Lustgarten* mit einem linearen Problem. Es erfordert die Lösung eines linearen Gleichungssystems in drei Unbekannten. Dies ist insofern von Interesse als man in der cossistischen Algebra i. a. nur mit einer Unbekannten arbeitete und dementsprechend nur Symbole für die verschiedenen Potenzen dieser Unbekannten zur Verfügung hatte. Faulhaber war aber nicht in Verlegenheit, bei dieser auch von der Einkleidung her für seine Zeitgenossen sehr eingängigen Aufgabe Zeichen für zwei weitere Unbekannte einzuführen. Die Aufgabe beginnt mit dem Satz: «Es hat ein Feldhauptmann vnter ihme Drey Fähnlin Kriegsknecht.» Jedes der drei «Fähnlin» besteht aus deutschen, englischen und italienischen Soldaten von verschiedenen, jeweils angegebenen Anzahlen. Der Reiz dieser 14 Jahre vor Ausbruch des Dreißigjährigen Krieges gestellten Aufgabe ist, den monatlichen Sold der offenbar abhängig von ihrer

Nationalität unterschiedlich entlohnten Soldaten aus dem für jedes Fähnlein gegebenen Gesamtsold für einen Monat zu berechnen. Als Anweisung zur Lösung gibt Faulhaber in diesem Fall an:

> Setz Erstlich einem Teutschen zu Monatlicher Besoldung 1. rad. fl. einem Engelländer 1. A. fl. vnd einem Italianer 1. B. fl. Procedier/ so kompt der Werth eines A. vnd B. darnach/ Ist der Werth eines rad. gar leicht zu finden/ etc.[168]

Faulhaber hat also weitere Unbekannte durch die Großbuchstaben des Alphabets gekennzeichnet. Für das Spätere bleibt festzuhalten, daß Faulhaber mit Aufgaben dieser Art wohl vertraut und ihm die Lösung solcher linearer Gleichungssysteme offenbar geläufig war.

Roth hat bei der Lösung dieser Aufgabe die beiden ersten Gleichungen in x, A und B der Anweisung Faulhabers folgend dazu benutzt, A und B als lineare Funktionen von x zu finden, diese in die dritte Gleichung einzusetzen, um damit x zu bestimmen[169].

Im Selbstverständnis der Rechenmeister galt die selbständige Formulierung einer neuen Aufgabe — abhängig von der Schwierigkeit ihrer Lösung — als eine eigenständige besondere Leistung. Es wurde daher üblich, die Herkunft der veröffentlichten Aufgaben zu kennzeichnen. Verstöße gegen diese sich allmählich entwickelnde Kennzeichnungspflicht sind, wie der Briefwechsel Faulhabers mit Kurz zeigt, nicht selten; ihre Aufdeckung kann als Hinweis auf die Etablierung einer solchen Pflicht angesehen werden.

Die Aufgaben 114 bis 119 des *Lustgartens* sind Faulhaber von anderer Seite zwischen Februar 1601 und Oktober 1603 gestellt worden. Die Nennung der Aufgabensteller, ihres Berufs und Wohnorts sicherte dabei nicht nur die Urheberschaft für das jeweilige Problem, sondern auch das Prestige von Faulhaber selbst, der hier darauf verweisen konnte, daß ihm andere Rechenmeister oder von ihrer Stellung her gewichtig erscheinende Persönlichkeiten von Straßburg bis Wien die Lösung anspruchsvoller Probleme zutrauten. Hier sind es der Nürnberger Rechenmeister Anthonius Neudörfer, der «Gräfflich Helffensteinische Secretarius zu Wissensteig» Jakob Bosch, der «Wolgelehrte Herr Magister» und Pfarrer zu Memmingen Adam Prumer, der Faulhaber besonders nahestehende «Gegenschreiber zu Geißlingen» Onophrius Müller, der «Ehrnvöst vnnd Weisse Herr Conrad Fuchs» aus Straßburg und der namentlich nicht genannte Oberschreiber der «Gerichts Cantzley» in Wien, die Faulhaber mit ihren kubischen «Quästionen» beehrt hatten.

Ein Teil der Aufgaben ist natürlich der *Ars Magna* Cardanos entnommen. Am Ende von Aufgabe 35 heißt es z. B.: «Dise Quaestion setzt Cardanus in seinem 10. Buch/ am 17. Cap. fol. 73. vnnd 74. Ist ein Exemp. quarti modi.» Allerdings hat Faulhaber nicht alle Cardano entnommenen Aufgaben als von Cardano stammend gekennzeichnet. So bemängelt Roth bei Aufgabe 30, daß sie aus dem 10. Buch der *Ars Magna* entnommen, aber anders als bei Cardano formuliert sei[170], weswegen «der Text in deß Herrn Faulhabers cobicossischen Lustgarten falsch und vnrecht gesetzt worden». Tatsächlich hat Cardano die Aufgabe anders formuliert als Faulhaber, der der Aufgabe, drei stetig proportionale Größen gegebener Summe zu finden, tautologisch die Forderung hinzufügt, daß die Quadratwurzel aus dem Produkt der ersten und dritten gleich der mittleren Größe sein soll[171], womit das Problem unterbestimmt bleibt. Cardano hatte hingegen verlangt, daß die Summe der Quadratwurzeln aus der ersten und dritten Größe gerade gleich der mittleren sein sollte, und damit eine dritte, von den beiden anderen unabhängige Bedingung für die drei Unbekannten angegeben. Eine mögliche, wenn auch mathematisch nicht befriedigende Erklärung für eine solche Abweichung von Cardano ist, daß Faulhaber die Güte der ihm gelieferten Übersetzungen nicht überprüfen konnte.

Auch Aufgabe 31 gab Roth Veranlassung zur Beanstandung, weil hier Faulhaber zur Bestimmung der Teilung von 10 in zwei ungleiche Summanden einer dazu erforderlichen Bedingung völlig überflüssig eine zweite mit der ersten äquivalente folgen läßt[172]. Bei Aufgabe 65 fand Roth wiederum Gelegenheit, auf eine von Faulhaber nicht erwähnte Lösung durch Cardano zu verweisen, die er neben seiner eigenen vorträgt[173]. Daß aber Faulhaber und Roth, die das Verdienst haben, die Methoden und Ergebnisse in Cardanos *Ars Magna*, einem deutschen Lesepublikum vorgestellt bzw. bekannt gemacht zu haben, dem von ihnen als große Autorität eingeschätzten Cardano nicht kritiklos gegenüberstanden, zeigt auch die folgende Bemerkung Roths bei der Behandlung von Faulhabers Aufgabe 70[174]:

Von diesen vnd andern Exempeln/ derogleichen quantiteten schreibt Cardanus in dem zehenden Capitel seines zehenden Buchs/ überauß viel schwere vnnd vndeutliche Regeln/ Ich aber will dir hiemit im besten angezeigt haben/ daß aller derselben prozeß/ durch die einige Regel De Tri (gleich wie diese nachfolgende Quaestion solvirt wird) nicht allein lustig und schön/ sondern auch kurtz vnd verständig mag verrichtet vnd volzogen werden.

Auch wenn insbesondere Faulhaber solche Bemerkungen überwiegend als Ausdruck der Rothschen Profilierungssucht einstufte, muß die von Faulhaber als unmöglich eingeschätzte knappe Zusammenfassung und Erweiterung der Regeln Cardanos zur Lösung kubischer Gleichungen durch Roth als ein Fortschritt nach den Maßstäben der Rechenmeister gewertet werden, obwohl Roth fast nirgendwo wirklich über Cardano hinausging. Dafür hätte Roth etwa deutlich machen müssen, daß mit den ersten drei der 13 von Cardano behandelten Typen bereits alle übrigen erfaßt sind. Da er wie Faulhaber mit der Transformation

$$y = x + \frac{a}{3},$$

die den Koeffizienten von y^2 in der kubischen Gleichung verschwinden läßt, wenn $a \neq 0$ der Koeffizient von x^2 ist, als selbstverständlich vertraut war[175], wäre ihm eine solche Verallgemeinerung zuzutrauen gewesen.

Hier liegt ein wesentlicher Unterschied zwischen dem Selbstverständnis der Rechenmeister und akademisch gebildeten Liebhabern der Mathematik wie Michael Stifel, der zwei Generationen zuvor durch seine Zusammenfassung der Regeln zur Lösung verschiedener Typen quadratischer Gleichungen zu einer einzigen eine wesentliche Vereinfachung gebracht hatte[176]. Für die Rechenmeister war es nicht erstrebenswert, kubische Gleichungen auf zwei oder drei Typen zu reduzieren, solange sie mit dem Unterricht für 13 verschiedene kubische Gleichungstypen Geschäfte machen konnten.

Der Weg bis zur Aufstellung der Gleichung oder der Gleichungen, auf die diese Regeln angewandt werden können, war je nach Formulierung der Aufgabe recht unterschiedlich. Bei manchen Aufgaben gab Faulhaber die mathematische Fassung des Problems zumindest in verbaler Form vor; bei anderen muß man sich über die Angaben in der Einkleidung erst mühsam an die mathematische Fassung herantasten. Die Einkleidungen selbst setzen

z. T. alte Traditionen wie die der Mischungs- oder Münzschlagaufgaben fort, Zins- und Zinseszinsprobleme wie die Aufgaben 87 bis 91 waren u. a. wegen des kirchlichen Zinsnahmeverbots im 16. Jahrhunderts noch nicht sehr häufig.

2.2.3 Polygonal- und Pyramidalzahlen im *Lustgarten* und in der *Arithmetica Philosophica.*

Ein sehr großer Teil der Aufgaben ist den sogenannten Polygonalzahlen gewidmet, deren Geschichte von Anfängen in der Antike bis ins 19. Jahrhundert reicht, als sie mit dem Verschwinden der letzten Rechenmeister auch ihre frühere Prominenz verloren. Nach Diophant von Alexandria kannte bereits Hypsikles von Alexandria, der im zweiten vorchristlichen Jahrhundert lebte, das Bildungsgesetz für beliebige Polygonalzahlen aus den Gliedern einer arithmetischen Folge erster Ordnung[177]. Von diesem antiken Wissen über die Polygonalzahlen ist nur ein Teil in den Traditionsstrom eingegangen, der die Antike mit der Neuzeit verbindet und vor allem im Anschluß an Nikomachos von Gerasa zu einem starken Anstieg des Interesses daran im 16. Jahrhundert führte[178].

Für Georg Simon Klügel, den Herausgeber des nach ihm benannten mathematischen Wörterbuchs, war es 1808 noch selbstverständlich, diesem Stichwort einen Artikel zu widmen. Hier heißt es[179]:

> Polygonalzahlen sind Summen arithmetischer Reihen, deren Anfangsglied die Einheit, der Unterschied der Glieder eine der ganzen Zahlen ist. Sie machen also nur eine besondere Gattung von arithmetischen Reihen der zweyten Ordnung aus.
>
> 1. Sie heißen Triangularzahlen, wenn der Unterschied der Glieder in der arithmetischen Reihe = 1 ist, Quadratzahlen, Pentagonal-, Hexagonal-, Heptagonal-, Octogonalzahlen u.s.f. wenn der Unterschied 2, 3, 4, 5, 6, u. s. f. ist.
>
> 2. Die Seite oder Wurzel einer Polygonalzahl ist die Anzahl der Glieder aus der zugehörigen Reihe, wovon sie das summatorische Glied ist. Die Anzahl der Winkel, welche zu ihrer Bestimmung gebraucht wird, ist diejenige, welche das Vieleck hat, wovon die Polygonalzahl benannt ist.

Einen Hinweis auf die Verbreitung von Kenntnissen über Polygonalzahlen unter den deutschen Rechenmeistern dieser Zeit und gleichzeitig auf den mit ihrem Kommunikationssystem erzielten Konsens gibt eine unmittelbar nach der Formulierung von

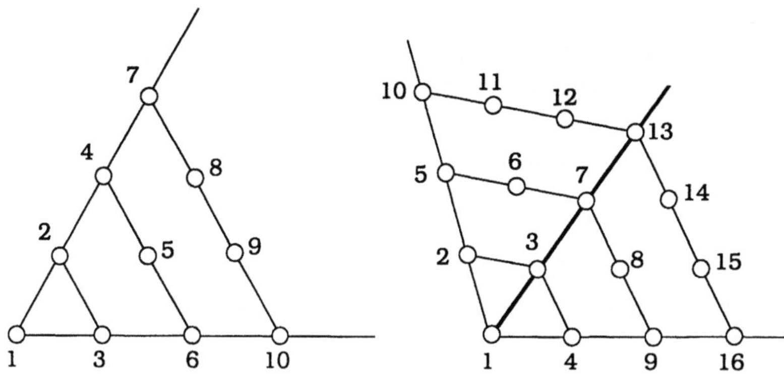

Abb. 11 Geometrische Veranschaulichung der Bildung von Dreiecks- und Viereckszahlen, die aus den Dreieckszahlen durch Hinzufügen eines zweiten Dreiecks entstehen.

Aufgabe 95 des *Lustgartens* eingeschobene «Nota» von Faulhaber, die von Roth fast wörtlich übernommen wurde[180]:

> An diesem ort ist auch zu mercken/ wann Faulhaber von Polygonalzahln allhie handlet/ vnd etwan der Quadrat vnd Polygonal wurtzlen gedencket/ daß er nach der Gelerthen meynung/ durch die Polygonalwurtzel/ den letzten *terminum*, vnd durch die Quadratwurtzel/ den *radicen* solcher Polygonal Zahl/ verstanden haben will/ dann dieweil es durch so viel Teutsche Rechenmeister/ der gestallt/ in üblichen gebrauch kommen/ hat ers/ grössern mißverstand zuverhüten/ bey gewönlichen wörtern/ auch verbleiben lassen/ etc.

Bei den nach griechischen Zahlwörtern benannten Polygonalzahlen handelt es sich also um die Summen der ersten x Glieder einer arithmetischen Folge erster Ordnung mit dem Anfangsglied 1 und der Differenz d. Die Benennung der Polygonalzahlen hängt allein von d ab, wobei das den Namen einer Polygonalzahl bestimmende (griechische) Zahlwort abhängig von den polygonalen Anordnungsmöglichkeiten dieser Zahlen gerade $d + 2$ ist. Ist $d = 1$, so lassen sich die aufeinanderfolgenden Dreiecks- oder Trigonalzahlen bei der folgenden Anordnung beginnend an der Spitze auf dem rechten Schenkel des gleichschenkligen Dreiecks ablesen. Fügt man dem Dreieck wie in der Abbildung ein weiteres hinzu, so kann man auf dem rechten Schenkel des hinzugefügten Dreiecks, das jetzt mit dem ursprünglichen ein Viereck bildet, die aufeinanderfolgenden Vierecks- oder Tetragonalzahlen ablesen, deren Differenz $d = 2$ ist. Usw.

Die von Faulhaber als unter deutschen Rechenmeistern verbindlich erklärte Terminologie besagt dann, daß x als die Quadratwurzel der Polygonalzahl und das x-te Glied der arithmetischen Folge, also $1+(x-1)\cdot d$ als Polygonalwurzel zu bezeichnen ist. Die Polygonalzahl selbst ist

$$\frac{x}{2}\cdot[1+(x-1)\cdot d+1]=\frac{x}{2}\cdot[(x-1)\cdot d+2].$$

Am Anfang der sich mit Polygonalzahlen beschäftigenden zusammenhängenden Aufgabengruppe des *Lustgartens* steht Problem 96[181]:

> Item/ ein Quadrat Zahl/ ist gleich einer Pentodecagonal Zahl/ vnnd ihre Quadrat Wurtzlen/ halten sich *in proportione dupla sesqui altera.* fac. ein jede Zahl ist 3025.

Schon hier stellt sich das Gefühl eines bombastisch aufgeblasenen und dem didaktischen Ideal der Durchsichtigkeit Hohn sprechenden terminologischen Apparats der nach griechischen Zahlwörtern benannten Polygonalzahlen ein, den die i. A. nicht einmal des Lateinischen mächtigen Rechenmeister übernommen hatten. Unter den Zeitgenossen war es vor allem Descartes, der sich in seinem *Discours de la Méthode* ausdrücklich gegen die ein ungeheuer gelehrtes Fachwissen nur vortäuschende, in Wirklichkeit aber nur redundante Bezeichnungsweise der Rechenmeister wandte. Aus der Sicht von Faulhaber und allgemein der Rechenmeister, die den Talmiglanz einer gelehrsam klingenden Bezeichnungsweise bewußt einsetzten, um auch und gerade eine akademisch gebildete Klientel für ihre Fähigkeiten zu interessieren, bildeten Kenntnisse über den Aufbau der Polygonalzahlen eine besondere Attraktion und mathematisch den Ausgangspunkt für die Summierung von arithmetischen Reihen höherer Ordnung.

Im vorliegenden Fall der Aufgabe 96 des *Lustgartens* verweist die im übrigen sogar fehlerhafte Bezeichnung der Polygonalzahl auf die Differenz $d = 13$. Ist die Anzahl der in ihr enthaltenen Glieder, also ihre Quadratwurzel, gleich x, so ist sie selbst gleich

$$\frac{x}{2}\cdot[(x-1)13+2]=\frac{13x^2-11x}{2}.$$

Da die Wurzel der dieser Polygonalzahl gleichen Quadratzahl $2\,^1\!/_2$ mal so groß sein soll wie x, gilt also:

$$\frac{13x^2-11x}{2}=\left(\frac{5}{2}x\right)^2=\frac{25}{4}x^2 \text{ oder } x=22.$$

Die der Polygonalzahl gleiche Quadratzahl ist dann, wie von Faulhaber als «facit» angegeben, 3025. Roth hat wegen des Verhältnisses von $2\,{}^1\!/_2$ zwischen den beiden Quadratwurzeln, als Wurzel der Quadratzahl $5x$ und als Quadratwurzel der Polygonalzahl $2x$ angesetzt[182].

In den nachfolgenden Aufgaben bis 113 schwelgt Faulhaber in immer abenteuerlicher klingenden Bezeichnungen für spezielle Polygonalzahlen, bis er in Aufgabe 113 bei $d = 141288$ oder einer «Tetrakißmyriochiliodiacosioennenicondagonal Zahl» angelangt ist[183]. Hier und in der vorhergehenden Aufgabe ging es Faulhaber um die gleichzeitige Bestimmung von d und x, also die Bezeichnung der Polygonalzahl und ihrer Quadratwurzel. Zur Motivation dieser Aufgabenstellung bediente sich Faulhaber etwa der Geschichte eines «fürnemen Rechenmeisters», der die Polygonalzahlenaufgabe in einem Brief mitgeteilt hat, der beim Öffnen zerriß, wobei ein Teil der Information wie die Bezeichnung der Polygonalzahl verlorenging. Man soll also aus der allein gegebenen Polygonalzahl auf ihre Benennung und damit auf d und gleichzeitig auf x, die Quadratwurzel, schließen, wobei Faulhaber erwartete, daß man die Lösung ohne die Hilfsmittel der cossistischen Algebra, «ausserhalb aller Coß», aber durch «Regulierte Rechnung» findet. Roth bemerkt einleitend zur Lösung von Aufgabe 112, nach deren Muster auch die nachfolgende Aufgabe gelöst wird[184]:

> Ist zu wissen: daß etliche *Arithmetici* oder Rechenmeister/ fürnemlich aber Herr Oßwald Vlman/ vnd Caspar Thierfelder/ Item/ Johann Jung/ vnd Johann Weber/ auch Gottschalck von Milighausen sondere Tafeln componirt/ deren sie sich zu solchen vnnd dergleichen Exempeln gebrauchet/ wie dann zu end ihrer Rechenbücher/ inn ihren Beschluß Exempeln/ wol zu sehen/ weil mir aber vnter oberzehlten *Authoribus*, für andern allen deß Herrn Jungen *tabulam* gefallen/ er aber dieselbe in seinem Rechenbuch nicht außtrücklich gesetzt/ Sondern inn etlichen Exempeln von Schlachtordnungen/ nur anleitung gegeben/ was er für Zahlen gebrauchet/ hab ich mir ermeldte tabulam (vnangesehen/ ich mir wol eine selbsten zu machen gewußt) componirt/ nach welche ich alle derogleichen Exempla/ ausser der Coß/ so es mir geliebt/ pflege auffzulösen/ dardurch ich dann auch diese zwey folgenden/ resolvirn vnd entscheiden will/ wie aber die Zahlen in der Tabel/ deren man sich hierzu gebrauchen muß/ bald zu finden/ will ich den vermeynten Künstlern dieser sachen/ zu bedencken vnd zu suchen/ heim stellen.

Wie die nachfolgende Rechnung bestätigt, war Roth nicht bereit, sein Vorgehen zu erklären. Seine Lösung dürfte den meisten seiner Leser reichlich dunkel vorgekommen sein und den einen oder anderen ganz im Sinn von Roths Absichten zu Anfragen bei dem Meister veranlaßt haben. Roth ging von einem angenommenen d aus und bestimmte daraus x. Über die zur Wahl dieses d führenden Überlegungen schweigt sich Roth aus. Sein Verfahren legt folgende Schritte nahe: Ist

$$c = \frac{x}{2} \cdot [(x-1) \cdot d + 2]$$

gegeben und setzt man der Gleichung

$$2dc = dx \cdot (dx + 2 - d)$$

entsprechend $z := dx + 2 - d$, so gilt

$$2c = z \cdot \left(\frac{z-2}{d} + 1 \right).$$

Unter den möglichen Faktorisierungen von $2c$ in zwei Faktoren p und q sind also diejenigen zu wählen, für die $\frac{p-2}{q-1}$ gerade eine natürliche Zahl ergibt, die man für d wählt. In Aufgabe 112 hatte Faulhaber für c den Wert 823543 genommen, dabei muß dem nach eigenen Bekunden im Umgang mit Tafelwerken wohl vertrauten Roth aufgefallen sein, daß 823543 gleich 7^7 ist. Unter den 7 möglichen verschiedenen Zerlegungen von $2 \cdot 7^7$ in zwei Faktoren gibt es bis auf einen noch zu besprechenden Sonderfall nur eine, nämlich

$$2 \cdot 823543 = (2 \cdot 7^6) \cdot 7 = 235298 \cdot 7,$$

bei der der Quotient

$$\frac{p-2}{q-1} = \frac{235296}{6} = 39216$$

und damit ganzzahlig ist; so dürfte Roth den Wert 39216 für d bestimmt haben. Geht man mit diesem Wert von d in die Gleichung

$$2dc = z \cdot (z - 2 + d)$$

und bestimmt daraus z und aus z schließlich x $(= 7)$, so entspricht der dafür erforderliche Rechengang genau den von Roth angegebenen Schritten. Beide Autoren übergingen übrigens die im Fall eines primen c einzige, aber für jedes c mögliche Lösung

$$z = c,\ d = c - 2 \text{ und } x = 2,$$

vielleicht, weil sie diese Lösung als trivial ansahen.

Nach den schon erwähnten kubischen Problemen 114 bis 119, die ihm von anderer Seite vorgelegt worden waren, nahm Faulhaber in Aufgabe 120 in Anspruch, daß er ein von ihm angegebenes magisches Quadrat der Seitenlänge 15 «durch Regulierte Rechnung wol vnd vnfehlbar» angeordnet hat[185]. Peter Roth gab bei seiner «Lösung» ohne jeden Verweis auf eine «regulierte Rechnung» einen mechanisch nachvollziehbaren Weg zur Anordnung der Zahlen 1 bis 225 an, die einen für die Summen aller Zeilen und Spalten sowie der beiden Diagonalen des Quadrats jeweils gleichen Wert ergibt und damit aus dem Zahlenquadrat ein magisches Quadrat macht. Er bemerkt dazu nur, daß dies ein für Quadrate mit ungerader Seitenzahl typischer Weg ist, aber daß Quadrate mit gerader Seitenzahl einen anderen Weg erfordern, den er bei anderer Gelegenheit zu veröffentlichen hofft[186]. Der Nachweis, daß seine Anordnung tatsächlich ein magisches Quadrat ergibt, kümmerte Roth überhaupt nicht. Da die Konstruktion magischer Quadrate eine weit zurückreichende Geschichte hat und sich magische Quadrate bereits in deutschen Rechenbüchern des 16. Jahrhunderts finden[187], darf angenommen werden, daß insbesondere die Angabe von ungeraden magischen Quadraten zum Standardrepertoire eines guten Rechenmeisters im 17. Jahrhundert gehörte.

Von Aufgabe 121 bis 130 werden die Summen von Polygonalzahlen, die eine kubische Funktion der Quadratwurzel sind, gegeben und ihre Anzahl gesucht. Für die Summen der Polygonalzahlen hat Roth eine Regel in Form einer umfangreichen Tabelle aufgestellt[188], die er als Ausdruck der von ihm «sampt einem guten Freund» angeblich vor Faulhaber gefundenen «General Regel» vorstellt. Faulhaber hatte seinerseits auf eine solche «General Regul (welche ich den 24. Septembr. Anno 1596. erfunden)» in Aufgabe 146 verwiesen[189]. Im Brief an Kurz vom 29. Januar 1609 wollte Faulhaber über den Namen des Miterfinders der von Roth angegebenen Generalregel für die Summen von Polygonalzahlen hinaus wissen,

> ob er jung, und wie lang er bey dem Schulweßen were, deßgleichen ob er latein gestudiert, und ob er zu Nürnberg in großem ansehen, auch was er für ein Schuol hete, dann man sagt alhie, daß zu Nürnberg wol 30 Schulmaister seyen.

Die nachfolgenden Briefe Faulhabers an Kurz lassen nicht erkennen, inwieweit Kurz Faulhabers Informationsbedürfnis in dieser

Sache zu befriedigen vermochte. Im Brief an Kurz vom 12. 10. 1609 machte Faulhaber jedenfalls klar, wie wenig ihm an einer raschen Veröffentlichung einer Reaktion auf den dritten Teil von Peter Roths *Arithmetica Philosophica* lag. Weil es ihm dabei offenbar nichts ausmachte, «daß es Peter Rothen und den jungen Ebmer so hefftig verdrüßt», und er außerdem zu Gott hoffte, «er werde Peter Roth wider bezahlen, was er an unß baiden gethan hat», ist der nach Doppelmayr[190] im selben Jahr wie Faulhaber geborene Sebald Ebmer ein wahrscheinlicher Kandidat für die Mitentdeckung der «Generalregul» zur Summierung von Polygonalzahlen. Der Umstand, daß Ebmer bereits 1604 um die Lösung der Aufgabe 114 des *Lustgartens* ersucht hatte und von Faulhaber über Kurz vertröstet worden war[191], weil Faulhaber zu dieser Zeit noch kein Interesse daran hatte, «alle die Aufflößungen underschiedlicher Exemppla gedachts meines Büchleins zu spargieren», spricht sicherlich nicht gegen diese Vermutung. Faulhabers offensichtlich geringes Interesse, die Auflösung seiner Aufgaben in absehbarer Zeit zu veröffentlichen, könnte sogar ein Motiv für Roths Plan gewesen sein, das selbst zu machen.

Bei dem so umworbenen Problem ging es um die Bestimmung der Summe aller Polygonalzahlen für ein bestimmtes d, wobei die Quadratwurzel der Polygonalzahl Werte von 1 bis x annimmt. Bildlich gesprochen handelt es sich um die Summe der Punkte, die ähnlich wie die zu einer Pyramide geschichteten Kanonenkugeln in immer kleiner werdenden in einer Pyramide übereinander angeordneten Polygonen enthalten sind, weswegen diese Zahlen dann auch als Pyramidalzahlen bezeichnet worden sind. Ihr Wert ist

$$\begin{aligned}\sum_{w=1}^{x} \frac{w}{2} \cdot [(w-1) \cdot d + 2] &= \frac{d}{2} \sum_{w=1}^{x} w^2 - \frac{d-2}{2} \sum_{w=1}^{x} w \\ &= \frac{dx^3 + 3x^2 + (3-d)x}{6}.\end{aligned}$$

Roth hat diese Formel für jedes einzelne d von $d = 1$ bis $d = 98$ zusammen mit der entsprechenden Bezeichnung für die zugehörige Polygonalzahlsumme in seiner Tabelle angegeben. Die miteinander konkurrierenden Prioritätsansprüche von Faulhaber und Roth bezüglich dieser Formel weisen darauf hin, daß beide, wenn auch mit unterschiedlichen Gewichtungen, die Summenbil-

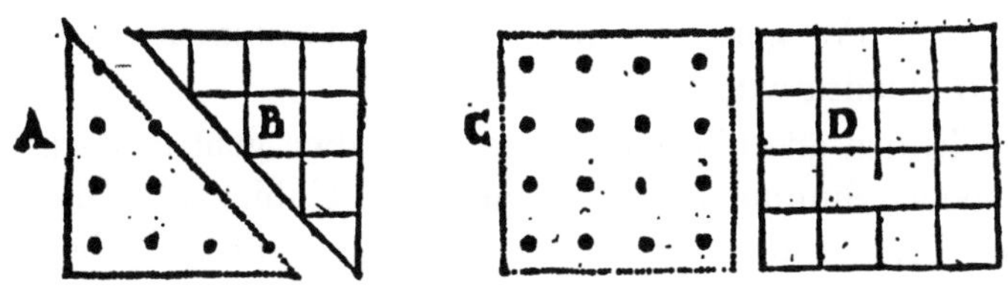

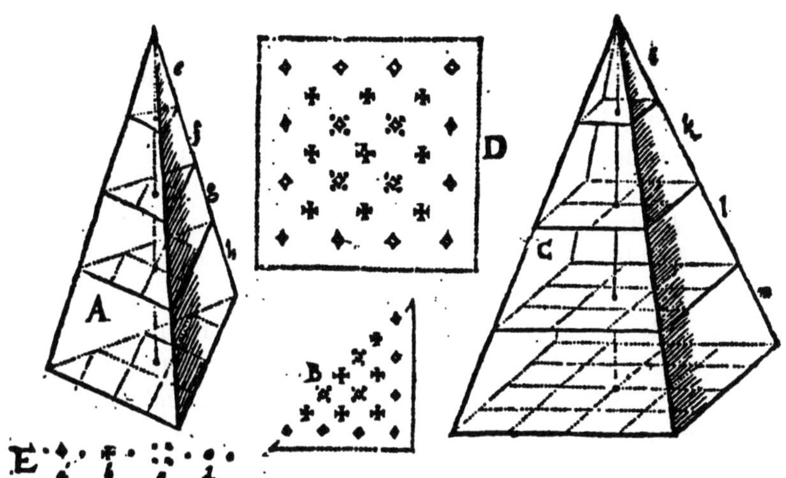

Abb. 12 Der geometrische Aufbau von Dreiecks-, Quadrat- und Pyramidalzahlen nach [Johannes Remmelin], *Mysterium Arithmeticum*, o. O. 1615.

dung von Polygonalzahlen als etwas Neues ansahen. Roth hat dabei durch ihre Veröffentlichung die Formel sofort zum Allgemeingut für die Gruppe der Rechenmeister gemacht, was als Hinweis darauf verstanden werden kann, daß sie seiner Einschätzung nach auch in der Reichweite von anderen lag.

Die Aufgaben 131 bis 142 werden dadurch erschwert, daß neben den Summen der Polygonalzahlen auch noch die Summen ihrer Quadratwurzeln oder ihrer Polygonalwurzeln eine Rolle spielen. Die anschließenden Aufgaben bis 146 verlangen die Bestimmung der Anzahl aus den gegebenen Summen verschiedener Typen von Polygonalzahlen z. T. mit den Summen ihrer Polygonal- und Quadratwurzeln.

In den anschließenden drei Aufgaben geht es darum, bei gegebener Summe von Quadrat- bzw. Kubikzahlen die Anzahl n der Summanden von 1 bis n zu finden. Mit Aufgabe 150 kehrte Faulhaber zu den Polygonalzahlen zurück, die auch noch in der abschließenden Aufgabe 160 eine Rolle spielen. In dieser letzten Aufgabe ging es um eine Wortrechnung, bei der den einzelnen Buchstaben des Alphabets (im Allgemeinen jeweils verschiedene) Zahlen zugeordnet werden.

2.2.4 Eine Wortrechnung als Abschluß des *Lustgartens*.

Die Belegung der Buchstaben eines Alphabets mit Zahlenwerten und umgekehrt die Zuordnung von Buchstaben zu gewissen Zahlenwerten ähnlich alphabetischen Ziffernsystemen wie dem Griechischen konnte zu Faulhabers Zeiten bereits auf eine lange Tradition zurückblicken, die mindestens auf die jüdische Geheimlehre der Kabbala zurückgeht. Ziel der im 16. und 17. Jahrhundert wieder auflebenden Wortrechnung war unter anderem die Deutung bestimmter Aussagen mit Hilfe der Zuordnung der darin enthaltenen Buchstaben zu bestimmten Zahlen und umgekehrt die Verschlüsselung von Namen und Aussagen durch Zahlen. Der prominenteste Vorläufer von Faulhaber im deutschsprachigen Bereich war Michael Stifel, der in seinem 1532 anonym erschienenen *Rechen Büchlin Vom End Christ*[192] mit Hilfe seiner Form der Wortrechnung den zur Zeit von Luthers Thesenanschlag in Wittenberg amtierenden Papst Leo X. mit dem großen Tier der Apokalypse[193] identifizierte und eine geeignete Bibelstelle zur Vorraussage des Weltunterganges am 18. Oktober 1533 heranzog. So benutzte er die Zuordnung der aufeinanderfolgenden Dreieckszahlen $\binom{n+1}{2}$ für $n = 1, 2, 3, \ldots, 23$ zu den 23 Buchstaben des Alphabets, um den lateinischen Satz *id bestia leo* (Dieses Tier [ist der Papst] Leo), aufgefaßt als Summe seiner Buchstaben und damit als Summe der den darin vorkommenden Buchstaben zugeordneten Zahlen, als die Zahl 666 zu interpretieren, die ihrerseits das große Tier der Apokalypse symbolisiert. Stifels kabbalistische Ideen wurden durch seinen Schüler Conrad Marchtaler in Ulm verbreitet, der dort 1545 eine gut gehende Rechenschule gründete[194].

Faulhaber ging es in der den *Lustgarten* abschließenden Wortrechnung nicht um die Deutung von Wörtern durch Zahlen, sondern um die Auflösung der Verschlüsselung eines Worts oder einer Aussage durch Zahlen. Dazu zählte Faulhaber die Buchstaben des Alphabets beginnend mit a der Reihe nach ab und formulierte anschließend eine Reihe von in Gleichungen zu übersetzende Bedingungen. Die Gleichungen waren so eingerichtet, daß ihre Wurzeln oder Funktionen davon natürliche Zahlen sind, denen sich der Abzählung entsprechende Buchstaben zuordnen lassen. So erhielt man schließlich als Gesamtlösung ein Wort oder mehrere Wörter. In diesem Fall ging es um die Benennung des Tages, an welchem Faulhaber «auß disem meinen Cubiccossischen Lustgarten gegangen sein möchte.» Roth fand nach etlichen Manipulationen mit den Wurzeln einer Gleichung fünften Grades und der Rekonstruktion von d und x einer gegebenen Polygonalzahl schließlich das richtige Lösungswort «IVDITH»[195].

Damit hatte sich Roth der selbst gestellten Aufgabe, alle 160 Röslein aus Faulhabers *Lustgarten* zu brechen, mit Erfolg entledigt. Wieviel Roth dieser Erfolg bedeutete und noch mehr, in welcher Richtung er ihn ausbauen wollte, zeigen die den zweiten Teil abschließenden Sätze. Leser, die ihm bis zur Lösung der besonders rechenaufwendigen letzten Aufgabe Faulhabers gefolgt waren, erhielten als Belohnung für ihre Mühe die Zusicherung, daß sie mit den im zweiten Teil erworbenen Kenntnissen jedem kubischen Problem gewachsen sein müßten. Daß damit aber die Grenzen des Roth verfügbaren Wissens um die cossistische Algebra nicht erreicht waren, erfuhren die staunenden Leser durch den Hinweis darauf, daß Roth allein für die letzte Faulhabersche Aufgabe 28 Lösungswege zur Verfügung stünden, deren Grundlage aber auch die Lösung vieler Gleichungen höheren als dritten Grades erlaube. Einen Eindruck von den neuen durch Roth eröffneten Möglichkeiten, solche Gleichungen höheren Grades lösen zu können, sollte der dritte Teil der *Arithmetica Philosophica* vermitteln.

In der Widmung des dritten Teils an «Den Erbarn/ Wolgeachten vnd Kunstgeübten Adam Lempen/ Rechenmeister vnnd Burgern zu Eger: dann auch Maximilian Erharden Schaffner vnd Burgern zu Straßburg» heißt es[196] «darinnen von allerley fürtrefflich: vnd wichtigen/ Kunstexempeln der zenßdezenß/ surdesolid: zensicubic/ bsurdesolid Coß/ gehandelt wird.»

Der dritte Teil der *Arithmetica Philosophica* enthält 60 Aufgaben, die die Lösung von Gleichungen vierten Grades erfordern[197]. Es schließen sich 30 «Binomi: vnd Residuische Exempla der *surdesolid*: Coß», also Probleme fünften Grades an[198]. Ihnen folgen fünf Aufgaben, die zu Gleichungen sechsten Grades[199], und abschließend sieben Aufgaben, die zu Gleichungen siebten Grades führen[200]. Die letzte Aufgabe verlangte die Auflösung einer Wortrechnung, die der allgemeinen Tendenz Roths in der *Arithmetica Philosophica* entsprechend, das Vorbild Faulhabers durch die Forderung zu übertrumpfen sucht, daß hier nicht nur ein Wort, sondern ein Reim aus 13 Wörtern gefunden werden muß, «dardurch angezeiget wird/ an welchem Tag ich diese meine Arithmetic in Truck verfertiget.» Die Formulierung allein dieser Aufgabe mit ihren vielen Bedingungen zur Ermittlung der in den 13 Lösungswörtern auftretenden Buchstaben beanspruchte mehr als zwei Druckseiten.

Schon am Ende des zweiten Teils hatte Roth ein zukünftiges Werk in Aussicht gestellt, das «beneben einer einigen general Regel zu der zenßdezenß/ auch andern sechs Regeln/ zu der Surdesolid: vnnd zensicubicoß gehörig/ deren ein jede *generalis* ist» enthalten sollte. Ob Roth damit meinte, daß er jeden Typus von Gleichungen fünften und sechsten Grades und damit die allgemeine Gleichung fünften und sechsten Grades in Radikalen lösen könne, muß offen bleiben, da Roth dieses geplante Werk nie veröffentlicht hat. Dieses nie erschienene Werk hätte wohl auch die am Ende des dritten Teils für die Zukunft versprochene Auflösung der darin enthaltenen Aufgaben «mit augenscheinlichem grund vnd demonstrationibus» gebracht.

Mit seiner *Arithmetica Philosophica* hatte Roth das in gedruckter Form verfügbare Wissen im deutschsprachigen Raum auf den Bereich der kubischen Gleichungen ausgedehnt. Er hatte damit dieses Wissen nicht nur für die deutschen Rechenmeister, sondern auch allen interessierten Liebhabern der Mathematik für ein autodidaktes Studium zugänglich gemacht. Faulhabers Ziel, sich als der geeignete Mann vorzustellen, bei dem man sich über die damals anspruchsvollsten mathematischen Methoden, insbesondere die Lösungsmethoden für kubische Gleichungen, informieren konnte, hatte Roth gründlich durchkreuzt. Faulhabers Reaktionen auf diese für ihn unerwartete Situation werfen auch ein Licht auf die wirtschaftliche Basis der deutschen Rechenmeister.

3 Peter Roths Einfluß auf Faulhaber vor dem Hintergrund des Marktes für die von Rechenmeistern vermittelten mathematischen Fähigkeiten

Die Funktion des *Lustgartens* als eines Verkaufskatalogs von mathematischen Kenntnissen macht auch die bis zu verbalen Ausbrüchen gesteigerte Gereiztheit von Faulhaber verständlich, mit der er in den Briefen an Kurz auf den Namen von Peter Roth bis zu dessen 1617 erfolgten Tod reagierte. Die Hintergründe des gespannten Verhältnisses zwischen Faulhaber und Roth gehören in den hier behandelten größeren Bereich des Kommunikations- und Publikationsverhaltens in der Mathematik, das sich zu jener Zeit im Umbruch befand.

Faulhabers Konflikt mit Roth kann auch als Konflikt zwischen zwei Auffassungen über die Funktion von Rechenbüchern gedeutet werden, die schon im 16. Jahrhundert nachweisbar sind. Die Vertreter der einen betrachteten Rechenbücher als Begleitmaterial für den mündlichen Unterricht durch den Rechenmeister; die andere Seite warb zumindest mit dem Anspruch, daß ihre Darstellung des Stoffes für den Selbstunterricht vollkommen ausreiche.

3.1 Veröffentlichung als Maßnahme gegen wirtschaftlich nutzbare Geheimhaltung

Die Vorbehalte Faulhabers gegen Roth setzen schon Anfang 1605 ein, als Kurz Faulhaber von Peter Roths Plan informiert hatte, ein Buch auf den Markt zu bringen, das eine kurze Darstellung der Lösungen kubischer Gleichungen nach Cardano und anschließend die ausführlichen Lösungen sämtlicher 160 Aufgaben des *Lustgartens* enthalten sollte. Im Brief an Kurz vom 13. 1.1605 zeigte sich deshalb Faulhaber über Roths Plan «nicht wenig befrembdet». Wohl wissend, daß er Roth an seinem Vorhaben nicht hindern können wird, versicherte er, sich «nicht vil grauer haar deßhalben wachsen lassen» zu wollen, um sich sofort darüber zu erbosen, daß Roth «vermeindt den ganzen Cardano verteutscht unnd ausgesezt in 6 pögen zu bringen». Das kommt ihm so vor, als wolle er die ganze Stadt Nürnberg «uff Peter Rothes spitzfindig gescheides Haupt bauen unnd gründen». Bis zum Jahr 1608 mußte Faulhaber auf die Verwirklichung von Roths Vorhaben warten. Seine Gefühlslage schwankte in dieser Zeit zwischen dem Groll darüber, daß Roth mit seinem Plan sein Prestige und seinen Marktwert als Privatlehrer gefährdete, und der Hoffnung, Roth möge sich als der selbst gestellten Aufgabe nicht gewachsen erweisen. In seinem Brief vom 1. März 1608 bestätigte Faulhaber Kurz den Eingang des Buches von Roth. Obwohl er nur Zeit hatte, Roths Buch in der Eile durchzublättern, äußerte Faulhaber erste Kritik; er bemängelte zu Recht, daß Roth weder bei der Behandlung der Aufgaben 112 und 113 noch bei einer Teilaufgabe des Schlußproblems des *Lustgartens* eine Regel angegeben hat, um «einer unbekanten Polygonal[zahl] Namen zu finden.» Außerdem verwahrte er sich dagegen, im *Lustgarten* behauptet zu haben, «daß kainer alle meine Röslein abbrechen könndte, sondern nur gebetten, daß es keiner alle abbrechen sollte, darmit andre auch etwas haben.» Dabei bezog sich Faulhaber nicht auf das Gedicht, das Roth im Anschluß an das Gedicht Faulhabers am Anfang des *Lustgartens* auf das Titelblatt des zweiten Teils seines Buchs gesetzt hatte:

Ich habe spacirt hin vnd her/
In diesem Lustgarten weit vnd fer;
Auß welchem ich dann die schön Rößlein
Alle mit fleiß gesammlet ein
Dern geruch vnd Regl menniglich
Ich mittheilen thu gantz trewlich.
Beym Cardano abr den Schlüssl zvor
Gholt/ nachs Faulhabrs Lehr zum Gartnthor.
Den ich gleichermassen nach lehr/
Im ersten theil diß Buchs verehr
Allen Liebhabren dieser Kunst/
Vnd billich solches nicht vmb sonst.
Vorauß abr/ daß sie hinfort köndtn
Auch andrer Fragen Facit findn/
Vnd solche nicht mit vncosten/
Müssten ander Leut suchn lassen.
Sondrn möchten habn vmbring Gelt/

> Ein jeder wie es ihm gefellt.
> Bitt dißmal so vor lieb zu han/
> Biß ich es besser auß laß gahn/ etc.

Roths etwas holprige Reime reizten Faulhaber nicht so sehr wie eine die Lösung der Aufgabe 121 einleitende Bemerkung[201]:

> Allhie bey disem 121. Exempel/ fehet der künstliche Gärtner Johann Faulhaber an/ die schöne löbliche Polygonal Rößlein/ in seinem Cubiccossischen Lustgarten zuvorsetzen vnd zu pflantzen/ vnd im anfang seines Büchleins/ lest er sich vernemen/ Es werden nit wol andere Gärtner/ zu finden seyn/ denen der nutz vnd die frucht gedachter Rößlein bewußt oder bekant/ also dz ermelte Polygonal Rößlein wol vnabgebrochen bleiben werden.

Faulhabers Kurz gegenüber bekundete Absicht, durch seine Mahnung, nicht alle seine Röslein abzubrechen, sprich die Lösungen seiner Aufgaben zu veröffentlichen, «darmit andre auch etwas haben», war alles andere als altruistisch. Sie entsprach natürlich seinen beruflichen Interessen, wonach die Leser vor allem das Gefühl haben sollten, ohne die persönliche Anleitung durch Faulhaber die Aufgaben nicht lösen zu können. Nirgendwo hat Faulhaber dies deutlicher ausgedrückt als in einer Nachschrift zu einem Brief an Kurz, in dem er einmal mehr auf den durch Roth angerichteten Schaden hingewiesen hatte[202]: «Ich lasse die gehaimbste Sachen nicht in Truckh außgehen sondern gib zur mündtlichen Underrichtung Anlaß». Später hat Faulhaber auch im Druck unmißverständlich geäußert[203], daß er es

> nicht für rathsam achten könden/ das ich die geheimbste Puncten der Arithmetic in den Druck offentlich Publicierte/ sondern dieselbig Mündlich *Demonstratiuè* zu erklären mir vorbehielte.

Faulhabers unentgeltliche Übersendung der Lösungen aller Aufgaben des *Lustgartens* an seine beiden Freunde Kurz und Onophrius Miller, die ihn darum gebeten hatten, widersprach keineswegs Faulhabers Grundsätzen und war ausdrücklich als eine private Mitteilung zu verstehen[204]. Zudem mußten die Nutzungsmöglichkeiten dieser Ende 1606 übersandten Informationen aus der Sicht von Faulhaber stark eingeschränkt erscheinen, da er zu dieser Zeit vom baldigen Weltuntergang überzeugt war.

Roths Veröffentlichung der Lösungen zusammen mit den dabei angewandten Regeln verringerte die Nachfrage nach Faulhabers Kenntnissen beträchtlich. Welche Einnahmen durch die Vermittlung der für die Lösung der Aufgaben des *Lustgartens* erforderlichen Kenntnisse erzielt werden konnte, zeigt ein Brief Faulhabers von 1604, in dem er berichtet[205], daß er von einem eben verstorbenen Schüler, der in Wittenberg studierte, für «die 13 Reguln der Cubiccoss Cardani» und eine Reihe anderer Informationen «mehr als 20fl ja 30 barer fl» erhalten habe. Ein solcher Betrag entsprach immerhin der Hälfte der jährlichen «Verehrung», die ein Rechenmeister in Ulm durchschnittlich von der Stadt für seine Dienste erwarten konnte.

Faulhaber war übrigens damals schon besorgt, daß die offenbar schriftlich fixierten Kenntnisse seines früheren Schülers in falsche Hände geraten könnten, und bat deshalb Kurz, sie zusammen mit den Werken von Cardano und Jung von dem Vater des Verstorbenen, einem Nürnberger Wirt, zurückzuerwerben. Aus alledem wird klar, wie sehr Faulhaber Roths Verhalten als berufsschädigend empfinden mußte. Roths unmittelbar an die vorher zitierte Unterstellung anschließende Erklärung zeigt, daß er ein solches Verhalten, das sich gegen die wirtschaftlich motivierten Geheimhaltungsinteressen Faulhabers richtete, auch bewußt in Kauf nahm[206]:

> Dieweil aber ich sampt einem guten Freund vor diesem ⟨Faulhaber⟩ ein General Regel erfunden/ durch welche man leichtlich vnd gering/ die Cörperliche Summa etlicher Polygonal zahlen erforschen kan/ hab ich mir als ein rechtschaffener Gärtner gäntzlich fürgenommen/ solche Polygonal Rößlein samptlich abzubrechen/ vnd einzusammlen/ auch den nutz vnd vrsprung derselben zu erkleren/ demnach mich für gut angesehen/ gemelte general Regel/ als eines Gärtners Werckzeug vnd Instrument/ ohn welchen derselbe nicht viel fruchtbarlichs verrichten kan/ hierher zu setzen vnd zu ordnen/ welche meines wissens/ vorhin von keinem *Arithmetico* in offentlichen Truck beschrieben worden/ bin derwegen der hoffnung/ es werde den jenigen/ so sich vorhin nicht geschickter beduncken lassen/ sondern noch was weiters vnd mehrers in diesen sachen zu lernen/ vnnd zu erfahren/ begirig/ woldamit gedienet seyn.

Wer also diese allgemeine Regel für die Summierung von Polygonalzahlen, die die Grundlage zur Lösung von 34 der schwierigsten Aufgaben des *Lustgartens* bietet, kennenlernen wollte, brauchte nicht mehr zu Faulhaber oder zu Roth zu reisen, um sich dort gegen Entgeld in das Geheimnis dieser Kunst einweisen zu lassen. Ihm genügte der Besitz des Buches von Peter Roth, der dafür den in Faulhabers Augen exorbitant hohen Preis von 25 Batzen forderte[207].

Arithmetica Philosophica,

Oder schöne newe wolgegründte

Vberauß Künstliche

Rechnung der Coß oder Algebræ/

In drey vnterschiedliche Theil getheilt.

Im I. Theil werden deß hochgelehrten/ fürtrefflichen vnd weltberühmbten Herrn *D. Hieronymi Cardani, Mathematici, Philosophi* vnd *Medici* dreyzehen Reguln (als der Schlüssel/ nach welchen alle ratio. vnd irrational/ wie auch binomi. vnd residui. cubiccossische Exempla vnd aequationes zu solviren vnd auffzulösen) auffs trewlichst vnd fleissigst beschrieben vnd gesetzt.

Deßgleichen noch drey andere newerfundene nützliche Reguln/ zu den ersten drey cubiccossischen aequationib. (fürnemlich aber der andern vnd dritten Regul Cardani/ wann der Cubus deß dritten theils der Zahlen Radicum grösser/ als das Quadrat deß halben theils der ledigen Zahl) gehörig.

Im II. Theil folget die aller künstlichste Resolution deß gantzen Arithmetisch. Cubiccossischen Lustgartens/ welcher von dem Wolerfahrnen Herrn Johann Faulhabern/ Burgern vnd Rechenmeistern zu Vlm/ mit 160. Bäumlein/ das ist/ außerlesenen künstlichen Quaestionen gepflantzt worden/ sampt derselben nach notdurfft daran gehenckten erklärung/ Vnd einer noch überaus schönen herrlichen incorporirten polygonalischen Regul/ vnd der daraus componirten Taffeln/ dardurch auff beede Weg leichtlich die Summa etlicher Polygonalzahlen/ vnd herwiderumben derselben Radices mögen gefunden werden.

Vnd dann endlich im III. Theil/ als zum Beschluß/ eine anzahl wunderbarliche/ newerfundene/ künstliche/ ja von vielen hochverstendigen dieser Kunst gelehrten/ für vnmüglich geachte Surdische/ Zensizensi. Surdesoli. Zensicubi. Bsurdesoli. wie auch Longi. Plani. vnd Stereometrische Cossische Quaestiones vnnd Exempla/ der gestalt vorhin in keiner Sprach gesehen worden.

Calculirt/ solvirt/ auch auff das aller trewlichst den jenigen/ so was mehrers in dieser edlen vnd sinnreichen Kunst zu erfahren begierig/ beschrieben vnd an tag geben

Durch Petrum Rothen/ Burgern vnd Rechenmeistern in Nürnberg.

In verlegung deß Authoris

Gedruckt zu Nürnberg/ durch Johann Lantzenberger.

Anno M. DCVIII.

Abb. 13 Titelblatt der *Arithmetica Philosophica* von Peter Roth.

Für den ersten Teil der *Arithmetica Philosophica* von Roth, der die Cardanischen Auflösungsregeln für die von ihm unterschiedenen Typen kubischer Gleichungen enthielt, entsprach Roths Veröffentlichung einer Einschätzung des Marktes, die Faulhaber offenbar nicht teilte; denn viele der zahlungskräftigeren Privatschüler der Rechenmeister waren im Gegensatz zu ihren Lehrern des Lateinischen mächtig und konnten deshalb Cardano im Original lesen. Für solche Schüler war es nur noch interessant, zu erfahren, wie man die ihnen schon bekannte Theorie auf konkrete Aufgaben anwendet. Dieses Bedürfnis befriedigte der zweite Teil der *Arithmetica Philosophica*. Der dritte Teil hatte dieselbe Funktion wie der *Lustgarten* Faulhabers, nämlich als Verkaufskatalog für Kenntnisse zu dienen, die jetzt über den Bereich kubischer Aufgaben hinausgingen.

Es bedarf keiner Erklärung dafür, warum Faulhaber Roths Form der wirtschaftlichen Nutzung seiner Kenntnisse mißfiel. Faulhaber reagierte deshalb auf die mutmaßlich von Kurz stammende Mitteilung aus Nürnberg, daß «P. Roth dannocht souil Exemplar verkaufft hat, auch souil Verehrung bekompt» mit dem in die Form seiner Besorgnis gekleideten Wunsch «es werden ihme ⟨Roth⟩ mehrer Thail Exemplar verligen bleiben[208]». An seine Wunschvorstellung von vielen unverkauft bei Peter Roth liegengebliebenen Exemplaren der *Arithmetica Philosophica* knüpfte Faulhaber den Plan einer ganz phantastischen Intrige. Zunächst bat er Kurz[209], Roth durch eine «unparteyliche Persohn» drei Aufgaben vorlegen zu lassen, ohne deren Urheber Faulhaber zu nennen, um «sein Kunst daran zu beweysen». Ganz allmählich reifte in Faulhaber der Plan, Roth mit der Drohung unter Druck zu setzen, die im dritten Teil der *Arithmetica Philosophica* von Roth gestellten Aufgaben mit dem Lösungsweg und den Lösungen zu veröffentlichen und damit dasselbe mit Roth zu machen, was dieser mit Faulhabers Aufgaben angestellt hatte. Als erstes wollte Faulhaber die Lösung der in der letzten Aufgabe Roths verlangten komplizierten Wortrechnung drucken lassen, wollte aber vorher den Rat von Kurz hören[210]. Dann entschloß sich Faulhaber, Roth durch Kurz einen Brief überreichen zu lassen, in dem Roth auf sieben Punkte aufmerksam gemacht werden sollte[211], «darauß er gewiß schliessen muoß, ich werde sein dritten Thail in Bälde im Truckh außgesetzt publicieren». Diesem Zweck dienen u. a. die Behauptungen, daß der *Lustgarten* nur eine schwache Andeutung der zu «höhern Künsten» reichenden Kenntnisse Faulhabers gebe, und daß ein guter Freund Faulhabers, Herr Johann Schreckh, von dem 1603 in Paris verstorbenen François Viète eine allgemeine Regel besitze, mit der er alle Aufgaben im dritten Teil von Roths *Arithmetica Philosophica* lösen könne. Außerdem wüßte Faulhaber gerne, ob Roth nicht einen Verleger in Nürnberg für ein Werk Faulhabers empfehlen könnte, und ob der Kirchenfürst, der Bischof von Bamberg Johann Philipsen, dem Roth die *Arithmetica Philosophica* gewidmet hatte, nicht an einer Lösung der Aufgaben des dritten Teils, von dem Faulhaber umgehend eine korrigierte Fassung erwartete, interessiert sei. Schließlich erkundigte sich Faulhaber danach, ob Roth denn schon hinter Faulhabers «Newe Invention» zur Bestimmung der Potenzsummen mit Exponenten größer als 3 gekommen sei. Dieser Katalog von Behauptungen und Fragen sollte Faulhabers Absichten zufolge Roth erzürnen, wobei dieser fromme Wunsch durch die von Kurz auszusprechende Ermahnung an Roth, Faulhaber möglichst rasch zu antworten, sicherlich noch vertieft wurde.

Um Roth weiter unter Druck zu setzen, forderte Faulhaber Kurz schon eine Woche später auf, Roth mitzuteilen, daß er, «wann er seine Sachen nicht bald dißen Früeling oder Sommer in Truckh bringe», angesichts der großen Nachfrage nach den Lösungsmethoden für die Aufgaben des dritten Teils seiner *Arithmetica Philosophica*, denselben Schaden zu gewärtigen habe, den Roth ihm, Faulhaber, zugefügt habe. Eine Woche später ist Faulhabers geplante Intrige zur Vollendung gereift: Nachdem er Kurz um lebenslange Diskretion in dieser Sache gebeten hatte, teilte Faulhaber ihm vom Inhalt eines weiteren Briefes an Roth mit[212],

> «daß Ihr ⟨Kurz⟩ mich schon vor 8 tagen mit frewden berichtet, daß Ihr einen Verleger zuo seinem 3ten thail meines Werckhs bekommen haben. Aber weil er sich so hefftig beklage, wölle ich mich ihme in Vergleichung einlassen, daß ich mein großes Arithmetisches Werckh (also habe ich ihme zugeschriben) noch etlich Jar hinderhalten wölle. Aber hingegen handelt Ihr mit ihme, daß er mir etliche Exemplar, (es seyen 10 oder 12 mehr oder weniger) nach Euerm bedunckhen entgegen solle verehren und zustellen ...»

Um möglichen Einwänden von Roth begegnen zu können, sollte Kurz ihm nicht nur den Schaden vorhalten, den er Faulhaber zugefügt habe, sondern vor allem darauf hinweisen, daß Roth nach der Veröffentlichung der Lösungen des dritten Teils durch Faulhaber kein einziges Exemplar der *Arithmetica Philosophica* mehr würde verkaufen können. Zudem sei Roths Buch durch kein Privileg geschützt, während Faulhaber auf Grund seiner Beziehungen zu dem Sekretär der kaiserlichen Hofkanzlei, Ernestus Schweigkert, in Bälde mit einem Privileg für sein Werk rechnen könne.

Wie Faulhabers Brief vom 10. April 1609 zeigt, hatten diese Vorstellungen noch nicht den gewünschten Erfolg, Roth zur Herausgabe einiger Exemplare seines Buchs zu bewegen. Faulhaber erwog daher als neue Drohmaßnahme den Druck einer Kurzfassung der Lösungen für die Aufgaben seines Lustgartens, die er für nur 30 Kreuzer und damit ungewöhnlich preiswert auf den Markt bringen wollte. Außerdem war ein kleiner Traktat über Perspektive und das Zeichnen von Grundrissen nahezu druckfertig[213]. Obwohl dieser Bereich, mit dem sich Faulhaber offenbar schon einige Zeit beschäftigt hatte und der ihm schon über 100 Gulden eingebracht hatte, nichts mit den in der *Arithmetica Philosophica* enthaltenen algebraischen Methoden zu tun hatte, berührte Faulhaber damit auch Interessen von Roth. So hatte Balthasar Herold in einem Epigramm für Roth in der *Arithmetica Philosophica* als Anwendungsgebiete der in diesem Buch enthaltenen algebraischen Methoden u. a. Geodäsie, Astronomie, Visierkunst und Perspektive erwähnt, die aber nach Herold der Kürze halber hier nicht behandelt werden konnten.

Auch dieser Versuch, Roth zur Herausgabe zumindest eines Teils der ihm verbliebenen Exemplare der *Arithmetica Philosophica* zu bewegen, hatte zunächst nicht die gewünschte Wirkung. Im Brief an Kurz vom 23. April 1609 war Faulhaber bereits entschlossen, von allen weiteren Maßnahmen gegen Roth abzusehen, deren Aussichtslosigkeit ihm Kurz anscheinend in vorhergehenden Briefen vorgestellt hatte. Ein Besuch von Johann Schreckh und eines «außbündigen Künstlers», der Wunderdinge über Schüler Viètes in Rom und Paris zu berichten wußte, veränderte Faulhabers Haltung, der noch 1608 bei Kurz angefragt hatte, wer sich hinter den Namen «Vieta, Bombelli, Nonius, Frater luca de Borgis» verberge[214]. Roth hatte zwischenzeitlich auf Faulhabers Brief vom 28. Februar 1609, der dem Brief an Kurz mit gleichem Datum beilag, geantwortet und dabei offenbar Kritik an der von Schreckh beanspruchten «General Regel» geübt, mit der sich sämtliche Aufgaben des dritten Teils der *Arithme-*

tica Philosophica auflösen lassen sollten. Schreckh war es offenbar nach der Lektüre dieses Briefes von Roth gelungen, Faulhaber mit neuer Zuversicht zu erfüllen[215]. Dennoch wollte Faulhaber wiederholt sein ursprüngliches Vorhaben aufgeben. Dazu trug nicht nur bei, daß sich die von Schreckh angegebene Generalregel doch als unzureichend erwies, sondern vor allem Roths Verhalten. Im Brief vom 5. Juni 1609 an Kurz erfährt man von einer Anfrage Faulhabers bei Roth, zu welchem Preis ihm die gesamte Restauflage seiner *Arithmetica Philosophica* feil wäre. Roth hatte Faulhaber in seiner Antwort nur den ohnehin bekannten Preis für ein Einzelexemplar, nicht aber den Gesamtpreis für die Restauflage oder deren Umfang mitgeteilt[216]. Anscheinend hatte Roth, der von Faulhaber als der listigste Vogel bezeichnet wurde, der ihm je über den Weg gelaufen war[217], die Drohungen Faulhabers und diese Anfrage zum Anlaß genommen, einem Buchhändler die Restauflage zum Verkauf auf der nächsten Frankfurter Messe zu überlassen. Kurz wußte in seinem Brief an Faulhaber vom 3. Oktober 1609, daß Roth diesen Buchhändler «listiger weis hindergangen und solche Bücher eingeschwatzt, da schon schir alle Ort mit den vorher verkaufften erfüllet sein». Jedenfalls konnte der Buchhändler auf der Buchmesse in Frankfurt nur noch 10 Exemplare der *Arithmetica Philosophica* absetzen. Die sicherlich nicht freundliche Reaktion des Buchhändlers gegenüber Roth auf Grund dieser Erfahrung dürfte Roth zu einem für Faulhaber, der ja schon lange nichts mehr von Roth erwartet hatte, überraschenden Einlenken bewogen haben.

3.2 Die Abgrenzung der Interessen als Ende des Wettbewerbs zwischen Faulhaber und Roth

Es kam zu einer in dieser Form sicherlich einmaligen Vereinbarung bezüglich des Publikationsverhaltens zwischen zwei Rechenmeistern, deren Inhalt Kurz, wie folgt, wiedergab:

> Daß der Herr B. ⟨Bruder = Faulhaber⟩ in zweyen Jahrn von seinem Cubicossischen Lustgertlein oder von Peter Rothen angehengten Exempeln nichts wolle in Druck ausgehen lassen, dargegen er dem H. B. gemelte acht Exemplaria ⟨der Arithmetica Philosophica⟩, damit er dessen ein Ergezlichkeit habe, verehren wolle, damit er nicht in

> Schaden komme. Aber in Geometria, Astronomia unnd andern Mathematischen Künsten solle er ungebunden sein, sondern nach seinem Belieben und Wolgefalen eine freye Hand haben. Dagegen solle der Herr B. ihme ein kleine Bekantnus under seinem Petschafft und eigner Handt Subscription ehst ubersenden.

Damit waren die Claims zwischen Faulhaber und Roth abgesteckt und diese für Faulhabers weiteren Weg als Mathematiker entscheidende Auseinandersetzung mit Roth beendet. Aus der Sicht von Außenstehenden mußte Roth dabei als der eindeutige Gewinner erscheinen. Roth hat im zweiten Teil der *Arithmetica Philosophica* sämtliche von Faulhaber im *Lustgarten* gestellten Aufgaben nach den Kriterien von Faulhaber richtig und vollständig gelöst[218]; er hat im ersten Teil die bis dahin in deutscher Sprache — sieht man von Sonderregeln zur Bestimmung eventuell vorhandener ganzzahliger Wurzeln ab — nicht zugänglichen Lösungsregeln für kubische Gleichungen von Cardano zusammen mit einigen Neuerungen veröffentlicht und im dritten Teil durch die darin gestellten Aufgaben den Anspruch unterstrichen, zumindest spezielle Gleichungen 4. bis 7. Grades lösen zu können. Es ist bei einer solchen Wertung ziemlich unerheblich, daß man Faulhaber, wenn er sich darum bemüht hätte, die Lösung von Roths Aufgaben hätte zutrauen können. Auch seinem Brieffreund Kurz gegenüber beanspruchte Faulhaber 1610, kurz nach der mit Roth getroffenen Vereinbarung, nicht mehr als die Kenntnis der 13 Lösungsregeln für kubische Gleichungen, die er allerdings nach dem Zeugnis zweier seiner Freunde bereits 1600, lange vor er mit dem Werk Cardanos vertraut wurde, selbständig und z. T. auf andere Weise als Cardano gefunden hatte[219].

Faulhaber hat sich bis 1622, dem Editionsjahr seiner *Miracula Arithmetica*, nicht darum bemüht, in seinen Veröffentlichungen deutlich zu machen, daß er die Aufgaben von Roth lösen konnte; er hatte damit nach den für die Zeit gültigen und von Faulhaber selbst später in der *Academia Algebrae* indirekt bestätigten Spielregeln den Wettbewerb mit Roth verloren.

In der *Academia Algebrae* berichtet Faulhaber[220], daß Roths «Stillschweigen» über eine in der Aufgabe 149 des *Lustgartens* gemachte Andeutung, Potenzsummen mit Exponenten größer als drei angeben zu können, die «Gelehrten» zu der Meinung veranlaßte, «dise Kunst sey vnmüglich». Das bedeutet, daß man von Roth, wenn er die Potenzsummen für höhere Exponenten gekannt hätte, auch den Beweis dieser Kenntnis in Form einer Veröffentlichung erwartete, und daß Roth (und nicht Faulhaber) durch die hohe Wertschätzung, die er aufgrund seiner *Arithmetica Philosophica* gewonnen hatte, zumindest im deutschsprachigen Bereich zum Maßstab für die Lösbarkeit oder Nichtlösbarkeit eines mathematischen Problems geworden war. Wie hoch man die Fähigkeiten von Peter Roth einschätzte, bestätigte später auch Faulhaber, der 1626 berichtet, daß Roth «für den gelehrtesten Arithmeticum Europae von ettlichen gehalten worden[221]».

Daß Faulhaber sich lange nicht um die Lösung der Aufgaben im dritten Teil von Roths Buch bemüht hat, hat er selbst Kurz gegenüber immer wieder mit mangelnder Zeit begründet. Faulhaber hatte keine Zeit, weil er sich anderen Bereichen zuwandte, deren Pflege ihm aussichtsreicher erschien als ein Wettbewerb mit dem in der cossistischen Algebra jedenfalls ebenbürtigen Roth. So hat Roth aller Wahrscheinlichkeit nach Faulhabers Interessenwandel in Richtung einer praktischen Mathematik und später zum Ingenieurswesen zumindest mitbestimmt.

Daß Roth noch über seinen Tod hinaus Faulhabers Denken beeinflußte, zeigt ein «Kurtz Bedencken von der Coß zu lehrnen», eine Einführung in die Literatur zur cossistischen Algebra, am Anfang der *Academia Algebrae*. Für denjenigen, der an einer deutschsprachigen Darstellung der Lösung kubischer Gleichungen interessiert ist, konnte Faulhaber nur Peter Roths *Arithmetica Philosophica* anbieten, die er etwas gewunden als eine Ausarbeitung seines *Lustgartens* hinstellt. Tatsächlich hat Faulhaber Kurz noch 1630 ersucht, ihm ein Exemplar der *Arithmetica Philosophica* Roths, falls sie angeboten wird, zu besorgen[222], wahrscheinlich, um sie an einen seiner Bekannten weiter zu verkaufen. Dafür, daß eine solche Darstellung nicht von ihm selbst, sondern von Roth stammte, bot Faulhaber eine den Ereignissen bis auf die anfängliche Beschönigung entsprechende Erklärung an[223]:

> Ich hab zwar vor disem ⟨Roth⟩/ meinen Cubiccossischen Lustgarten *Compendiosè* abgesetzt/ in Truck geben wöllen/ Weilen aber Petrus Rot S: geförcht/ Er möchte seinen Exemplaren/ der Arithmetica Philosophica/ schaden leiden/ so hat er durch Herrn Sebastianum Kurtzium/ *Mathematicum* etc. zu Nürnberg/ meinen Brüderlichen Freund/ mit mir tractiren lassen/ solches einzustellen/ welches ich dazumal auch eingewilliget/

3.3 Faulhabers Bemühungen um Buchprivilegien und andere Formen der Sicherung seiner Entdeckungen und Erfindungen

Faulhaber hatte sich wohl in der Meinung, daß Roths Beispiel Schule machen könnte, seit Ende 1609 um mehrere kaiserliche Privilegien bemüht. Im Brief an Kurz vom 2. Januar 1610 hoffte Faulhaber,

> daß die Röm. Kay. Mht. mir etliche sonderbahre Priuilegien mitthailen möchte, darunder auch dise, daß so ich einem inn hailigen Römischen Reyche mein Kunst mithailen, solcher die Kunst bey sich behalten und niemandts lehren dörffte, disgleichen weyl mir Peter Roth uff meine arithmetische Inventionen kommen und mir grosen schaden zugefüegt, das da einer meine Erfindungen auch erfinden sollte, solcher mir (als dem ersten Inventor) im Truckh nicht vorgreifen sondern mir ein freye Hand lassen.

Der nachfolgende Briefwechsel mit Kurz gibt keine Auskunft darüber, welchen Erfolg Faulhaber mit seinem Anträgen auf solche Privilegien hatte[224]. Jedenfalls machte Philibert Vernatt Faulhaber in einem Schreiben vom 10./20. März 1616 Hoffnung auf die baldige Erteilung von Privilegien der Niederlande und des Kaisers, die sich anscheinend auf technische Erfindungen Faulhabers beziehen. Eine Nachschrift zu einem Brief an Kurz vom 12. Januar 1618 schloß Faulhaber mit der Mitteilung ab, «seint mir auch mein Kay. privilegium uff ... zuekommen», wobei das fehlende leider nicht mehr zu erkennen ist. In einem Nachwort zu dem bald darauf erschienenen Traktat[225] *Warhafftige vnd Gründliche* Solution *oder Aufflößung einer Hochwichtigen Frag* erfuhr der geneigte Leser[226]:

> Demnach aber nuhn mein Schreibfeder etc. (durch vnzweifenliche Göttliche fürsehung) von der Röm: Kay: May: mit sonderbahren Kayserlichen gnaden/ Mercklich *privilegiert* worden/ so möchte der Günstige Leser/ künfftiger zeit (so fern es Gott geliebt) solcher sachen theilhafftig werden/ darab er sich dann nit allein zu erfrewen/ sondern auch dem Allmächtigen zu dancken vrsach gewinnen würdt.

1619 bestätigt der Herausgeber der *Fama Siderea Nova*, Julius Gerhard Goldtbeeg, daß «die Röm. Kays. Mayest. vnser allergnedigster Herr/ ihme sonderbare ansehenliche Privilegien/ wegen seiner Schriften allergnedigst ertheilt»[227]. Später finden sich Privileghinweise in den 1621 veröffentlichten *Zwey vnd Viertzig Secreta*[228] und in den *Miracula Arithmetica* von 1622. Die 42

Geheimnisse findet man auf der Rückseite zum Titelblatt näher erklärt als

> *Catalogus* oder Verzaichnus, Seiner *Miraculos*ischen Newen *Inventionen* Wissenschaften vnd vnerhörten *Secreten* von mancherley Mathematischen vnd andern Wunder Künsten. Welche mit Kayserlichen vnd Fürstlichen Special Freyheiten vnnd Gnaden *Priuilegirt*, vnd in vierzehen durch offnen Truck Publicirten Tracktätlein von obgemeltem *Autore* angedeuttet worden.

Auf dem Titelblatt der *Miracula Arithmetica* steht der Zusatz: «Cum S. Caes. Majest. Privilegio».

Die Erfahrung mit Roth veranlaßte Faulhaber zu weiteren Vorsichts- und Sicherungsmaßnahmen: So ließ er sich von ihm beanspruchte Entdeckungen und Erfindungen bei Leuten seines Vertrauens bestätigen, wobei er gelegentlich auch in Publikationen solche Bestätigungen zitierte[229].

Die nachfolgende Zeit machte aber deutlich, daß Faulhabers Vorstellungen von der Sicherung geistigen Eigentums zumindest in der Mathematik nicht mehr zeitgemäß waren. Der von Faulhaber und Roth gleichermaßen als Autorität geschätzte Cardano hatte mit der Veröffentlichung der ihm unter dem Siegel der Verschwiegenheit von Tartaglia mitgeteilten Lösungsregeln für kubische Gleichungen in der *Ars magna* die professionellen Interessen Tartaglias empfindlich verletzt. Den endgültigen Bruch mit dem Publikationsverhalten der Rechenmeister, die auf Geheimhaltung der von ihnen gefundenen neuen Methoden bedacht waren, brachte die von Amateuren wie Viète und Descartes getragene Entwicklung der Algebra in Frankreich[230].

4 Die *Miracula Arithmetica* von 1622 — eine späte Antwort auf die algebraischen Herausforderungen von Roth

4.1 Gleichungstransformationen, Vorzeichenregel und Wurzelsatz

Erst in den *Miracula Arithmetica* knüpfte Faulhaber wieder an seine früheren algebraischen Untersuchungen an. Im Anschluß an einen längeren Abschnitt über figurierte Zahlen bemerkt Faulhaber, daß sich die in seinen kabbalistischen Schriften besonders prominente Zahl 666 u. a. als eine zu $d = 44$ gehörige Polygonalzahl darstellen läßt. Damit gilt:

$$\frac{x}{2} \cdot [(x-1) \cdot 44 + 2] = \frac{44x^2 - 42x}{2} = 22x^2 - 21x = 666.$$

Beginnend mit diesem Beispiel[231] zeigt Faulhaber, wie man durch geeignete Substitutionen eine Gleichung beliebigen Grades mit rationalen Koeffizienten transformiert in eine Gleichung mit ganzzahligen Koeffizienten, wobei der Koeffizient des höchsten Gliedes gleich 1 ist, und wie man durch die weitere Substitution

$$x = y - \frac{a_1}{n}$$

das zweithöchste Glied aus der Gleichung

$$x^n + a_1 x^{n-1} + a_2 x^{n-2} + \ldots + a_n = 0$$

eliminiert. Faulhaber benutzt für die Berechnung der neuen Koeffizienten b_i, $i = 2, 3, \ldots, n$ der Gleichung

$$y^n + b_2 y^{n-2} + \ldots + b_n = 0$$

einen Algorithmus, der die Binomialkoeffizienten für natürliche Exponenten voraussetzt[232]. Er gibt jeweils eine (natürliche) Lösung der so normierten Gleichungen an, ohne ein Wort über den

Lösungsweg zu verlieren. So behandelt er am Ende des Kapitels die Gleichung

$$\frac{2x^{10}+10x^9+15x^8-14x^6+10x^4-3x^2}{20}=1\ 574\ 304\ 985,$$

in der er durch Multiplikation mit 20 und anschließender Division mit 2 den Koeffizienten von x^{10} zu 1 macht. Anschließend gibt er, ohne die Bezeichnungsweise für die Variable zu verändern, das Ergebnis der Substitution $x=\frac{y}{2}$ an, wobei er, um Bruchkoeffizienten zu vermeiden, die Gleichung mit 2^{10} multipliziert; er erhält eine Gleichung der Form

$$y^{10}=-10y^9\pm\ldots,$$

in der er mit der Substitution $y=z-1$ den Koeffizienten von y^9 beseitigt. Für die Gleichung

$$z^{10}=15z^8-98z^6+310z^4-381z^2+16\ 120\ 883\ 046\ 555$$

gibt er ohne jede weitere Rechnung die Lösung $z=21$ an, woraus sich

$$x=\frac{z-1}{2}=10$$

ergibt.

Anschließend befaßt sich Faulhaber mit dem Problem, aus den Vorzeichen der Koeffizienten einer Gleichung auf die Anzahl der positiven und negativen Lösungen zu schließen[233]. Im 41. Kapitel benutzt Faulhaber das Äquivalent des Vietaschen Wurzelsatzes, um seine Leser darüber zu informieren[234]

> Wie man in einer Vergleichung auß einem wahren bekandten Werth Radicis die andere suchen/ Item wie auß allen bekandten Werthen/ die Aequation leichtlich zu finden seye.

Dabei ist eine selbständige Entdeckung durch Faulhaber ebenso gut vorstellbar wie die Übernahme entsprechender Ergebnisse von Viète. Am Ende des Kapitels verweist Faulhaber darauf, daß mit den darin enthaltenen Methoden zwei Aufgaben aus dem dritten Teil der *Arithmetica Philosophica* des Peter Roth, die die Lösung von Gleichungen fünften Grades fordern, gelöst werden können. Man bedarf dazu eines Verfahrens, das auf «sonderbaren Taflen» beruht, die Faulhaber aber nicht veröffentlichen wollte,

> weiln der Wol Edle vnd Hochgelehrte Herr Carolus Zolindius (Polybius) mein Günstiger vnd Hochuertrawter Herr vnd guter Freundt

sich gegen mir vernemmen lassen/ dergleichen Tafflen in bälde (wie auch andere sachen/ sonderlich auch vnder meinen Inuentionen etliche freündtlich zu Tractieren) zu Venedig oder Pariß inn offnen Truck außgehen zulassen etc. Welchem Ich auff sein begeren/ da er sich ein Zeitlang bey mir in der Cost auffgehalten/ vil andere Secreta vertrawet etc.

Leider ist von dem hier genannten Herrn Zolindius alias Polybius, der in den erhaltenen Briefen an Sebastian Kurz nicht auftaucht, über Faulhaber nicht mehr als das hier Mitgeteilte zu erfahren. Allerdings gibt es in einer Frühschrift von Descartes einen Hinweis, dem ich im Schlußkapitel nachgehen werde, wonach Polybius mit Descartes identisch sein könnte. Faulhabers öffentlicher Hinweis auf diesen Mann, dem er offenbar gegen Bezahlung einige seiner mathematischen Entdeckungen und technischen Erfindungen anvertraut hatte, kann durchaus als eine Sicherungsmaßnahme für sein geistiges Eigentum angesehen werden.

4.2 Die Lösung der allgemeinen Gleichung vierten Grades durch Ansatz in unbestimmten Koeffizienten

Nachdem Faulhaber gezeigt hatte, wie man aus den bekannten Nullstellen einer Gleichung die Gleichung selbst bestimmen kann, indem man das Produkt der zugehörigen Linearfaktoren gleich Null setzt, zeigt er am Beispiel einer Gleichung vierten Grades, die sich aus Aufgabe 65 seines *Lustgartens* ergibt, wie das zugehörige Polynom durch Ansatz in unbestimmten Koeffizienten zunächst in zwei quadratische Faktoren und dann durch Lösung der zugehörigen quadratischen Gleichungen in Linearfaktoren zerlegt werden kann. Da der Koeffizient von x^3 gleich Null ist, kann Faulhaber zur Zerlegung von

$$x^4 - 10x^2 + 4x + 8 \quad \text{bzw.} \quad -x^4 + 10x^2 - 4x - 8$$

den Ansatz

$$(x^2 - yx - a) \cdot (x^2 + yx - b) \text{ bzw. } (-x^2 + yx + a) \cdot (x^2 + yx - b)$$

machen. Allerdings bezeichnet Faulhaber die Koeffizienten nicht mit y, a, b. Während er für a und b die Buchstaben A und B

wählt, verwendet er für y dieselbe Bezeichnung wie für die Variable x, weil in der cossistischen Algebra nur Zeichen für eine Variable und ihre Potenzen verfügbar sind. Faulhabers Verwendung desselben cossistischen Zeichens für zwei Variable in einer Gleichung hat sicherlich schon auf seine Zeitgenossen verwirrend gewirkt. Für y, das der in y^2 kubischen Gleichung

$$y^6 - 20y^4 + 68y^2 - 16 = 0$$

genügt, wählt Faulhaber die einzige natürliche Lösung $y = 2$ und kann dann die beiden anderen Koeffizienten a und b leicht finden.

Faulhaber bezeichnet die Teiler eines Polynoms wie hier die beiden quadratischen Faktoren als «*partes aliquotae* in den Cossischen *Quantiteten*», über die er berichtet[235]:

> Es hat Nicolaus Petri in seinem Rechenbüchlin (welches er Anno 1598 zu Ambsterdamb inn Niderländischer Sprach Trucken lassen) ein gar feinen *modum* gesetzt/ Folio 187 vnd 188. wie die *partes aliquotae* in den Cossischen *Quantiteten* Kunstlich zu finden seyen/ Welchen *modum* Petrus Roth ohne zweifel muß verbessert haben/ wie auß seinem Beschluß Exempel der wortrechnung (Welche ich gleichwol auffgelößt) gnugsam zuuerspühren.

Petri hat in dem zitierten Rechenbuch[236] die biquadratische Gleichung

$$x^4 + 6x^3 = 6x^2 + 30x + 11$$

und anschließend zwei weitere biquadratische Gleichungen[237] analog zu dem von Cardano in der *Ars magna* referierten Verfahren Ludovico Ferraris gelöst. Der Unterschied gegenüber Cardano/Ferrari besteht darin, daß in dem gewählten Beispiel der Koeffizient von x^3 von Null verschieden ist und deshalb das Verfahren etwas modifiziert werden mußte. Nach der Feststellung, daß man durch Addition eines geeigneten Polynoms zweiten Grades auf beiden Seiten der Gleichung die linke Seite zu einem Quadrat eines Trinoms der Form

$$x^2 + 3x + a$$

und die rechte zu einem Quadrat eines Binoms der Form

$$bx + c$$

machen muß, bestimmt Petri zunächst das auf beiden Seiten zu addierende Polynom, indem er

$$x^2 + 3x + a$$

quadriert. Da Petri in der cossistischen Algebra nur Symbole für eine Unbekannte und deren Potenzen vorfand, verwendete er diese jetzt für den unbekannten konstanten Term a des gesuchten Trinoms. Das zwang ihn dazu, das Trinom in der Form

$$1 + 3 + x$$

zu schreiben, wobei er beim Quadrieren beachten mußte, daß 1 und 3 Koeffizienten verschiedener Potenzen der ursprünglichen Variablen sind. Petri erhielt so das Äquivalent der folgenden Gleichung

$$x^4+6x^3+(9+2a)x^2+6ax+a^2 = (15+2a)x^2+(30+6a)x+11+a^2,$$

für die Petri jeweils nur die Koeffizienten von x^2, x und x^0 als Funktion von a angab, das seinerseits durch die kossistische Variable ausgedrückt wurde. Damit auch die mit $15 + 2a$ multiplizierte rechte Seite der Gleichung — dieser Faktor kann nach der Bestimmung von a selbst als Quadrat einer reellen Zahl dargestellt werden — als Quadrat eines Binoms darstellbar ist, muß a der kubischen Gleichung

$$(15 + 3a)^2 = (15 + 2a)\,(11 + a^2) \text{ oder } a^3 = -3a^2 + 34a + 30$$

genügen. Nach der Lösung der durch die Substitution $a = e - 1$ entstehenden Gleichung

$$e^3 = 37e - 6$$

mit $e = 6$ oder $a = 5$, konnte Petri an die Bestimmung von x gehen, wobei ihn nur die Lösung $\sqrt{2} + 1$ interessierte. Faulhaber übernahm von dem Verfahren Petris nur den Gedanken des Ansatzes in unbestimmten Koeffizienten, der allerdings schon bei der Reduktion einer Gleichung vierten Grades auf eine dritten Grades bei Cardano/Ferrari zu finden ist. Anders als seine Vorgänger, die ihre Lösungsmethoden an konkreten Beispielen demonstrierten, formulierte Faulhaber seine Methode auch als ein allgemeines Verfahren, jede Gleichung vierten auf eine dritten Grades zu reduzieren, wie eine «Nota» im Anschluß an die Zerlegung des der 10. Aufgabe seines *Lustgartens* entsprechenden Polynoms vierten Grades zeigt[238]:

> Aus disen beeden Exempeln ist gnugsamb zu sehen/ das heimlich ein General Regul auff dergleichen *Binomia & residua*, in dem Proceß stecket/ wann die *Aequation* der Zenßzenß Coss inn die Cubiccoß

verwandlet wirdt/ etc. Dann 1 cf[239] wirdt allwegen verglichen den doppelten Zenssen bey der ersten *aequation* es sey gleich das Zeichen + oder – dann es allwegen selbiges Zeichen widerumb mitführet/ so kommen allwegen souil ledige Zahlen/ inn die andere vergleichung per + darzue/ alß wann man in der *aequation* die *radices quadratae* Multipliciert hette/ Aber die *radices* in der andern *aequation* entspringen auß dem *quadrat* von den Zenssen der ersten *Aequation* per – sambt den ledigen Zahlen (der ersten *aequation*) viermal per das gegen Zeichen ermelter ledigen Zahlen dann seind die ledigen Zahlen + gewesen/ so kommen sie per – seind sie aber – geweßt so kommen sie per + wie in volgendem Capitel mehrers volgen wirdt/ etc.

Die Nota beschreibt rein verbal, aber völlig allgemein, wie man eine Gleichung vierten Grades, bei der der Koeffizient von x^3 gleich Null ist, auf eine Gleichung dritten Grades reduziert. Für die Zerlegung des Polynoms der Form

$$x^4 + px^2 + qx + r$$

in zwei quadratische Faktoren

$$x^2 + yx + a \text{ und } x^2 - yx + b$$

ergeben sich durch Koeffizientenvergleich die folgenden drei Gleichungen

1. $a + b - y^2 = p$ oder $a + b = p + y^2$
2. $y \cdot (b - a) = q$ oder $b - a = \dfrac{q}{y}$
3. $ab = r$

Wegen

$$(a + b)^2 - (a - b)^2 = 4ab$$

genügt y der folgenden, von Faulhaber als die «ander aequation» bezeichneten kubischen Gleichung in y^2:

$$y^6 + 2py^4 + (p^2 - 4r)y^2 - q^2 = 0,$$

deren Koeffizienten genau in der in der Nota beschriebenen Weise aus denen der von Faulhaber als «erste aequation» bezeichneten Ausgangsgleichung gebildet sind. Spätestens mit dieser Nota hat Faulhaber klar gemacht, daß er alle 60 von Peter Roth in der *Arithmetica Philosophica* gestellten Aufgaben, die auf Gleichungen vierten Grades führen, systematisch lösen konnte, was er auch ausdrücklich feststellt[240]:

> Wer nun Zeit hat/ der mag alle *Quaestiones* offtbesagten Rothens inn seiner Zenßzenß Coss *solviren*, vnd dergestalt aufflösen/ wie ich dann meinem lieben Freundt einem dise anlaitung gegeben/ welcher lust gehabt hat Petri Rothen Exempla mitler Zeit an Tag zu geben.

Faulhaber war darüberhinaus davon überzeugt, daß ein solches Faktorisierungsverfahren über den Ansatz in unbestimmten Koeffizienten zumindest in vielen Fällen auch bei Polynomen höheren als vierten Grades zum Erfolg führen müsse[241]:

> dann das wir sterbliche Menschen nicht alle Cossen Regulirt ... vnendtlich aufflösen könden/ ist solches gar nicht der Kunst/ sondern vnser vnwissenheit vnnd schwachheit schuldt ... das dise Kunst zu vnserer letsten zeit in Teutscher Sprach vil höher gestigen/ weder man sonsten in keiner Sprach zeigen kan/ besehe man nun die außgangne Schrifften/ darunter meines lieben Freundts Herrn Lienhardi Sutorij *Exemplum Arithmeticum*[242] billich auch das lob hat.

Aus dieser Arbeit von Lienhard Sutor entnimmt Faulhaber auch ein Beispiel, das zur Bestimmung der Koeffizienten bei der Faktorisierung die Lösung von Gleichungen siebten Grades erforderlich macht. Wie man analog zu diesem Beispiel «vnzählich vil Aequationen calculiren vnnd kunstlich solviren» kann[243], erwähnt Faulhaber nicht.

Ob man aus solchen Aussagen schließen darf, daß Faulhaber, der sich vor allem für Gleichungen mit ganzzahligen Lösungen interessierte, ähnlich wie Peter Roth und vielleicht abhängig von ihm wirklich von der Lösbarkeit jeder Gleichung höheren als vierten Grades in Radikalen überzeugt war, muß dabei offen bleiben. Dabei ist zu berücksichtigen, daß Faulhaber seinen Optimismus aus dem persönlichen Erfolg bei der Lösung ihm vorgelegter Gleichungen bezog. Dabei war ihm klar, daß solche Gleichungen gewöhnlich vom Aufgabensteller aus den Wurzeln konstruiert waren[244]:

> Es ist aber zu wissen/ das alle dergeichen verkehrte vnd bereithe Exempel Calculiert sein/ auß einer Multiplication/ da die *partes aliquotae* durcheinander gemehret vnd Multipliciert worden.

Es ist aber gut vorstellbar, daß Faulhabers Bemerkungen andere dazu verführten, an die Möglichkeit einer Lösung der allgemeinen Gleichung vom Grad fünf oder höher in Radikalen zu glauben. Wie lange diese Frage in der Entwicklung der Algebra unentschieden war, zeigt Niels Henrik Abel, der noch kurze Zeit vor der ersten Veröffentlichung[245] seines Beweises von 1824, daß die allgemeine Gleichung fünften Grades nicht in Radikalen lösbar ist, davon überzeugt war, eine allgemeine Lösung in Radikalen gefunden zu haben[246].

Im Gegensatz zu seinen Extrapolationen auf die Lösbarkeit von Gleichungen höheren Grades befand sich Faulhaber mit der allgemeinen Regel zur Reduktion einer Gleichung vierten Grades auf eine kubische Gleichung mit Hilfe des Ansatzes in unbekannten Koeffizienten auf sicherem Grund. Faulhaber hat diese Regel, die sich von der in Cardanos *Ars Magna* veröffentlichten Methode des Ludovico Ferrari unterscheidet, als eine besondere Leistung gekennzeichnet. Das wird durch seinen Hinweis auf einen nicht weiter bekannten ehemaligen Schüler deutlich, der offenbar als Zeuge dafür steht, daß Faulhaber über die Regel bereits seit einiger Zeit verfügte[247]. Danach hatte Faulhaber das Verfahren

> vor etlich Jahren dem Hochgelehrten vnd Vortrefflichen *Mathematico* Herrn Johann *Terrentio*/ etc. ehe er in das Königreich *Chiena* gereiset/ gewiesen.

Auch wenn die Information über einen Schüler, der von ihm aus nach China weitergereist war, bei vielen von Faulhabers Lesern ihre Wirkung nicht verfehlt haben dürfte, dürfte die Möglichkeit, den reiselustigen Herrn Johann Terrentius nach Faulhabers früheren Kenntnissen befragen zu können, nicht sehr hoch eingeschätzt worden sein.

4.3 Bezüge zur *Géométrie* von Descartes

Wie interessant der Inhalt der Kapitel 36 bis 44 der *Miracula Arithmetica*, in denen Gleichungen von einem Grad höher als drei behandelt werden, für die Zeit tatsächlich war, zeigt die *Géométrie* Descartes' von 1637. Aufbau und Inhalt der ersten Hälfte des dritten und letzten Teils der *Géométrie* zeigen erstaunliche Übereinstimmungen mit den einschlägigen Kapiteln der *Miracula Arithmetica*. Vor allem bestimmte Descartes dort[248] in der selben allgemeinen Weise wie Faulhaber, aber unter Benützung der von ihm eingeführten Schreibweise und ohne einen Hinweis auf Faulhaber die quadratischen Teiler eines Polynoms vierten Grades, wobei er die schon im zweiten Teil vorgestellte Methode des Koeffizientenvergleichs als eine der wichtigsten unter den von ihm benutzten bezeichnet hatte[249]:

> Aber ich möchte euch darauf aufmerksam machen, daß die Erfindung, von zwei Gleichungen anzunehmen, sie hätten dieselbe Form, um dann ihre Koeffizienten zu vergleichen und so aus einer Gleichung deren mehrere entstehen zu lassen, von der ihr hier eine Anwendung gesehen habt, auch bei einer Anzahl anderer Probleme angewandt werden kann, und daß dies nicht eine der geringsten unter den Methoden ist, deren ich mich bediene.

Diese Passage der *Géométrie* und die Reduktion einer Gleichung der Form

$$x^4 + px^2 + qx + r = 0$$

auf eine kubische Gleichung der Form[250]

$$y^6 + 2py^4 + (p^2 - 4r)y^2 - q^2 = 0$$

sind insofern von zusätzlichem Interesse, als sich bei Detlev Cluver 1703 einige biographische Notizen über Descartes finden, die geeignet erscheinen könnten, hier einen direkten Zusammenhang mit den einschlägigen Kapiteln der *Miracula Arithmetica* herzustellen[251]:

> Nachdem dieser *des Cartes* in dem *Colleg. Jesuitico* zu *la Fleche*, die *Rudimenta Philosophie* hatte eingenommen/ ist er als *Voluntair*, ein Soldat unter dem König in Schweden *Gustavo Adolpho* geworden/ und hat hier in Teutschland sich einige Zeit auffgehalten/ und in Schwabenland seine Winter-Qvartier gehabt/ da er mit dem berühmten Rechenmeister *J. Faulhabern* in Kundschafft gerathen/ und die *Method.* wie die *Radices* der *Algebraischen Aequationen* auszufinden seyn/ erlernet/ sintemahl er selbst in seinen Briefen gestehet/ daß er nicht gewußt habe/ was *pars aliquota* zu sagen hatte/ und ist dahero zu ersehen/ daß er nicht so wohl von dem *Vieta* oder *Harrioto* (welche sich der Teutschen *Algebra* auch bedienet haben) als wie von diesen *Arithmetico* zu Ulm und andern mehr die Anweisung gehabt.

Sicherlich würden viele offene Fragen über den Werdegang von Descartes vor allem für den Zeitraum von 1618 bis 1623, in den auch der Aufenthalt im «Schwabenland» fällt, aufgeklärt werden können, wären die Briefe und Manuskripte Descartes' aus dieser Zeit noch vollständig verfügbar. Cluver kannte nur die Clerselier-Ausgabe des Briefwechsels von Descartes und damit nicht einmal alle heute noch erhaltenen Descartes-Briefe. Nicht nur deswegen, sondern vor allem wegen seiner tendenziösen und z. T. nachweislich fehlerhaften Darlegung ist Cluvers Aussagen gegenüber größte Vorsicht geboten. Typisch für die Art von Cluvers oberflächlichen Recherchen ist der Hinweis auf die Teilnahme Descartes' am Dreißigjährigen Krieg in Diensten von Gustav

Adolf. Offenbar wußte Cluver nur von Descartes' Beteiligung am Dreißigjährigen Krieg und seiner letzten Tätigkeit für Königin Christine und schloß daraus, daß Descartes im Widerspruch zu allen anderen Berichten auf der Seite von Christines Vaters gekämpft haben müsse.

Cluver vertritt die Ansicht, daß die Vertreter der neuen Algebra Viète, Harriot und hier Descartes vor allem von den deutschen Vertretern der cossistischen Algebra gelernt hatten. Aber auch er behauptet nicht, daß Descartes in seinen Briefen schrieb, er sei durch Faulhaber über den Begriff «partes aliquotae» aufgeklärt worden. Vielmehr benutzt Cluver das seinen Angaben zufolge in den Briefen von Descartes befindliche Eingeständnis, daß Descartes zu einer nicht angegebenen Zeit über den Begriff «partes aliquotae» noch nichts gewußt habe, um Faulhaber zu Descartes' Informanten für diesen Begriff und die damit zusammenhängenden Methoden zur Auflösung algebraischer Gleichungen zu machen. Tatsächlich hat sich Descartes mit dem Begriff «partes aliquotae» erst um 1638 beschäftigt. Der Brief, auf den sich Cluver mit hoher Wahrscheinlichkeit bezieht, ist der an Frenicle vom 9. Januar 1639, der Cluver in der Ausgabe von Clerselier zur Verfügung stand[252]. Dort schreibt Descartes, daß er vor noch nicht einmal einem Jahr erfuhr, was unter dieser Bezeichnung zu verstehen ist[253]. Descartes hatte sich mit dem Begriff im Zusammenhang mit Problemen über vollkommene und befreundete Zahlen beschäftigt, wie seine Korrespondenz mit Mersenne von 1638 zeigt. Der Zusammenhang mit der Lösung von algebraischen Gleichungen ist dadurch gegeben, daß für eine Gleichung mit ganzzahligen Koeffizienten und einer ganzzahligen Lösung diese Teiler des konstanten Gliedes sein muß, was Descartes auch in der *Géométrie* feststellte, ohne dabei den Terminus «partes aliquotae» zu benutzen. Auch hier zeigt sich, daß Cluvers Hinweis auf die Briefe von Descartes völlig irrelevant für mögliche Beziehungen zwischen Descartes und Faulhaber ist.

Unmittelbarer Anlaß für Cluvers biographische Notiz über Descartes war das Erscheinen einer holländischen Übersetzung der Descartes-Biographie von Baillet. Ihr konnte Cluver die von Lipstorp übernommene Begegnungsgeschichte zwischen Faulhaber und Descartes entnehmen[254]. Dabei ist einigermaßen wahrscheinlich, daß Cluver aufgrund seiner kabbalistischen Interessen mit den Schriften von Faulhaber und insbesondere mit den *Mi-*

racula Arithmetica vertraut war. Tatsächlich ist die inhaltliche, wenn auch nicht formale Übereinstimmung zwischen den algebraischen Passagen der *Miracula Arithmetica* und den bereits erwähnten Stellen der *Géométrie* erstaunlich.

Der aus der Zahlentheorie auf die Algebra übertragene Terminus «pars aliquota» in der Bedeutung echter Teiler spielt dabei eine untergeordnete Rolle; in Descartes' *Géométrie* kommt er überhaupt nicht vor. Wichtig ist allein das zur Lösung von Gleichungen geeignete Verfahren des Ansatzes in unbestimmten Koeffizienten, um die Teiler eines Polynoms aufzufinden und seine Anwendung auf die allgemeine Gleichung vierten Grades.

Faulhaber selbst verweist in den *Miracula Arithmetica* auf Nicolaus Petri als den ersten, der seines Wissens ein Verfahren zur Bestimmung der Polynomteiler verwandte und dann auf seinen Widersacher Peter Roth als denjenigen, der dieses Verfahren verbessert hat. Dabei ist nicht zu übersehen, daß Faulhaber Zeit seines Lebens Schwierigkeiten hatte, sich unbefangen und neutral über Roth zu äußern. Descartes hatte also durchaus Gelegenheit, seine Defizite hinsichtlich der Zerlegung von Polynomen bereits während seines ersten Aufenthalts in den Niederlanden oder aus Peter Roths *Arithmetica Philosophica* auszugleichen. Tatsächlich findet sich in den über Auszüge von Leibniz erhaltenen Aufzeichnungen Descartes' im Anschluß an seinen Aufenthalt im «Schwabenland» ein Hinweis auf die beiden deutschen Rechenmeister bzw. Praktiker der Mathematik Peter Roth und Benjamin Bramer[255], nicht aber auf Johannes Faulhaber. Das läßt offen, ob gerade Descartes der in den *Miracula Arithmetica* ungenannte Freund war, dem Faulhaber die allgemeine Methode zur Lösung aller 60 biquadratischen Probleme von Peter Roth mitgeteilt hatte, und damit ob Faulhaber vielleicht doch für kurze Zeit Descartes unterrichtet hat. Eine solche Möglichkeit würde durch die Aussagen von Baillet in seiner Kurzfassung des Lebens von Descartes gestützt werden[256]:

> Er pflegte dort [in Ulm] verschiedentlich Umgang mit den örtlichen Honoratioren, insbesondere mit Personen, die im Ruf standen, etwas von Philosophie und Mathematik zu verstehen. Niemand wurde in der Gegend wegen seiner Kenntnisse höher geschätzt als Johannes Faulhaber; niemand erwies sich auch als für unseren jungen Soldaten geeigneter als er, der ihn in wenigen Tagen ein gutes Stück vorwärtskommen ließ.

Es ist ebenso vorstellbar, daß sich Descartes zu einem späteren Zeitpunkt, aber vor Abfassung der *Géométrie* über den Inhalt der *Miracula Arithmetica* informiert hat[257] oder aber, was wenig wahrscheinlich ist, daß er unabhängig zu den entsprechenden Ergebnissen in der *Géométrie* gelangt ist.

Um eine persönliche Begegnung zwischen Descartes und Faulhaber als gesichert annehmen zu können, bedürfte es allerdings einer zuverlässigeren Quelle als Cluver. Welche Belege für die behauptete Begegnung zwischen Faulhaber und Descartes zur Verfügung stehen, wird ein Diskussionspunkt des letzten Kapitels sein.

Wenn sich Descartes tatsächlich in der Reihe der von Faulhaber Unterrichteten befand, hat er sich dies in der *Géométrie* nicht nur nicht anmerken lassen, sondern im *Discours de la méthode*, für den die *Géométrie* einen von drei Anhängen darstellt, erhebliche Vorbehalte gegen den Wert der von der Gilde der Rechenmeister entwickelten Teilgebiete der Mathematik geäußert. Er hätte damit nachträglich die Befürchtungen Faulhabers bestätigt, daß sich andere seiner Ergebnisse allein zu ihrem eigenen Vorteil bedienen könnten. Das erste und offenbar traumatische Erlebnis dieser Art hatte Faulhaber mit Peter Roth. Der daraus resultierende Schock kann sehr wohl für die aus den *Miracula Arithmetica* ersichtliche lange Abstinenz Faulhabers in der Veröffentlichung algebraischer Ergebnisse zu tun haben.

5 Die Magie der figurierten Zahlen

Der mathematische Ertrag von Faulhabers Beschäftigung mit den Polygonal- und verwandten figurierten Zahlen ist am besten aus den 1622 erschienenen *Miracula Arithmetica* zu ersehen. Nach den ersten 30 Kapiteln, in denen die höheren Summen der Potenzen natürlicher Zahlen aus deren Summen und umgekehrt berechnet werden, kommt Faulhaber auf die figurierten Zahlen zu sprechen. Ein «Notandum» enthält[258] das schon in früheren Schriften betonte Motiv für Faulhabers Beschäftigung mit den figurierten Zahlen, das sich wie ein roter Faden durch seine Schriften bis weit in die 20er Jahre des 17. Jahrhunderts zieht. Daß die großen Mathematiker und Philosophen der Antike nichts «von diser Kunst gewußt oder an Tag geben haben», ist für Faulhaber ein Hinweis auf die Absicht Gottes,

> solche Kunst (zu dem Propheceyten Göttlichen Zahlenstreit etc.) biß auff die letste Zeit zu uerbergen vnd zu uersiglen/ wie allbereit auß den Zahlen der H. Schrifft eröffnet vnd *Demonstriert.*

Aber obwohl Faulhaber sein Wissen über die figurierten Zahlen angewandt auf die in den Offenbarungsschriften enthaltenen Zahlen schon vor einigen Jahren «im gantzen *Europa proponirt*», hat doch niemand außer Johann Remmelin etwas dazu veröffentlicht. «Derohalben die Künstler solches inn offnem Truck/ Arithmetische Wunderwerck *Tituliert.*»

5.1 Körperzahlen

Dieser letzte Hinweis erklärt auch die Wahl des Titels für das Werk, in dessen 31. Kapitel er sich zunächst auf die von ihm so genannten «Icosaedronal Zahlen» stürzt.

Faulhabers Vorgehen bei den regulären Körpern legt nahe, daß er zu den Körperzahlen mit Ausnahme der Dodekaederzahlen durch eine geeignete Summierung der zugehörigen Zahlen für durch Schnitte gewonnene Teilkörper gelangte. Faulhaber geht auf den stereometrisch-geometrischen Hintergrund der Bildung der Ikosaederzahlen nur in einer für seine Zeitgenossen sicher etwas kryptisch wirkenden «Nota» ein[259]:

> Ich hab auß sonderbarer *speculation* war genommen/ das ein Jedes *Corpus* Regulare/ welches man *Icosaedron* nennet/ sich Arithmetisch vergleichet einer *Columnae* oder Saul/ von Pentagonal Zahlen *formirt*, da oben vnd vnden ein *Pyramis* (doch auff einer gmeinen Base) stehet/ etc, wie auß der Obern *Calculation* zusehen/ etc.

Schneidet man das Ikosaeder durch zwei parallele Ebenen, die senkrecht auf der Verbindungsgeraden zweier einander gegenüberliegender Ecken stehen, so daß von dem Ikosaeder gerade die zwei fünfseitigen Pyramiden mit den beiden einander gegenüberliegenden Ecken als Spitzen weggenommen werden, dann bleibt der von Faulhaber wegen seiner Säulen- bzw. Prismenähnlichkeit als «Saul» bezeichnete Restkörper[260], dessen Grund- und Deckfläche den Grundflächen der beiden weggenommenen Pyramiden gleich sind, und dessen Mantel aus den verbleibenden 10 Dreiecken der Oberfläche des Ikosaeders besteht[261].

Diesen geometrischen Sachverhalt nutzt Faulhaber arithmetisch in der ersten und dritten der vier verschiedenen Tabellen zur Bildung der Ikosaederzahlen im 31. Kapitel, in denen die Ikosaederzahlen aus den zu Pentagonalzahlen gehörigen Prismen- und Pyramidalzahlen aufgebaut werden.

Allgemein ist die n-te Prismenzahl das Produkt aus n und der zu n gehörigen Polygonalzahl und damit die Anzahl der Gitterpunkte in einem Prisma, dessen Grundfläche ein Polygon der Seitenlänge n und dessen Höhe n ist. Diese Bildung entspricht der der Pyramidalzahlen, die die Anzahl der Gitterpunkte einer Pyramide angeben, deren Grundfläche und Höhe der des Prismas gleich ist.

Die von Faulhaber angegebenen Pyramidalzahlen für eine fünfseitige Pyramide

$$1,\ 1+5,\ 1+5+12,\ 1+5+12+22,\ \ldots,$$

die sich, wie früher gezeigt, additiv aus den Pentagonalzahlen

$$1, 5, 12, 22, \ldots = n + 3 \cdot \binom{n}{2}$$

für $n = 1, 2, 3, 4, \ldots$ zusammensetzen, werden zur Bildung der Ikosaederzahlen verdoppelt und dazu die Zahlen für die zugehörige «Saul»

$$1 \cdot 1 = 1,\ 2 \cdot 5 = 10,\ 3 \cdot 12 = 36,\ \ldots$$

addiert, wobei die für die Grundflächen stehenden Pentagonalzahlen viermal gezählt sind und deswegen zweimal abgezogen werden müssen. Damit ist die Ikosaederzahl

für $n = 1$, $2 \cdot 1 + 1 - 2 \cdot 1 = 1$,

für $n = 2$, $2 \cdot (1 + 5) + 10 - 2 \cdot 5 = 12$,

für $n = 3$, $2 \cdot (1 + 5 + 12) + 36 - 2 \cdot 12 = 48$ usw.

In der vierten Tabelle stützt sich Faulhaber auf die Eigenschaft, daß die zweiten Differenzen der Ikosaederzahlen eine arithmetische Folge erster Ordnung mit der Differenz 15 bilden.

Setzt man wie bei der Bildung der Ikosaederzahlen die der Pyramidal- und Prismenzahlen voraus, so sind damit die Tetraeder- und Hexaederzahlen bereits erledigt; die Oktaederzahlen ergeben sich analog zur Bildung der Ikosaederzahlen als Summe aufeinanderfolgender Tetraederzahlen[262].

Ansonsten setzte Faulhaber die Folge der Ikosaederzahlen ebenso wie später die der Dodekaederzahlen im 33. Kapitel als gegeben voraus und beschäftigte sich ausschließlich mit deren arithmetischen Eigenschaften.

5.2 Figurierte Zahlen und Binomialkoeffizienten

Im 32. Kapitel gibt Faulhaber Formeln für die Ikosaederzahlen und deren Summen bis zu den dritten Summen für allgemeines n (bzw. in der von ihm verwendeten cossistischen Schreibweise für allgemeines x) an, entsprechend den in der letzten Tabelle des vorhergehenden Kapitels angegebenen Werten der Ikosaederzahlen und ihrer Summen für $n = 1, \ldots, 10$. Faulhaber hat diese

Formeln zweifelsfrei mit Hilfe der Beziehung[263]

$$\sum_{\nu=1}^{n} f_{\nu,k} = \sum_{\nu=k}^{n} f_{\nu,k} = f_{n+1,k+1}$$

oder

$$\sum_{\nu=1}^{n} \binom{\nu}{k} = \sum_{\nu=k}^{n} \binom{\nu}{k} = \binom{n+1}{k+1}, \ \left(\binom{\nu}{k} = 0 \text{ für } k > \nu\right)$$

bestimmt, wenn die figurierten Zahlen $f_{n,k}$ wertgleich $\binom{n}{k}$ sind. Solche figurierten Zahlen entstehen, indem man ausgehend von einer Folge, deren sämtliche Glieder $f_{n-1,0}$ gleich 1 sind, die zugehörige Summenfolge $\sum_{\nu=1}^{n} f_{\nu-1,0}$, nämlich die Folge $f_{n,1}$ der natürlichen Zahlen bildet. Die nächste Summenbildung führt zur Folge der Dreieckszahlen $f_{n+1,2}$ für natürliche n. Durch erneute Summenbildung erhält man die Pyramidalzahlen $f_{n+2,3}$ für eine dreiseitige Pyramide. Durch weitere Summenbildung erhält man, wenn man die einzelnen Folgen jeweils in Spalten anordnet, eine Tabelle figurierter Zahlen, deren $(k+1)$te Spalte die $f_{i+k-1,k}$ für festes k, $k = 0, 1, 2, \ldots$ und $i = 1, 2, \ldots$ enthält. Die obige Beziehung ergibt sich unmittelbar aus dem Aufbau der Tabelle, bei der die Glieder der jeweils k-ten Spalte die Folge der Differenzen der $(k+1)$ten Spalte, also

$$f_{r,k} - f_{r-1,k} = f_{r-1,k-1}$$

ist. Berücksichtigt man, daß $f_{r,k} = 0$ für $r < k$ und $f_{r,k} = 1$ für $r = k$, dann ist

$$\sum_{\nu=1}^{n} f_{\nu,k} = \sum_{\nu=k}^{n} f_{\nu,k} = \sum_{\nu=k}^{n} (f_{\nu+1,k+1} - f_{\nu,k+1}) = f_{n+1,k+1}.$$

Wahrscheinlich hat damit Faulhaber Jakob Bernoulli angeregt, der in Kenntnis der Arbeiten von Faulhaber und Remmelin später beim Beweis der entsprechenden Formel für Binomialkoeffizienten ebenso vorgegangen ist[264]. Im Anschluß an diesen Beweis zeigte Jakob Bernoulli, daß sich die Binomialkoeffizienten als Produkte in der Form

$$\binom{i}{k} = \frac{\prod_{\nu=0}^{k-1} (i-\nu)}{k!}$$

darstellen lassen[265]. Die Produktdarstellung der Binomialkoeffizienten bzw. der ihnen entsprechenden figurierten Zahlen war auch Faulhaber geläufig[266]. Dies geht aus zwei Veröffentlichungen von 1614 und 1615 in lateinischer Sprache hervor, von denen die erste mit Sicherheit von Johannes Remmelin stammt[267], der wahrscheinlich auch Verfasser der zweiten[268] ist. Dafür spricht, daß Remmelin in dem 1619 veröffentlichten *Sphyngis Victor*, einer weiteren Schrift über die «Cabalistische Kunst» Faulhabers, auf eine Tafel von Binomialkoeffizienten wertgleichen figurierten Zahlen, die in beiden Schriften von 1614 und 1615 abgedruckt ist, mit den Worten verweist[269]:

> gibt nachgesetztes Werck oder Tafel zu erkennen/ deren Grund vnd Fundament ich in meinen Lateinischen *scriptis Anno* 1614. & 1615. *aedirt*, gnugsam dargethan...

Die Tafel selbst geht auf Faulhaber zurück, wie eine Philibert Vernatt gewidmete «*Tabvla Magia Arcana Coelesti* Johannis Favlhaberi» von 1615 beweist. Faulhaber kommt aber als Verfasser des der «Bruderschaft der Rosenkreuzer» gewidmeten *Mysterium Arithmeticum*, das viele inhaltliche Ähnlichkeiten mit dem *Numerus Figuratus* aufweist, auch deswegen nicht in Frage, weil diese Arbeit in einem 1619 veröffentlichten Verzeichnis seiner bis dahin erschienenen Schriften fehlt[270].

Remmelin, der Verfasser des *Numerus Figuratus*, gibt sich auf dem Titelblatt noch nicht als Autor zu erkennen, sondern verlangt von den Lesern, die seinen Namen wissen wollen, die Auflösung einer sehr anspruchsvollen Wortrechnung. Das auf dem Titelblatt des *Numerus Figuratus* gegebene Versprechen, «die aus den biblischen Zahlen geschöpfte Kunst des Ulmer Rechenmeisters Johannes Faulhaber zu offenbaren», bedeutet jedenfalls, daß zumindest Teile des mathematischen Inhalts als Ergebnisse von Faulhaber anzusehen sind. Faulhaber/Remmelin betrachten die oben erwähnte Tabelle figurierter Zahlen $f_{r,s}$, wobei die Spalten die $f_{r,s}$ für festes s und die Zeilen alle $f_{r,s}$ mit konstanter Differenz $r - s$ enthalten. Dabei interessiert der Faktor, mit dem ein Glied in der Tabelle beim Übergang zu seinem in der selben Zeile stehenden rechten Nachbarn, also beim Übergang von $f_{r,s}$ zu $f_{r+1,s+1}$ multipliziert werden muß. Durch Quotientenbildung finden Faulhaber/Remmelin numerisch, beginnend mit $k = 2$, daß für diese Quotienten $f_{r+1,k+1} : f_{r,k}$ gilt:

$f_{r-1,k-1}$	Quotient	$f_{r,k}$	Quotient	$f_{r+1,k+1}$
$f_{k-1,k-1}$	1	$f_{k,k}$	1	$f_{k+1,k+1}$
$f_{k,k-1}$	$\frac{k+1}{k}$	$f_{k+1,k}$	$\frac{k+2}{k+1}$	$f_{k+2,k+1}$
$f_{k+1,k-1}$	$\frac{k+2}{k}$	$f_{k+2,k}$	$\frac{k+3}{k+1}$	$f_{k+3,k+1}$
$f_{k+2,k-1}$	$\frac{k+3}{k}$	$f_{k+3,k}$	$\frac{k+4}{k+1}$	$f_{k+4,k+1}$
.	.	.	.	.
.	.	.	.	.
.	.	.	.	.

Aus der Tabelle kann man auf der Grundlage einer (unvollständigen) Induktion entnehmen, daß für diese figurierten Zahlen gilt

$$f_{k+n,k} = \frac{k+n}{k} \cdot f_{k+n-1,k-1} = \frac{(k+n)\cdot(k+n-1)}{k\cdot(k-1)} \cdot f_{k+n-2,k-2}$$

$$= \quad \cdots \quad = \frac{\prod_{\nu=0}^{k-1}(k+n-\nu)}{k!},$$

gleichbedeutend mit

$$f_{i,k} = \frac{\prod_{\nu=0}^{k-1}(i-\nu)}{k!}.$$

Allerdings fehlt bei Faulhaber/Remmelin in den Arbeiten von 1614/15 noch die Feststellung, daß die in der Tabelle enthaltenen figurierten Zahlen den Koeffizienten von x^ν in der Entwicklung von $(1+x)^n$ wertgleich sind. Eine solche Feststellung hätte die Betrachtung der Elemente in den Diagonalen der Tabelle der $f_{r,s}$, also der figurierten Zahlen mit konstantem s, erforderlich gemacht.

Eine Identifizierung der hier auftretenden figurierten Zahlen mit den Binomialkoeffizienten kann spätestens in den *Miracula Arithmetica* vorausgesetzt werden[271]. Am deutlichsten wird dies in der *Academia Algebrae*, in der Faulhaber jede Spalte der ursprünglichen Tabelle der figurierten Zahlen gegenüber der ihr links benachbarten um eine Zeile absenkt, wodurch die Diagonalen der ursprünglichen Tabelle zu Zeilen werden[272]; dabei enthält dann die n-te Zeile alle $f_{n,k}$ für $k = 0, 1, \dots, n$, die er hier als Binomialkoeffizienten $\binom{n}{k}$ betrachtet.

Daß Faulhaber die Beziehung

$$\sum_{\nu=k}^{n} f_{\nu,k} = f_{n+1,k+1} \text{ bzw. } \sum_{\nu=k}^{n} \binom{\nu}{k} = \binom{n+1}{k+1}$$

bewußt nutzte, zeigt sein Vorgehen bei der Summierung der Glieder von arithmetischen Folgen in den *Miracula Arithmetica* und schon früher in seinem Lehrbuch *Newer Arithmetischer Wegweyser*[273]. Dort hatte Faulhaber z. B. als Summe der Pyramidalzahlen auf der Basis von Pentagonalzahlen, also von $d = 3$, die Formel

$$\frac{3n+1}{4} \cdot \frac{n^3 + 3n^2 + 2n}{6} = \left[\frac{3(n-1)}{4} + 1\right] \cdot \binom{n+2}{3}$$

$$= 3\binom{n+2}{4} + \binom{n+2}{3} = \sum_{\nu=1}^{n} \left[3\binom{\nu+1}{3} + \binom{\nu+1}{2}\right]$$

und etwas später eine entsprechende Formel für die Summen der Summen von Pyramidalzahlen für $d = 8$ angegeben[274].

In den *Miracula Arithmetica* beginnt Faulhaber mit dem n-ten Glied der arithmetischen Folge mit dem Anfangsglied -5 und der Differenz 15 und erhält dafür

$$15(n-1) - 5 = 15\binom{n-1}{1} - 5.$$

Addiert man zu der Folge der Summen dieser Glieder die Zahl 6, so erhält man die Folge der mit 6 beginnenden ersten Differenzen der Ikosaederzahlen[275]; dafür berechnet Faulhaber das Äquivalent von

$$15\binom{n}{2} - 5\binom{n-1}{1} + 1 = 6 + \sum_{\nu=1}^{n} \left[15\binom{\nu-1}{1} - 5\right].$$

Das n-te Glied der Ikosaederzahlen ist dann das n-te Glied der Summenfolge der vorhergehenden Folge, das Faulhaber zu

$$15\binom{n+1}{3} - 5\binom{n}{2} + 1\binom{n}{1} = \sum_{\nu=1}^{n} \left[15\binom{\nu}{2} - 5\binom{\nu-1}{1} + 1\right]$$

bestimmt. Analog berechnet er dann die Summen, zweiten und dritten Summen der Ikosaederzahlen.

Ähnliches macht dann Faulhaber in den folgenden beiden Kapiteln mit den Dodekaederzahlen[276]. Allerdings muß Faulhaber für die arithmetische Behandlung der Dodekaederzahlen wie für die anderen Körperzahlen ein Kriterium haben, um Dodekaederzahlen als solche erkennen zu können[277]. Da sich ein Dodekaeder durch ebene Schnitte nicht in Pyramiden und prismatische Teilkörper zerlegen läßt, bedurfte es eines anderen geometrischen Modells zur Begründung der von ihm angegebenen Folge der Dodekaederzahlen 1, 20, 84, 220, 455, usw. Diese Zahlenfolge schließt z. B. aus, daß Faulhaber ausgehend vom Mittelpunkt der dem Dodekaeder umbeschriebenen Kugel, die Dodekaederzahlen durch Addition der in den Dodekaederoberflächen mit den Kantenlängen 1, 2, 3, usw. enthaltenen Punkte gewonnen hat, weil dann die zweite und die folgenden Zahlen jeweils größer als die von Faulhaber angegebenen wären.

Solche vom Mittelpunkt der dem regulären Körper umbeschriebenen Kugel durch zentrische Streckung entstehenden «zentralen» Körperzahlen hat Faulhabers Ulmer Kollege Johannes Benz in einer bereits 1621 erschienenen ziemlich umfangreichen Schrift[278] nach dem Vorbild von Francesco Maurolico[279] behandelt, dessen Terminologie Benz übernimmt. Benz, der sich nur für die Ergebnisse von Maurolico interessiert, nicht aber für deren Begründung, unterscheidet bei der Behandlung der Körperzahlen[280] nur bei den Oktaederzahlen zwei Arten: Eine entsteht durch zentrische Streckung von der Spitze einer der beiden das Oktaeder bildenden vierseitigen Pyramiden[281], die andere «zentrale» durch zentrale Streckung vom Mittelpunkt der Umkugel[282].

Die Körperzahlen der übrigen vier regulären Körper werden ausschließlich «zentral» gebildet. Das wie in allen anderen Fällen ohne Begründung angegebene Bildungsgesetz für die «zentralen» Dodekaederzahlen lautet[283]:

> Ein jeder Numerus Dodecahedralis wirdt formirt auß der Vnitet vnnd 29. Radicibus praecedentibus, vnd 30. Trigonalibus Superficialibus primi generis deren Radix 2. weniger als an der Dodecahedral Zahl/ vnnd auß 12. Pyramidalibus Pentagonalibus secundi generis praecedentibus.

Die Vorschrift wird verständlich, wenn man vom Mittelpunkt zu den 20 Ecken des Dodekaeders den Radien gleiche Verbindungslinien zieht, die zur Gesamtzahl der Ordnung n jeweils $n-1$ Punkte

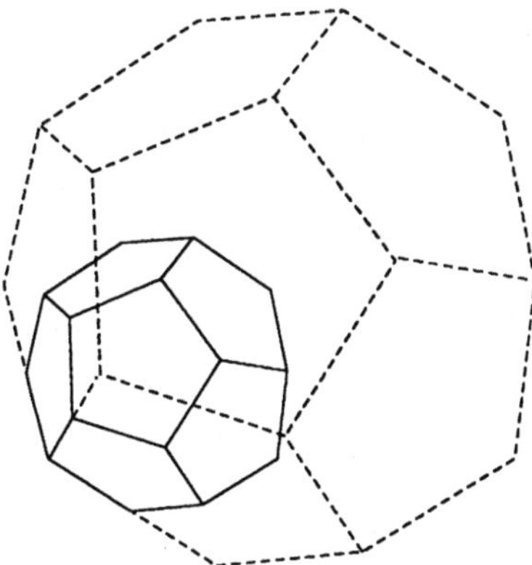

Abb. 14 Der geometrische Aufbau der Polyederzahlen am Beispiel der durch zentrische Streckung von einer Ecke aus entstehenden Dodekaederzahlen.

beitragen, da sie alle den als erstes gezählten Mittelpunkt gemeinsam haben; durch die 30 Kanten des Dodekaeders werden zusammen mit den 20 Verbindungsgeraden zu den Ecken 30 Dreiecke aufgespannt, die jeweils mit Dreieckszahlen der Ordnung $n-2$ zur Dodekaederzahl beitragen, weil die den 12 Flächen des Dodekaeders entsprechenden 12 fünfseitigen Pyramiden durch 12 fünfseitige Pyramidalzahlen der Ordnung $n-1$ berücksichtigt werden. Benz bzw. Maurolico verfahren analog bei den Tetraeder-, Hexaeder- und Ikosaederzahlen[284]. Dabei ist die Folge 1, 33, 155, 427, 909, ... der Dodekaederzahlen identisch mit der der Ikosaederzahlen und die Folge der Hexaederzahlen 1, 15, 65, 175, 569, 671, ... identisch mit der der «zentralen» Oktaederzahlen.

Man kann die von Faulhaber angegebenen Dodekaederzahlen, die im Gegensatz zu Benz nicht mit den Ikosaederzahlen derselben Ordnung übereinstimmen, über eine zentrische Streckung mit einer der 20 Ecken des Dodekaeders als Zentrum erhalten. Durch die Streckung wird die Anzahl der in einer Kante enthaltenen Punkte um 1 vergrößert. Die durch eine Streckung um eine Einheit hinzukommenden Punkte bestehen aus der Anzahl der in der Oberfläche des neuen Dodekaeders enthaltenen Punkte, vermindert um die Anzahl der mit der Oberfläche des alten Dodekaeders gemeinsamen Punkte. Ist die Anzahl der in einer Kante des alten Dodekaeders enthaltenen Punkte gleich $n-1$ und die der in einer Kante des Neuen gleich n, dann enthält eine der 12 Fünfecksflächen des neuen Dodekaeders eine der Pentagonalzahl von n, also $n + 3 \cdot \binom{n}{2}$, entsprechende Anzahl von Punkten. 12 Fünfecksflächen des Dodekaeders enthalten dann allerdings an den 30 Kanten die Innenpunkte jeweils doppelt und an den 20 Eckpunkten dreifach gezählt; außerdem muß von dieser Zahl die mit dem alten Dodekaeder gemeinsame Anzahl von Oberflächenpunkten, nämlich der von drei im Streckzentrum zusammenstoßenden Fünfecken mit jeweils aus $n-1$ Punkten bestehenden Kanten abgezogen werden. Die Anzahl der bei einer Streckung von $n-1$ auf n hinzukommenden Punkte ist also:

$$12\cdot\left[n+3\binom{n}{2}\right]-30\cdot(n-2)-20\cdot 2$$

$$-\left[3\cdot\left[(n-1)+3\cdot\binom{n-1}{2}\right]-3\cdot(n-2)-2\right]=\frac{27n^2-45n+20}{2}.$$

Unter Benutzung der Beziehung

$$\sum_{\nu=1}^{n}\binom{\nu}{k}=\sum_{\nu=k}^{n}\binom{\nu}{k}=\binom{n+1}{k+1}$$

ergibt sich für die Summen der Glieder dieser Folge 1, 19, 64, 136, usw. und damit der Dodekaederzahlen

$$36\cdot\binom{n+1}{3}-9\cdot\binom{n}{3}-18\cdot\binom{n}{2}+n=9n\cdot\binom{n}{2}+n=\frac{9n^3-9n^2+2n}{2}$$

entsprechend dem von Faulhaber angegebenen allgemeinen Bildungsgesetz für Dodekaederzahlen.

Faulhabers nahezu vollständige Zurückhaltung gegenüber den Lesern der *Miracula Arithmetica* hinsichtlich der geometrisch-stereometrischen Grundlagen der Ikosaeder- und Dodekaederzahlen läßt vermuten, daß die ihm mit Sicherheit geläufigen Verfahren der Zerlegung der regulären Körper in Pyramiden und Prismen bzw. der zentrischen Streckung Gegenstand seines Privatunterrichts für besonders interessierte Klienten war. Die Bestimmung der Zahlen für die regulären Körper auf der Grundlage einer zentrischen Streckung, unabhängig davon, ob man wie Faulhaber von einer Ecke oder wie Benz vom Mittelpunkt der Umkugel ausging, erforderte die Berücksichtigung der Anzahlen der

Flächen, Kanten und Ecken sowie der an einer Ecke zusammenstoßenden Kanten und Flächen der einzelnen Körper. Von daher wäre auch ein Motiv für einen der beiden Ulmer Rechenmeister oder einen ihrer Schüler gegeben gewesen, nach einer allgemeinen Beziehung zwischen diesen Anzahlen im Sinn der sogenannten Eulerschen Polyederformel zu suchen, wie das in einer von Leibniz 1676 exzerpierten Frühschrift *Progymnasmata de solidorum elementis* von Descartes nachgewiesen werden kann; allerdings sind im zweiten Teil der *Progymnasmata* nur die von Faulhaber angegebenen Körperzahlen für die fünf regulären Körper mit einer geometrisch-stereometrischen Begründung gebildet worden[285].

5.3 Biblische Zahlen als Grundlage für die Konstruktion verallgemeinerter figurierter Zahlen

Nach den Dodekaederzahlen war Faulhaber in den *Miracula Arithmetica* eine Weile nur noch mit den in der Apokalypse enthaltenen Zahlen befaßt. Er setzte damit auf einem mathematisch anspruchsvolleren Niveau Überlegungen fort, die ihn zur Zeit seiner größten Verstrickung in die Welt von Gog beschäftigt hatten.

So hatte es sich Faulhaber in der *Andeutung/ Einer unerhörten newen Wunderkunst* von 1613 zur Aufgabe gemacht, die biblischen Zahlen als Pyramidalzahlen, also in der Form

$$\binom{n+1}{3}d + \binom{n+1}{2},$$

darzustellen,wobei n und d natürliche Zahlen mit $n > 1$ sind. Sieht man von der trivialen Möglichkeit $n = 2$ und $d = c - 3$ ab, mit der sich jede natürliche Zahl $c \geq 4$ als Pyramidalzahl darstellen läßt, muß man für eine vorgegebene biblische und damit nach Faulhaber von Gott ausgezeichnete Zahl b schrittweise versuchen, ob es für die einzelnen Werte $n = 3, 4, 5, \ldots$ ein zugehöriges natürliches d gibt, mit dem sich b als Pyramidalzahl darstellen läßt. Die meisten der von Faulhaber herangezogenen biblischen Zahlen sind durch 10 teilbar; man sieht unmittelbar, daß die Wahl von $n = 4$ zu der Gleichung

$$10d + 10 = b \text{ oder zu } d = \frac{b - 10}{10}$$

führt, die für jedes durch 10 teilbare $b > 10$ ein natürliches d ergibt.

Diese Darstellung gilt nicht für 666, das wie jede nicht durch 4 teilbare gerade natürliche Zahl ≥ 10 für $n = 3$ eine nichttriviale Darstellung als Pyramidalzahl, in diesem Fall mit $d = 165$, zuläßt. Da es für 666 neben der trivialen nur die Darstellung mit $n = 3$ und $d = 165$ gibt, ist die Darstellung als Pyramidalzahl eindeutig. Ähnliches gilt für die anderen durch 10 teilbaren biblischen Zahlen, die eine Darstellung als vierstufige Pyramidalzahl mit jeweils eindeutig festgelegten d zulassen.

In den *Miracula Arithmetica* bildet zunächst Faulhaber sogenannte Turm- oder Pyrgoidalzahlen[286], die anschaulich die Anzahl der Gitterpunkte eines aus einem Prisma und einer Pyramide gleicher Grundfläche zusammengesetzten Turmes angeben, indem er Pyramidal- und Prismenzahlen oder «Columnen» addiert, deren Basis jeweils gleiche, aber beliebige Polygonalzahlen sind.

Das gibt ihm Gelegenheit, apokalyptische Zahlen wie 666, 1600 oder 1000 als Summen von Pyrgoidalzahlen bei passender Wahl von d bzw. der Eckenzahl $d + 2$ des zugrundeliegenden Polygons zu bilden.

Weiß man aufgrund verschiedener Versuche, daß es für eine apokalyptische Zahl eine Darstellung als Polygonal-, Pyramidal- oder Pyrgoidalzahl bzw. als Summe solcher Zahlen für ein bestimmtes d gibt, so kann man nach der zweiten Variablen n, der Anzahl der Glieder oder — in Faulhabers Terminologie — der Quadratwurzel der zugehörigen Polygonalzahl, fragen. Die Bestimmung von n erfordert z. B. im Fall einer Polygonalzahl die Lösung einer quadratischen und im Fall einer Pyramidal- oder Pyrgoidalzahl die Lösung einer kubischen Gleichung.

666 läßt sich z. B. als eine zu $d = 44$ gehörige Polygonalzahl darstellen. Das gibt Faulhaber Gelegenheit, für einige Kapitel den Gegenstand der Polygonalzahlen zu verlassen und sich wieder den seit der Auseinandersetzung mit Roth in seinen Veröffentlichungen vernachlässigten Untersuchungen zur cossistischen Algebra zuzuwenden[287].

All dies zeigt jedenfalls, daß sich Faulhabers Deutung der biblischen Zahlen aufgrund ihrer Polygonalzahlstrukturen zumindest in den veröffentlichten Schriften auf das mathematische beschränkt. Faulhaber steht mit seinen Bemühungen um eine Sinngebung für die Zahlen der Apokalypse in einer weit ins Mittelalter zurückreichenden Tradition. Die Zahlenallegorese des Mittelalters[288] unterscheidet sich von Faulhabers Deutungen einmal dadurch, daß sie im Allgemeinen von sehr einfachen Eigenschaften der Zahlen ausgeht, und zum anderen ihre Hauptaufgabe in der Deutung des mit der Zahlenangabe verbundenen biblischen Geschehens sieht.

Nach seinem Abstecher in die Algebra kehrt Faulhaber zu dem Problem zurück, die «heiligen» Zahlen als Pyramidalzahlen auf der Grundlage von verallgemeinerten Polygonalzahlen darzustellen. Durch die zusätzliche Bedingung, daß den einzelnen Gliedern der mit der jeweils gegebenen «heiligen» Zahl endenden Folge der Pyramidalzahlen die einzelnen Buchstaben eines ebenfalls gegebenen Alphabets zugeordnet werden, erreicht Faulhaber, daß jetzt n gegeben ist und die Differenz d gesucht werden muß. Geht man z. B. vom deutschen Alphabet aus, so wird die erste Pyramidalzahl 1 dem Buchstaben a und die gegebene «heilige» Zahl dem 24ten und letzten Buchstaben z zugeordnet. Analog geht Faulhaber beim lateinischen, hebräischen oder arabischen Alphabet vor, wobei für die Rechnung allein die Anzahl der in dem jeweiligen Alphabet enthaltenen Buchstaben und damit die Anzahl n der Folgenglieder erheblich ist. Da die zu einer Polygonalzahl gehörige Pyramidalzahl der Basis n den Wert

$$d \cdot \binom{n+1}{3} + \binom{n+1}{2}$$

hat und n für ein bestimmtes Alphabet gegeben ist, ist

$$d = \left[\text{«Heilige» Zahl} - \binom{n+1}{2}\right] : \binom{n+1}{3}.$$

Dabei muß d nicht mehr, wie bei den eigentlichen Polygonalzahlen, eine natürliche, sondern kann eine positive rationale Zahl sein.

Diesen Sachverhalt illustriert Faulhaber an vier Beispielen, die mit dem deutschen Alphabet, also mit $n = 24$ und den «Heiligen Zahlen» 1335 und 666 beginnen, dann den 23 Buchstaben des lateinischen Alphabets entsprechend mit $n = 23$ und der «Heiligen» Zahl 1260 fortfahren, um mit $n = 29$ für das «arabische» Alphabet und der Zahl 1290 zu enden.

Schließlich geht Faulhaber in der Verallgemeinerung der Polygonalzahlen noch einen Schritt weiter, indem er als Differenz d auch irrationale Zahlen zuläßt. Dies erzwingt er durch die Forderung, daß das n-te Glied der Folge der Summen von entsprechend verallgemeinerten Pyrgoidalzahlen eine gegebene «Heilige» Zahl ist.

Faulhaber hat sich damit von den konkreten geometrischen Vorstellungen, die der Bildung von Polygonal-, Pyramidal- und Pyrgoidalzahlen zugrundeliegen, durch eine formale arithmetisch-algebraische Erweiterung gelöst. Faulhaber hat gerade in den *Miracula Arithmetica* seine Fähigkeit zu für die Zeit unerhörten Verallgemeinerungen erneut bewiesen. Diese Verallgemeinerungen betrafen nicht nur die Verwendung der cossistischen Schreibweise für Aussagen über Binomialkoeffizienten oder Potenzsummen für beliebige natürliche Zahlen, sondern erstrecken sich auf sein gesamtes mathematisches Schaffen, wie der dreidimensionale Satz des Pythagoras illustriert.

Auch wenn sich Faulhaber mit solchen Leistungen von den anderen deutschen Rechenmeistern der Zeit abhob, wurde seine Vorgehensweise durch die in deutschen Rechenmeisterkreisen damals üblichen, gegenüber dem 16. Jahrhundert angehobenen Standards vorbereitet und gefördert. So hatte z. B. der Ulmer Rechenmeister Johannes Benz das Bildungsgesetz für Polygonal-, Pyramidal- und Körperzahlen in derselben Weise wie Faulhaber allgemein in cossistischer Schreibweise in seinem 1621 erschienenen Traktat veröffentlicht[289]. Benz, der sicherlich nicht zu Faulhabers Freunden zählte[290] und der für seine *Manuductio ad numerum geometricum* mit der besonderen Unterstützung durch den Rektor des Ulmer Gymnasiums, Hebenstreit, rechnen konnte, zeigt ebenso wie Faulhaber, wie selbstverständlich es für deutsche Rechenmeister geworden war, arithmetisch-zahlentheoretische Aussagen nicht mehr nur quasiallgemein aufgrund konkreter numerischer Beispiele, sondern vollkommen allgemein zu machen. Daß dies noch eine Generation später von dem von der Geschichte weniger stiefmütterlich als die deutschen Rechenmeister des 17. Jahrhunderts behandelten Blaise Pascal als eine außerordentliche Errungenschaft angesehen wurde[291], zeigt Pascals Briefwechsel mit Fermat aus dem Jahr 1654.

6 Weitere Früchte des Faulhaberschen Abstraktionsvermögens: die Sätze von Pythagoras und Heron im Dreidimensionalen

Faulhabers Beschäftigung mit den figurierten Zahlen, insbesondere mit den Pyramidalzahlen, die den Zeitgenossen Faulhabers durch die Lagerung von Geschützkugeln in Form von Pyramiden in sehr konkreter Form vertraut waren, mag den Hintergrund für eine Entdeckung abgegeben haben, von der Faulhaber nur in der kargsten Form berichtet.

6.1 Der dreidimensionale Satz des Pythagoras

Schneidet man von einem Quader durch einen ebenen Schnitt eine Ecke ab und stellt die abgeschnittene Ecke auf die Schnittfläche, so erhält man eine dreiseitige Pyramide, deren sich in der Spitze treffende Kanten paarweise rechte Winkel bilden. Unter diesen Voraussetzungen gilt der von Faulhaber in seiner *Ingenieurs-Schul* von 1630 formulierte Satz[292]:

> In allen dergleichen *Pyramidibus* thut das *quadrat* der *areae* deß *Basis*, eben so viel als die 3 gleiche *quadrat*, deß Inhalts der drey auffrechten Flächen samptlich. Welche *Invention Pythagoras* zu seiner Zeit nicht gewußt.

Die Formulierung dieses Satzes in der *Ingenieurs-Schul* ist durch das Problem motiviert, die Länge der als gleich lang vorausgesetzten, aufeinander senkrecht stehenden Kanten a einer solchen Pyramide aus dem gegebenen Quadrat der Grundfläche F «ohn die *Coß*», also ohne algebraische Hilfsmittel, zu berechnen. Die Berechnung von a für

$$F^2 = 15552$$

entspricht der durch den verallgemeinerten Satz des Pythagoras gegebenen Beziehung

$$F^2 = 3\frac{a^4}{4} \text{ oder } a = \sqrt{2\sqrt{\frac{F^2}{3}}},$$

wobei Faulhaber, dem es in der *Ingenieurs-Schul* vor allem um die Vorstellung der (Briggschen) Logarithmen geht, die Quadratwurzeln jeweils logarithmisch bestimmt. Faulhaber verweist für den von ihm auf den dreidimensionalen Raum verallgemeinerten Satz des Pythagoras auf seine *Miracula Arithmetica* von 1622. Dort[293] hatte Faulhaber ausgehend von der aus seinen anderen Schriften notorisch bekannten «heiligen» Zahl 666 als Wert für die Kantenlänge a einmal das Quadrat der Grundfläche, also F^2, und dann die Summe der Quadrate der drei den Pyramidenmantel bildenden Dreiecksflächen gebildet. Nicht zufrieden mit dem angestrebten Effekt des Staunens über die Gleichheit der beiden so bestimmten Werte, stellte Faulhaber anschließend fest[294]:

> Nun hab ich bald im Multiplicieren gemercket, das dises ein General Kunst sein, und solches in allen dergleich Exempeln angehn müsse, auch die sach also in der That Just befunden, dann zu gleicher weiß, wie deß *Pythagorae Invention* von dem Winckelrechten Triangel *Universal*, also auch dise in allen dergleichen Kegelflechen General ist.

Es stört Faulhaber dabei nicht im geringsten, daß die Feststellung der Allgemeingültigkeit der für die Kantenlänge 666 gezeigten Beziehung die von ihm immer wieder behauptete Sonderstellung dieser Zahl Lügen straft.

Auch in den *Miracula Arithmetica* gibt es weder einen Hinweis auf den tatsächlichen Findungsweg für diesen Satz noch einen Beweis. Ob die Vorstellung eines «räumlichen» rechten Winkels hinter dem für Faulhabers induktives Abstrahieren typischen Versuch stand, den Satz des Pythagoras auf den dreidimensionalen Raum zu übertragen, lassen Faulhabers Äußerungen nicht erkennen. Es läßt sich jedenfalls direkt unter Verwendung des pythagoreischen Lehrsatzes und des Satzes von Heron für die Berechnung der Fläche eines Dreiecks aus dessen Seiten zeigen, daß die Summe der Quadrate der drei die Seitenflächen der Pyramide bildenden rechtwinkligen Dreiecke F_1, F_2, F_3 gleich dem Quadrat der Grundfläche B ist[295].

Haben die von der Spitze ausgehenden Kanten die Längen x, y, z, also die Katheten von F_1 die Längen x und y, die von F_2 die Längen y und z, und die von F_3 die Längen z und x, dann haben die Seiten von B die Längen

$$s_1 = \sqrt{x^2+y^2},\ s_2 = \sqrt{y^2+z^2},\ s_3 = \sqrt{z^2+x^2}.$$

Es ist dann

$$F_1^2 + F_2^2 + F_3^2 = \frac{x^2y^2 + y^2z^2 + z^2x^2}{4}$$

und

$$B^2 = s \cdot (s-s_1) \cdot (s-s_2) \cdot (s-s_3),$$

wobei

$$s = \frac{s_1+s_2+s_3}{2}$$

ist. Setzt man für s_1, s_2, s_3 die Werte $\sqrt{x^2+y^2}$, $\sqrt{y^2+z^2}$, $\sqrt{z^2+x^2}$ ein, so erkennt man unter Nutzung von $(a+b)(a-b) = a^2-b^2$ sehr rasch, daß

$$B^2 = F_1^2 + F_2^2 + F_3^2$$

ist. Daß Faulhaber den für diesen Beweis erforderlichen Satz des Heron gekannt hat, zeigt ein Hinweis im Zusammenhang mit der dieses Kapitel abschließenden Bemerkung, daß Tetraeder für die Inhaltsbestimmung von Polyedern dieselbe Rolle spielen wie Dreiecke für die von Polygonen. Wenn die sechs Kanten eines solchen Tetraeders bekannt sind, können auch die vier Seitenflächen als «gründtlich bekandt» angesehen werden, weil, wie Faulhaber einige Zeilen vorher festgestellt hat[296],

> auß der Algebra Fundament ein *Vniuersal* Regul erfunden worden ist/ wie alle Triangel (sofern nur die drey Seiten bekandt) Punctlich außzurechnen seyen ...

6.2 Dreidimensionale Entsprechungen der Heronischen Dreiecksformel

Wie man bei bekannter Länge der sechs Kanten und damit bei bekanntem Inhalt der vier Seitenflächen eines Tetraeders dessen Volumen analog zur Bestimmung des Flächeninhalts eines Dreiecks nach der Heronischen Formel ermitteln kann, überläßt Faulhaber seinen Lesern, denen er nur verrät, daß es darauf ankommt, ein «Centrum» zu finden, von dem aus sich das Tetraeder in vier kleinere Tetraeder zerlegen läßt. Außerdem meint Faulhaber, daß man die von ihm gefundene «General Regul», also das Tetraedervolumen als eine Funktion seiner sechs Kanten und damit das dreidimensionale Äquivalent des Satzes von Heron, nachentdecken könne, «wann mann nun die *Perpendiculares* allenthalben fleissig *obseruirt.*» Bei dem für Faulhaber typischen Analogdenken bleibt offen, ob das gesuchte «Centrum» der Mittelpunkt der Inkugel oder der Umkugel des Tetraeders sein soll. Geht man von der Inkugel aus, ist deren Radius r die gemeinsame Höhe der vier kleinen Pyramiden, deren Grundflächen die vier Seitenflächen des Tetraeders und deren gemeinsame Spitze der Mittelpunkt der Inkugel ist. Sind dann die Höhen oder «Perpendiculares» der vier Seitenflächen des Tetraeders h_1, h_2, h_3 und h_4, so gilt

$$\frac{1}{r} = \frac{1}{h_1} + \frac{1}{h_2} + \frac{1}{h_3} + \frac{1}{h_4}.$$

Für die Berechnung des Tetraedervolumens ist es dabei gleichgültig, ob Faulhaber eine der vier Höhen h_i oder r als Funktion der Kantenlängen anzugeben wußte. Entsprechende Formeln finden sich in der mathematischen Literatur des 19. Jahrhunderts immer wieder[297]. Eine einer Formel für das Tetraedervolumen als Funktion der Kantenlängen entsprechende Berechnung für ein Tetraeder mit den Kantenlängen 13, 14, 15 einer Seitenfläche und 20, 18, 16 für die jeweils gegenüberliegenden Kanten hat schon Tartaglia in seinem *General trattato di numeri et misure* von 1560 angegeben[298]. In Ermangelung weiterer Auskünfte von Faulhaber ist eine selbstständige Berechnung des Tetraedervolumens aus den sechs Kanten ebenso vorstellbar wie Kenntnisse über den Inhalt von Tartaglias *General trattato.* Euler hat 1758 eine der Heronischen Formel für die Dreiecksfläche entsprechende allgemeine Formel mit Beweis für das Tetraedervolumen als Funktion der von ihm mit den Buchstaben a, b, c, d, e, f gekennzeichneten sechs Kanten angegeben, wobei a und f, b und e sowie c und d einander gegenüberliegen[299]. Danach ist das 144-fache Quadrat des Tetraedervolumens V gleich dem Ausdruck[300]:

$$\begin{aligned}&+aaff(bb+cc+dd+ee)-aaff(aa+ff)-aabbcc\\&+bbee(aa+cc+dd+ff)-bbee(bb+ee)-aaddee\\&+ccdd(aa+bb+ee+ff)-ccdd(cc+dd)-bbddff-cceeff.\end{aligned}$$

Aus der Formel für V und der Beziehung

$$V = \frac{1}{3} O \cdot r,$$

wobei O die aus den jeweils über die Heronische Formel bestimmbaren vier Seitenflächen des Tetraeders zusammengesetzte Tetraederoberfläche und r der Radius der Inkugel ist, läßt sich auch r als Funktion der sechs Kantenlängen des Tetraeders ermitteln[301].

Es ist weitgehend unwahrscheinlich, wenn auch nicht vollkommen auszuschließen, daß Faulhaber auch eine Beziehung zwischen Tetraedervolumen und Umkugelradius R kannte, die sich auch formal eng an die Heronische Formel anschließt. Bezeichnet man nämlich die Produkte jeweils gegenüberliegender Kanten $a \cdot f$, $b \cdot e$, $c \cdot d$ der Reihe nach mit a', b', c' und bildet

$$s := \frac{a' + b' + c'}{2},$$

so gilt[302]

$$6V \cdot R = \sqrt{s(s-a')(s-b')(s-c')}.$$

6.3 Analoge Sätze mit Beweis in den *Cogitationes privatae* von Descartes

Interessant in Hinblick auf einen möglichen wissenschaftlichen Austausch zwischen Faulhaber und Descartes ist ein Stück, daß sich unter den über Abschriften von Leibniz erhaltenen Juvenilia von Descartes findet. Es ist in dem unter dem Titel *Cogitationes privatae* veröffentlichten Aufzeichnungen Descartes' enthalten, deren Niederschrift dem Zeitraum von 1619 bis 1621 zugerechnet wird. In ihm ist der dreidimensionale Pythagoras, der dreidimensionale Heron für einen Spezialfall und die Idee formuliert, den Satz des Pythagoras auf den vierdimensionalen Raum zu erweitern[303]:

> In einem rechwinkligen Tetraeder ist das Quadrat der Grundfläche den zusammengenommenen Quadraten der drei Seitenflächen gleich.

Descartes illustriert zunächst diesen Satz durch zwei Beispiele, bei denen jeweils die drei Seiten der Grundfläche eines rechtwinkligen Tetraeders numerisch gegeben sind; dann beweist er ihn ganz allgemein, indem er zunächst die aufeinander senkrecht stehenden Kanten x, y, z eines rechtwinkligen Tetraeders, dessen Grundfläche die Seiten a, b, c hat, berechnet zu[304]:

$$x = \sqrt{\frac{1}{2}(a^2 + b^2 - c^2)},$$

$$y = \sqrt{\frac{1}{2}(b^2 + c^2 - a^2)},$$

$$z = \sqrt{\frac{1}{2}(a^2 + c^2 - b^2)}.$$

Die dazugehörigen Seitenflächen sind

$$F_1 = \frac{1}{2}xz = \sqrt{\frac{1}{16}(a^4 - b^4 - c^4 + 2b^2c^2)}$$

$$F_2 = \frac{1}{2}xy = \sqrt{\frac{1}{16}(b^4 - a^4 - c^4 + 2a^2c^2)}$$

$$F_3 = \frac{1}{2}yz = \sqrt{\frac{1}{16}(c^4 - a^4 - b^4 + 2a^2b^2)}$$

und die Wurzel aus der Summe ihrer Quadrate

$$\sqrt{F_1^2 + F_2^2 + F_3^2} = \sqrt{\frac{1}{8}(a^2b^2 + a^2c^2 + b^2c^2) - \frac{1}{16}(a^4 + b^4 + c^4)}$$

ist gleich der nach der Heronischen Formel berechneten Grundfläche. Damit nicht genug bestimmt Descartes das Tetraedervolumen V zu

$$V = \frac{1}{6}xyz$$

als Funktion von a, b und c. Setzt man dabei

$$s := \frac{1}{2}(a^2 + b^2 + c^2),$$

so ist

$$\sqrt{(s - a^2)\,(s - b^2)\,(s - c^2)} = xyz = 6V$$

ein von Descartes verbal ausgedrücktes dreidimensionales Äquivalent für ein rechtwinkliges Tetraeder zur Heronischen Formel für die Dreiecksfläche, wobei allerdings gegenüber dem zweidimensionalen Fall

$$F = \sqrt{s(s-a)(s-b)(s-c)}$$

ein Faktor fehlt. Die Bedeutung dieses und des folgenden Satzes[305] scheint den Herausgebern der Werke Descartes' entgangen zu sein; denn es fehlt jeder Kommentar dazu:

> Der Beweis dafür geht aus dem Pythagoreischen Lehrsatz hervor; er läßt sich auch auf den Fall von vier Dimensionen erweitern; hierbei ist das Quadrat des dem rechten Winkel gegenüberliegenden Körpers gleich den zusammengenommenen Quadraten der vier anderen Körper.

Die inhaltliche Nähe dieser Aussagen zu den von Faulhaber in den *Miracula Arithmetica* nur angedeuteten Sätzen sowie der Umstand, daß den Überlegungen über rechtwinklige Tetraeder in den *Cogitationes privatae* wie bei Faulhaber in den *Miracula Arithmetica* algebraische Passagen vorausgehen, in denen sich Descartes mit der Lösung kubischer Gleichungen beschäftigt, könnte, muß aber nicht durch einen Kontakt zwischen den beiden erklärt werden. Gerade die noch relativ unbeholfenen und gelegentlich fehlerhaften algebraischen Versuche Descartes' in diesem Manuskript und auch eine Faulhabers Ansprüchen sicherlich nicht genügende Fassung eines dreidimensionalen Heron legen trotz der erst 1622 erfolgten Veröffentlichung der *Miracula Arithmetica* nahe, daß, falls es einen solchen Kontakt gegeben hat, der informierende Teil Faulhaber und der informierte Teil Descartes war.

7 Die Faulhaberpolynome für Potenzsummen als Höhepunkt einer von Gott geoffenbarten Mathematik

7.1 Beziehungen zwischen Potenzsummen und höheren Potenzsummen in den *Miracula Arithmetica*

Faulhaber beginnt seine *Miracula Arithmetica* von 1622 mit einer Tabelle, die für die natürlichen Zahlen von 1 bis 40 die Werte der im folgenden nur bis $n = 8$ angegebenen Funktionen enthält. Dabei soll

$$\sum n^r := \sum_{\nu=1}^{n} \nu^r \text{ und } \sum\sum n^r := \sum_{\mu=1}^{n}\sum_{\nu=1}^{\mu} \nu^r$$

symbolisieren.

n	n^2	Σn^2	$\Sigma\Sigma n^2$	$n\Sigma n^2$	n^3	Σn^3	$n\Sigma n^2 - \Sigma n^3$	$\Sigma\Sigma n^2 - \Sigma n^2$
1	1	1	1	1	1	1	0	0
2	4	5	6	10	8	9	1	1
3	9	14	20	42	27	36	6	6
4	16	30	50	120	64	100	20	20
5	25	55	105	275	125	225	50	50
6	36	91	196	546	216	441	105	105
7	49	140	336	980	343	784	196	196
8	64	204	540	1632	512	1296	336	336

Die letzten beiden Spalten zeigten Faulhaber induktiv, daß

$$n\sum n^2 - \sum n^3 = \sum\sum n^2 - \sum n^2 \text{ oder}$$

$$\sum n^3 = (n+1)\sum n^2 - \sum\sum n^2$$

ist. Durch gezielte Manipulation entsprechender Spalten hatte sich Faulhaber induktiv schon früher klar gemacht, daß diese Beziehung für jeden Exponenten r gilt, also allgemein

$$\sum n^{r+1} = (n+1)\sum n^r - \sum\sum n^r$$

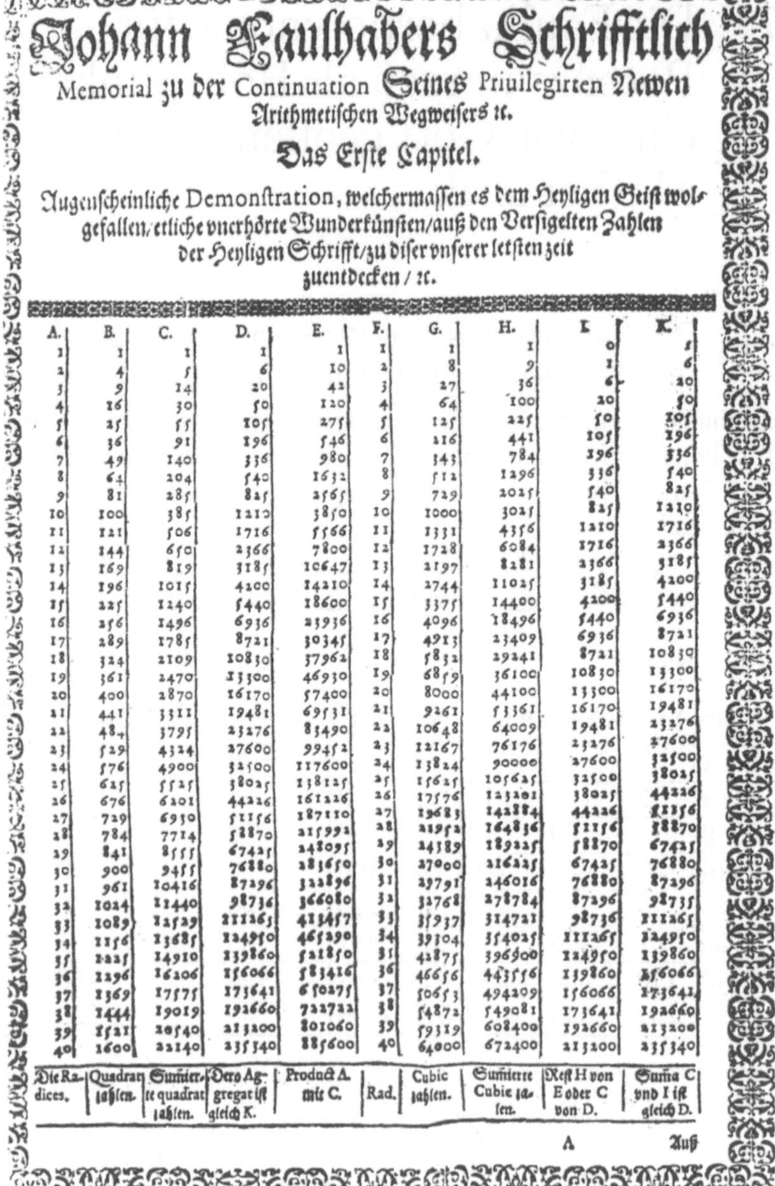

Johann Faulhabers Schrifftlich

Memorial zu der Continuation Seines Priuilegirten Newen Arithmetischen Wegweisers rc.

Das Erste Capitel.

Augenscheinliche Demonstration, welchermassen es dem Heyligen Geist wolgefallen/ etliche vnerhörte Wunderkünsten/ auß den Versigelten Zahlen der Heyligen Schrifft/ zu diser vnserer letsten zeit zuentdecken/ rc.

A.	B.	C.	D.	E.	F.	G.	H.	I.	K.
1	1	1	1	1	1	1	1	0	1
2	4	5	6	10	2	8	9	1	6
3	9	14	20	42	3	27	36	6	20
4	16	30	50	120	4	64	100	20	50
5	25	55	105	275	5	125	225	50	105
6	36	91	196	546	6	216	441	105	196
7	49	140	336	980	7	343	784	196	336
8	64	204	540	1632	8	512	1296	336	540
9	81	285	825	2565	9	729	2025	540	825
10	100	385	1210	3850	10	1000	3025	825	1210
11	121	506	1716	5566	11	1331	4356	1210	1716
12	144	650	2366	7800	12	1728	6084	1716	2366
13	169	819	3185	10647	13	2197	8281	2366	3185
14	196	1015	4200	14210	14	2744	11025	3185	4200
15	225	1240	5440	18600	15	3375	14400	4200	5440
16	256	1496	6936	23936	16	4096	18496	5440	6936
17	289	1785	8721	30345	17	4913	23409	6936	8721
18	324	2109	10830	37962	18	5832	29241	8721	10830
19	361	2470	13300	46930	19	6859	36100	10830	13300
20	400	2870	16170	57400	20	8000	44100	13300	16170
21	441	3311	19481	69531	21	9261	53361	16170	19481
22	484	3795	23276	83490	22	10648	64009	19481	23276
23	529	4324	27600	99452	23	12167	76176	23276	27600
24	576	4900	32500	117600	24	13824	90000	27600	32500
25	625	5525	38025	138125	25	15625	105625	32500	38025
26	676	6201	44226	161226	26	17576	123201	38025	44226
27	729	6930	51156	187110	27	19683	142884	44226	51156
28	784	7714	58870	215992	28	21952	164836	51156	58870
29	841	8555	67425	248095	29	24389	189225	58870	67425
30	900	9455	76880	281650	30	27000	216225	67425	76880
31	961	10416	87296	322896	31	29791	246016	76880	87296
32	1024	11440	98736	366080	32	32768	278784	87296	98735
33	1089	12529	111265	413457	33	35937	314721	98736	111265
34	1156	13685	124950	465290	34	39304	354025	111265	124950
35	1225	14910	139860	521850	35	42875	396900	124950	139860
36	1296	16206	156066	583416	36	46656	443556	139860	156066
37	1369	17575	173641	650275	37	50653	494209	156066	173641
38	1444	19019	192660	722722	38	54872	549081	173641	192660
39	1521	20540	213200	801060	39	59319	608400	192660	213200
40	1600	22140	235340	885600	40	64000	672400	213200	235340
Die Radices.	Quadrat zahlen.	Summierte quadrat zahlen.	Dero Aggregat ist gleich K.	Product A. mit C.	Rad.	Cubic zahlen.	Summierte Cubic zahlen.	Rest H von E oder C von D.	Suma C vnd I ist gleich D.

A Auß

Abb. 15 Die Weberschiffchentechnik am Beispiel der ersten Seite der *Miracula Arithmetica*.

ist. So findet sich schon in seinem *Newer Arithmetischer Wegweyser*[306] eine ähnliche Tabelle für $r = 4$, mit der Faulhaber die obige Beziehung zeigt, wobei er sich diesmal nur auf die schmale Induktionsbasis von $n = 1, 2, 3, 4$ stützt. In den ersten zehn Kapiteln der *Miracula Arithmetica* benutzt Faulhaber die heuristisch gefundene Beziehung zwischen Doppelsummen und Summen der Potenzen natürlicher Zahlen, um auf der Grundlage der ihm bereits bekannten Formeln für die Potenzsummen bis zum Exponenten 12 die Doppelsummen $\sum\sum n^r$ von $r = 2$ bis $r = 11$ als Polynome in n zu bestimmen. Für das nicht behandelte $r = 1$ ergibt sich

$$\sum\sum n = (n+1)\sum n - \sum n^2$$
$$= (n+1)\sum n - \frac{2n+1}{3}\sum n = \frac{n+2}{3}\sum n = \binom{n+2}{3},$$

was auch unmittelbar aus der auch Faulhaber geläufigen Beziehung

$$\binom{n+1}{k+1} = \sum_{i=1}^{n} \binom{i}{k}$$

abgeleitet werden kann.

Im 11. bis 19. Kapitel der *Miracula Arithmetica* werden die $\sum\sum\sum n^r$ für $r = 2$ bis $r = 10$ auf der Basis der wieder induktiv nahegelegten Beziehung

$$\sum\sum\sum n^r = \frac{1}{2}\left[(n+2)\sum\sum n^r - \sum\sum n^{r+1}\right]$$

und der in den vorhergehenden Kapiteln bestimmten Doppelpotenzsummen ermittelt. Für den einfachsten Fall von $r = 2$ sieht die Induktion so aus:

n	n^2	Σn^2	$\Sigma\Sigma n^2$	$\Sigma\Sigma\Sigma n^2$	$n\Sigma\Sigma n^2$	n^3	Σn^3	$\Sigma\Sigma n^3$	$n\Sigma\Sigma n^2 - \Sigma\Sigma n^3$	$\Sigma\Sigma\Sigma n^2 - \Sigma\Sigma n^2$
1	1	1	1	1	1	1	1	1	0	0
2	4	5	6	7	12	8	9	10	2	1
3	9	14	20	27	60	27	36	46	14	7
4	16	30	50	77	200	64	100	146	54	27

Die letzten beiden Spalten lassen vermuten, daß

$$\frac{1}{2}\left[n\sum\sum n^2 - \sum\sum n^3\right] = \sum\sum\sum n^2 - \sum\sum n^2$$

ist. In der selben Weise wird durch entsprechende Tabellen die Gültigkeit der obigen Beziehung zwischen dreifachen Summen und Doppelsummen für Potenzen mit höherem Exponenten nahegelegt.

Analog bestimmt Faulhaber in den Kapiteln 20 bis 24 die Vierfachsummen der Potenzen mit den Exponenten $r = 2$ bis 6, wobei er die analog zum vorhergehenden induzierte Beziehung

$$\sum\sum\sum\sum n^r = \frac{1}{3}\left[(n+3)\sum\sum\sum n^r - \sum\sum\sum n^{r+1}\right]$$

zugrundelegt.

Die bis dahin gefundenen Beziehungen zwischen höheren Summen der Potenzen der natürlichen Zahlen, dienen Faulhaber als Induktionsbasis zu der folgenden im 25. Kapitel enthaltenen allgemeinen Beziehung zwischen $(t+1)$-fachen und t-fachen Summen, wobei t-fache Summen mit ${}^t\sum$ bezeichnet sein sollen[307]:

$${}^{t+1}\sum n^r = \frac{1}{t}\left[(n+t)\cdot {}^t\sum n^r - {}^t\sum n^{r+1}\right].$$

Damit kann Faulhaber unter der Voraussetzung, daß man die gewöhnlichen Potenzsummen für beliebig große Exponenten bestimmen kann, zu beliebig vielfachen Summen dieser Potenzen sukzessive aufsteigen. Umgekehrt kann man wie Faulhaber in den Kapiteln 26 bis 30 aus der bekannten Summe und nächsthöheren Summe für einen Exponenten r die entsprechende Summe für den Exponenten $r+1$ bestimmen, da

$${}^t\sum n^{r+1} = (n+t)\cdot {}^t\sum n^r - t\cdot {}^{t+1}\sum n^r.$$

Auf die Möglichkeit, aus dieser Beziehung die höheren Summen rekursiv als Funktionen der einfachen Potenzsummen für verschiedene Potenzen darstellen zu können, ist Faulhaber in den *Miracula Arithmetica* nicht eingegangen.

Der Aufbau des ersten, Potenzsummen betreffenden Teils der *Miracula Arithmetica* gibt jedenfalls keinen Hinweis darauf, wie Faulhaber die einfachen Potenzsummen gefunden hat. Wir können aber aufgrund verschiedener Aussagen von ihm davon ausgehen, daß Faulhaber schon zur Zeit der Abfassung des *Lustgartens* zumindest über ein Verfahren zur Bestimmung der einfachen Potenzsummen verfügt hat. Es entspricht dem typischen Vorgehen der Rechenmeister, für die auf einem Weg gefundenen Ergebnisse andere Zugänge und Begründungen zu suchen. Welches der verschiedenen, von dem reifen Faulhaber in der *Academia Algebrae* von 1631 angedeuteten Verfahren das ursprüngliche war, ist nicht mehr mit Sicherheit festzustellen.

Es ist aber anzunehmen, daß er seinem Publikationsverhalten entsprechend mit den bereits bekannten Potenzsummen für die Exponenten $r = 1$, 2 und 3 beginnend sich an die nächst höheren gemacht hat. Dabei könnte er sich schon früh der heuristisch sehr fruchtbaren Methode der Spaltenmanipulation, die er in den *Miracula Arithmetica* durchgängig benutzt, bedient haben. Es ist sicherlich nicht abwegig, diese Technik in einem Zusammenhang mit dem erlernten Beruf eines Webers zu sehen, wo es darum geht, durch den Umgang mit Kette und Schuß einem Gewebe Struktur, Farbe und Muster zu geben. Ich möchte daher diese Technik als Faulhabersche Weberschiffchentechnik bezeichnen.

7.2 Die Faulhabersche Weberschiffchentechnik

Welche Annahmen die einfachsten Potenzsummen der Exponenten 1 bis 4 nahelegen, soll die folgende Tabelle zeigen, deren Elemente sich in den zahlreichen Tabellen Faulhabers immer wieder finden:

n	Σn	n^2	Σn^2	n^3	Σn^3	n^4	Σn^4	n^5	Σn^5
1	1	1	1	1	1	1	1	1	1
2	3	4	5	8	9	16	17	32	33
3	6	9	14	27	36	81	98	243	276
4	10	16	30	64	100	256	354	1024	1300

Dabei legt die Betrachtung der 1., 2. und 4. Spalte nahe, daß $\sum n^2$ in der Größenordnung von $n \sum n$ ist, wobei bereits die ersten beiden Zeilen genügen, um zu sehen, daß $\sum n^2$ nicht streng proportional $n \sum n$ sein kann, da die erste Zeile den Proportionalitätsfaktor 1, die zweite aber $\frac{6}{5}$ erforderlich machen würde. Diese Erfahrung legt den Ansatz

$$\sum n^2 = \sum n \, (an + b)$$

nahe, der für die ersten beiden Zeilen, also für $n = 1$ und $n = 2$ zu den Bedingungen in Form der beiden linearen Gleichungen:

$$a + b = 1$$
$$2a + b = \frac{5}{3}$$

mit den Lösungen $a = \frac{2}{3}$ und $b = \frac{1}{3}$ führt. Die Anwendung dieser Lösung auf die nachfolgenden Zeilen, also auf $n \geq 3$, zeigt induktiv, d. h. im Sinn der Anforderungen an Beweiskräftigkeit eines Verfahrens zur Zeit von Faulhaber überzeugend, daß die Beziehung

$$\sum n^2 = \frac{2n+1}{3} \sum n = \frac{2n+1}{3} \binom{n+1}{2} = \frac{2n^3 + 3n^2 + n}{3}$$

allgemein gilt.

Die für den nächsten Schritt der Bestimmung von $\sum n^3$ erforderlichen Überlegungen reduzieren sich auf einen Vergleich zwischen den zu $\sum n$ und $\sum n^3$ gehörigen Spalten. Er zeigt unmittelbar, daß

$$\sum n^3 = \left(\sum n\right)^2$$

ist. Die so gefundenen oder auch bereits bekannten Potenzsummenformeln für $r = 1, 2, 3$ bilden eine für Faulhabers heuristisches Vorgehen ausreichende Basis, um für die folgenden Potenzsummenformeln zumindest erwarten zu können, daß sie sich als Aggregate von Potenzen von $\sum n$, also als Polynome in $\sum n$, darstellen lassen. Außerdem konnte Faulhaber davon ausgehen, daß $\sum n^r$ ein Polynom in n vom Grad $r + 1$ ist.

Überträgt man diese Faulhaber zu unterstellenden Vermutungen bis Überzeugungen auf den nächsten Fall von $r = 4$ und wendet seine Weberschiffchentechnik an, so zeigt ein Vergleich der Spalten für $\sum n$, $\sum n^2$ und $\sum n^4$, daß $\sum n^4$ mit Ausnahme von $n = 1$ etwas größer als $\sum n^2 \cdot \sum n$ ist. Damit läßt sich zumindest nach einigen Versuchen mit anderen Ansätzen, die sich bei Überprüfung an verschiedenen n in der Tabelle als unbrauchbar erweisen, der folgende Ansatz motivieren:

$$\sum n^4 = \sum n^2 \cdot \left(a \sum n + b\right).$$

Er führt für $n = 1, 2$ zu den beiden linearen Gleichungen für a und b:

$$a + b = 1$$

$$3a + b = \frac{17}{5}$$

mit den beiden Lösungen $a = \frac{6}{5}$ und $b = -\frac{1}{5}$, die sich auch bei Überprüfung an Werten von $n \geq 3$ in der Tabelle bewähren. Damit kann die Beziehung

$$\sum n^4 = \sum n^2 \cdot \left(\frac{6}{5} \sum n - \frac{1}{5} \right)$$

als gesichert angesehen werden[308].

Für $r = 5$ führt die Weberschiffchentechnik über die näherungsweise Gleichheit von $\sum n^5$ und $n \cdot \sum n^4$ bzw. $\sum n \cdot \sum n^3$ zu Ansätzen der Form:

$$\sum n^5 = n \cdot \left(a \sum n^4 + b \right)$$

oder

$$\sum n^5 = \sum n^4 \cdot (an + b)$$

oder

$$\sum n^5 = \sum n \cdot \left(a \sum n^3 + b \right),$$

die aber alle für $n = 1, 2$ mit $n \geq 3$ nicht verträgliche Werte von a und b ergeben. Der verbleibende Ansatz

$$\sum n^5 = \sum n^3 \cdot \left(a \sum n + b \right)$$

führt mit den für $n = 1, 2$ gewonnenen Werten $a = \frac{4}{3}$, $b = -\frac{1}{3}$ zum Erfolg[309]. Es gilt also:

$$\sum n^5 = \sum n^3 \cdot \left(\frac{4}{3} \sum n - \frac{1}{3} \right).$$

Die hier angewandte Technik suggeriert in erster Näherung für $r = 6$ eine Proportionalität von

$$\sum n^6 \text{ und } \sum n^2 \cdot \sum n^3 = \sum n^2 (\sum n)^2$$

und schließlich den Ansatz

$$\sum n^6 = \sum n^2 \cdot \left[a \left(\sum n \right)^2 + b \sum n + c \right],$$

wobei a, b, c aus dem über die Werte der hier eingehenden Summen für $n = 1, 2, 3$ gewonnenem linearen Gleichungssystem zu $\frac{12}{7}$, $-\frac{6}{7}$ und $\frac{1}{7}$ bestimmt werden können.

Es erscheint plausibel, daß Faulhaber in ähnlicher Weise mit der Weberschiffchentechnik zu dem Ansatz

$$\sum n^7 = \left(\sum n\right)^2 \cdot \left[a\left(\sum n\right)^2 + b\sum n + c\right]$$

gelangte, wobei er die Koeffizienten a, b und c wiederum aus den sich für $n = 1, 2, 3$ ergebenden linearen Gleichungen zu $\frac{6}{3}$, $-\frac{4}{3}$ und $\frac{1}{3}$ bestimmen konnte. Tatsächlich hat Faulhaber in seinem 1614 erstmals erschienenen *Newer Arithmetischer Wegweyser* die Potenzsummenformeln bis $r = 7$ in genau dieser Form als Polynome in $\sum n$ angegeben[310]. Später hat er dann die Potenzsummenformeln als Polynome in $\sum n$ zunächst 1617 von $r = 8$ bis 12 in der *Continuatio seiner neuen Wunderkünsten* und schließlich für $r = 13$ bis 17 in der *Academia Algebrae* von 1631 angegeben. Das legt nahe, daß Faulhaber mit dem Exponenten $r = 7$ eine gewisse Zäsur erreicht hatte. Sicher reichte die mit $r = 7$ gewonnene Erfahrung von Faulhaber aus, um sich zu den beiden folgenden Annahmen ermutigt zu fühlen:

1. Für ungerade r, also $r = 2s + 1$, soll

$$\sum n^{2s+1} = \left(\sum n\right)^2 \cdot \left[\sum_{i=1}^{s} a_i \left(\sum n\right)^{s-i}\right]$$

sein.

2. Für gerade r, $r = 2s$, soll

$$\sum n^{2s} = \sum n^2 \left[\sum_{i=1}^{s} b_i \left(\sum n\right)^{s-i}\right]$$

gelten. Die zu einem bestimmten s gehörigen a_i bzw. b_i werden analog zu dem schon gezeigten Vorgehen bis $s = 3$ am einfachsten berechnet, indem man in die entsprechenden Gleichungen für n die Werte von 1 bis s einsetzt. Für $n = 1$ ergibt sich dabei immer

$$\sum_{i=1}^{s} a_i = 1 \text{ bzw. } \sum_{i=1}^{s} b_i = 1.$$

Faulhaber mußte also für $r = 2s + 1$ das inhomogene Gleichungssystem

$$\begin{pmatrix} 1 & 1 & \cdots & 1 & 1 \\ (\Sigma 2)^{s-1} & (\Sigma 2)^{s-2} & \cdots & \Sigma 2 & 1 \\ (\Sigma 3)^{s-1} & (\Sigma 3)^{s-2} & \cdots & \Sigma 3 & 1 \\ . & . & \cdots & . & . \\ . & . & \cdots & . & . \\ . & . & \cdots & . & . \\ (\Sigma s)^{s-1} & (\Sigma s)^{s-2} & \cdots & \Sigma s & 1 \end{pmatrix} \cdot \begin{pmatrix} a_1 \\ a_2 \\ a_3 \\ . \\ . \\ . \\ a_s \end{pmatrix} = \begin{pmatrix} 1 \\ \Sigma 2^{2s+1} \cdot (\Sigma 2)^{-2} \\ \Sigma 3^{2s+1} \cdot (\Sigma 3)^{-2} \\ . \\ . \\ . \\ \Sigma s^{2s+1} \cdot (\Sigma s)^{-2} \end{pmatrix}$$

und für $r = 2s$ das entsprechende Gleichungssystem

$$\begin{pmatrix} 1 & 1 & \cdots & 1 & 1 \\ (\Sigma 2)^{s-1} & (\Sigma 2)^{s-2} & \cdots & \Sigma 2 & 1 \\ (\Sigma 3)^{s-1} & (\Sigma 3)^{s-2} & \cdots & \Sigma 3 & 1 \\ . & . & \cdots & . & . \\ . & . & \cdots & . & . \\ . & . & \cdots & . & . \\ (\Sigma s)^{s-1} & (\Sigma s)^{s-2} & \cdots & \Sigma s & 1 \end{pmatrix} \cdot \begin{pmatrix} b_1 \\ b_2 \\ b_3 \\ . \\ . \\ . \\ b_s \end{pmatrix} = \begin{pmatrix} 1 \\ \Sigma 2^{2s} \cdot (\Sigma 2^2)^{-1} \\ \Sigma 3^{2s} \cdot (\Sigma 3^2)^{-1} \\ . \\ . \\ . \\ \Sigma s^{2s} \cdot (\Sigma s^2)^{-1} \end{pmatrix}$$

lösen. Dabei ist in beiden Fällen das zugehörige homogene Gleichungssystem dasselbe. Das läßt vermuten, daß die Lösungen

$$\begin{pmatrix} a_1 \\ a_2 \\ a_3 \\ . \\ . \\ . \\ a_s \end{pmatrix} = \begin{pmatrix} 1 & 1 & \cdots & 1 & 1 \\ (\Sigma 2)^{s-1} & (\Sigma 2)^{s-2} & \cdots & \Sigma 2 & 1 \\ (\Sigma 3)^{s-1} & (\Sigma 3)^{s-2} & \cdots & \Sigma 3 & 1 \\ . & . & \cdots & . & . \\ . & . & \cdots & . & . \\ . & . & \cdots & . & . \\ (\Sigma s)^{s-1} & (\Sigma s)^{s-2} & \cdots & \Sigma s & 1 \end{pmatrix}^{-1} \cdot \begin{pmatrix} 1 \\ \Sigma 2^{2s+1} \cdot (\Sigma 2)^{-2} \\ \Sigma 3^{2s+1} \cdot (\Sigma 3)^{-2} \\ . \\ . \\ . \\ \Sigma s^{2s+1} \cdot (\Sigma s)^{-2} \end{pmatrix}$$

und

$$\begin{pmatrix} b_1 \\ b_2 \\ b_3 \\ . \\ . \\ . \\ b_s \end{pmatrix} = \begin{pmatrix} 1 & 1 & \cdots & 1 & 1 \\ (\Sigma 2)^{s-1} & (\Sigma 2)^{s-2} & \cdots & \Sigma 2 & 1 \\ (\Sigma 3)^{s-1} & (\Sigma 3)^{s-2} & \cdots & \Sigma 3 & 1 \\ . & . & \cdots & . & . \\ . & . & \cdots & . & . \\ . & . & \cdots & . & . \\ (\Sigma s)^{s-1} & (\Sigma s)^{s-2} & \cdots & \Sigma s & 1 \end{pmatrix}^{-1} \cdot \begin{pmatrix} 1 \\ \Sigma 2^{2s} \cdot (\Sigma 2^2)^{-1} \\ \Sigma 3^{2s} \cdot (\Sigma 3^2)^{-1} \\ . \\ . \\ . \\ \Sigma s^{2s} \cdot (\Sigma s^2)^{-1} \end{pmatrix}$$

miteinander in Verbindung stehen. Vorher hatte Faulhaber sicherlich geprüft, ob die rechten Seiten mit den so ermittelten a_i bzw. b_i auch für Werte $n \geq s$ die richtigen Werte für $\sum n^{2s+1}$ bzw. $\sum n^{2s}$ ergeben, um von der Richtigkeit der beiden Ansätze überzeugt zu sein.

7.3 Potenzsummen und ihre Bestimmungsmethoden in der *Academia Algebrae*

7.3.1 Die Bestimmung der Faulhaberpolynome für gerade Exponenten aus denjenigen für ungerade und umgekehrt.

In der *Academia Algebrae* hat sich Faulhaber mit dem Zusammenhang zwischen den Koeffizienten a_i und b_i der Faulhaberpolynome

$$\sum n^{2s+1} = (\sum n)^2 \cdot \left[\sum_{i=1}^{s} a_i(\sum n)^{s-i}\right] \quad \text{für ungerade und}$$

$$\sum n^{2s} = \sum n^2 \cdot \left[\sum_{i=1}^{s} b_i(\sum n)^{s-i}\right] \quad \text{für gerade Exponenten}$$

für dasselbe s beschäftigt, um aus den a_i oder b_i für ein bestimmtes s die zugehörigen b_i bzw. a_i ohne Rückgriff auf ein direktes Verfahren zu bestimmen. Dieser Gedanke legt nahe, daß Faulhaber zumindest über ein Verfahren verfügte, mit dem man die Potenzsummen nur für ungerade oder nur für gerade Exponenten finden konnte.

Eine kleine Notiz in den *Cogitationes privatae* von Descartes besagt[311], daß die Differenz der Quadrate zweier aufeinanderfolgender Dreieckszahlen immer eine Kubikzahl ist, was Descartes am Beispiel von $n = 5$ illustriert. Dieser Sachverhalt erscheint auf den ersten Blick selbst für das beginnende 17. Jahrhundert wenig bemerkenswert, was auch durch die geometrische Veranschaulichung der figurierten Zahlen deutlich wird. Berücksichtigt man die Bedeutung der Dreieckszahlen als Anzahl der in Form eines Dreiecks angeordneten Punkte eines Gitters, dann ist die Differenz der Quadrate gleich dem Produkt aus der Summe und der Differenz zweier aufeinanderfolgender Dreieckszahlen; die Summe zweier aufeinanderfolgender Dreieckszahlen ergibt ein Quadrat, die Differenz die Diagonale des Quadrats, auf der ebensoviele Gitterpunkte liegen wie auf der Quadratseite.

Mit der Faulhaber geläufigen Darstellung der Dreieckszahlen für die «Quadratwurzel» oder Seite n ergibt sich

$$\binom{n+1}{2}^2 - \binom{n}{2}^2 = \frac{(n^2+n)^2 - (n^2-n)^2}{4} = n^3.$$

Diese Beziehung läßt sich unmittelbar zur Berechnung der Summe der Kubikzahlen ausnutzen[312]:

$$\sum_{\nu=1}^{n} \nu^3 = \sum_{\nu=1}^{n} \left[\binom{\nu+1}{2}^2 - \binom{\nu}{2}^2 \right] = \binom{n+1}{2}^2 .$$

Eine solche Idee findet sich allerdings ebensowenig in den Aufzeichnungen von Descartes wie die, über die Differenz höherer Potenzen zweier aufeinanderfolgender Dreieckszahlen die Potenzsummen der natürlichen Zahlen für höhere ungerade Exponenten als Polynome in $\binom{n+1}{2}$ gewinnen zu können. Unter der Voraussetzung, daß Faulhaber aufgrund seiner jahrzehntelangen Beschäftigung mit figurierten Zahlen dieser Zusammenhang bekannt war, und der weiteren, daß Descartes Faulhaber während eines Aufenthalts in Ulm aufgesucht und bei ihm Unterricht genommen hatte, könnte man die erwähnte Stelle in den *Cogitationes privatae* als Spur eines Hinweises von Faulhaber darauf deuten, wie man zu einer Darstellung der Potenzsummen natürlicher Zahlen für ungerade Exponenten in Form der Faulhaberpolynome kommt. Es ist nämlich

$$\sum_{\nu=1}^{n} \left[\binom{\nu+1}{2}^s - \binom{\nu}{2}^s \right] = \binom{n+1}{2}^s =$$

$$2^{1-s} \cdot \left[\binom{s}{1} \sum_{\nu=1}^{n} \nu^{2s-1} + \binom{s}{3} \sum_{\nu=1}^{n} \nu^{2s-3} + \ldots + \begin{matrix} \sum_{\nu=1}^{n} \nu^s \\ s \cdot \sum_{\nu=1}^{n} \nu^{s+1} \end{matrix} \right] \text{ für } \begin{matrix} s \text{ ungerade} \\ s \text{ gerade} \end{matrix} .$$

Diese Darstellung erlaubt, unter Benutzung des Induktionsanfangs für $s = 1$ oder $s = 2$ durch vollständige Induktion zu beweisen, daß die Potenzsummen der natürlichen Zahlen für jeden ungeraden Exponenten die von Faulhaber angegebene Darstellung in Form von Polynomen in $\binom{n+1}{2}$ zulassen[313]. Setzt man die Kenntnis dieses Verfahrens und des Aufbaus der Faulhaberpolynome für gerade Exponenten etwa aufgrund der Weberschiffchentechnik voraus, dann macht es Sinn, wie Faulhaber nach einer Berechnung der Koeffizienten b_i der Faulhaberpolynome für gerade Exponenten aus den a_i für ungerade zu fragen.

Wahrscheinlich verfügte Faulhaber auch über ein entsprechendes Verfahren zur Bestimmung der Faulhaberpolynome für die Potenzsummen natürlicher Zahlen bei geraden Exponenten.

Sucht man analog zu der bei Descartes nachweisbaren Idee einer Darstellung der Kuben als Differenz der Quadrate zweier aufeinanderfolgender Dreieckszahlen nach einer Darstellung der Quadrate, so bietet sich anschaulich die Differenz zweier aufeinanderfolgender Pyramidalzahlen mit quadratischer Basis an. Unter Anwendung der Faulhaber geläufigen Darstellung der Pyramidalzahlen und der Beziehung

$$\binom{i}{k} + \binom{i}{k-1} = \binom{i+1}{k}$$

ergibt sich zunächst

$$\begin{aligned}
&\left[2\binom{n+1}{3} + \binom{n+1}{2}\right] - \left[2\binom{n}{3} + \binom{n}{2}\right] \\
&= \left[\binom{n+1}{3} + \binom{n+2}{3}\right] - \left[\binom{n}{3} + \binom{n+1}{3}\right] = n^2
\end{aligned}$$

oder

$$\begin{aligned}
\sum_{\nu=1}^{n} \nu^2 &= \sum_{\nu=1}^{n} \left\{\left[\binom{\nu+1}{3} + \binom{\nu+2}{3}\right] - \left[\binom{\nu}{3} + \binom{\nu+1}{3}\right]\right\} \\
&= \binom{n+1}{3} + \binom{n+2}{3} = \binom{n+1}{2} \cdot \frac{2n+1}{3}.
\end{aligned}$$

Die Verallgemeinerung dieser Idee führt über jeweils zweifache Summierung solcher Differenzen fortschreitend schließlich zu einer Darstellung für die Potenzsummen natürlicher Zahlen höherer gerader Exponenten, denn es gilt:

$$\begin{aligned}
&\left[\binom{n+s}{2s+1} + \binom{n+s+1}{2s+1}\right] - \left[\binom{n+s-1}{2s+1} + \binom{n+s}{2s+1}\right] \\
&= \binom{n+s+1}{2s+1} - \binom{n+s-1}{2s+1} = \binom{n+s-1}{2s-1}\frac{n}{s} \\
&= \frac{1}{(2s-1)!} \cdot \frac{1}{s} \cdot \prod_{i=0}^{s-1}(n^2 - i^2) \\
&= \frac{1}{(2s-1)!} \cdot \frac{1}{s} \cdot \left[n^{2s} - n^{2s-2}\sum_{i=1}^{s-1} i^2 \pm \cdots + (-1)^{s-1} n^2 \prod_{i=1}^{s-1} i^2\right]
\end{aligned}$$

für $s > 1$ und damit

$$\sum_{\nu=1}^{n}\left\{\left[\binom{\nu+s}{2s+1}+\binom{\nu+s+1}{2s+1}\right]-\left[\binom{\nu+s-1}{2s+1}+\binom{\nu+s}{2s+1}\right]\right\}$$

$$=\binom{n+s}{2s+1}+\binom{n+s+1}{2s+1}$$

$$=\frac{1}{(2s-1)!}\cdot\frac{1}{s}\cdot\sum_{\nu=1}^{n}\left[\nu^{2s}-\nu^{2s-2}\sum_{i=1}^{s-1}i^2\pm\cdots+(-1)^{s-1}n^2\prod_{i=1}^{s-1}i^2\right].$$

Weil aber

$$\binom{n+s}{2s+1}+\binom{n+s+1}{2s+1}=\binom{n+s}{2s}\frac{2n+1}{2s+1}$$

$$=\binom{n+1}{2}\frac{2n+1}{3}\cdot\frac{6}{(2s+1)!}\prod_{i=0}^{s-2}(n+s-i)\,(n-s+i+1)$$

$$=\sum n^2\cdot\frac{6\cdot 2^{s-1}}{(2s+1)!}\prod_{i=0}^{s-2}\frac{n^2+n-(s-i)\,(s-i-1)}{2}$$

$$=\sum n^2\cdot\frac{6\cdot 2^{s-1}}{(2s+1)!}\prod_{i=0}^{s-2}\left[\binom{n+1}{2}-\frac{(s-i)(s-i-1)}{2}\right]$$

gilt, läßt sich jede Potenzsumme natürlicher Zahlen für gerade Exponenten $r = 2s$, $s > 1$, wie man aufgrund dieser Beziehungen, deren Kenntnis Faulhaber zumindest zugetraut werden muß, durch vollständige Induktion beweisen kann, als Produkt aus der Summe der Quadratzahlen bis n und einem Polynom in Summe der natürlichen Zahlen bis n, also in der von Faulhaber angegebenen Form darstellen. Der entscheidende Kunstgriff bei der Herleitung dieser Beziehungen besteht darin, die z. B. in der letzten Gleichung im Zähler außer $2n+1$ auftretenden Faktoren nicht, wie üblich, nach ihrer Größe fallend oder steigend anzuordnen, sondern jeweils den Größten mit dem Kleinsten, den Zweitgrößten mit dem Zweitkleinsten usw. zusammenzufassen, wobei zuletzt die Faktoren $n+1$ und n übrigbleiben, die zusammen mit dem Faktor $2n+1$ gerade das sechsfache der Summe der Quadratzahlen ergeben. Ein solcher Kunstgriff ist Faulhaber, der für die Binomialkoeffizienten die Produktdarstellung verwendete, mindestens zuzutrauen, wenn nicht sogar von ihm als einzige Möglichkeit, im allgemeinen Fall die Faktoren zusammenzufassen, zu erwarten.

Beide Verfahren zur Ableitung der Faulhaberpolynome für ungerade und gerade Exponenten sind dem für Faulhaber sehr vertrauten Vorstellungsraum der figurierten Zahlen entnommen; sie rechtfertigen die schon gestellte Frage, ob man nicht die nach einem der beiden Verfahren berechneten Faulhaberpolynome für gerade oder ungerade Exponenten direkt zur Bestimmung der Faulhaberpolynome für ungerade bzw. gerade Exponenten heranziehen könnte.

Das positive Ergebnis einer induktiven Untersuchung einer solchen Möglichkeit stellt Faulhaber in der *Academia Algebrae* so dar:

Er bringt jeweils sämtliche a_i bzw. b_i auf den selben, nicht notwendig kleinsten Nenner und gibt die Umrechnung der b_i in die a_i bzw. umgekehrt nur für die zu diesen Nennern gehörigen Zähler an. Der Nenner für die neu bestimmten a_i bzw. b_i wird über die Bedingung, daß die Summe der a_i bzw. b_i gleich 1 ist, ermittelt. Ausgangspunkt seiner Feststellungen war mutmaßlich ein Vergleich zwischen den zu den ersten s gehörigen a_i und b_i[314], wobei sich für das Verhältnis der beiden letzten a_i und b_i herausstellte

$$a_{s-1} : a_s = -4 \text{ und } b_{s-1} : b_s = -6.$$

Für Faulhaber genügte es sicherlich, sich dafür die von ihm bestimmten a_i bzw. b_i für $s = 2$ bis 4 anzusehen:

1. $s = 2$

$a_1 = \frac{4}{3}$	$b_1 = \frac{6}{5}$
$a_2 = -\frac{1}{3}$	$b_2 = -\frac{1}{5}$

2. $s = 3$

$a_1 = \frac{6}{3}$	$b_1 = \frac{12}{7}$
$a_2 = -\frac{4}{3}$	$b_2 = -\frac{6}{7}$
$a_3 = \frac{1}{3}$	$b_3 = \frac{1}{7}$

3. $s = 4$

$a_1 = \frac{16}{5}$	$b_1 = \frac{40}{15}$
$a_2 = -\frac{20}{5}$	$b_2 = -\frac{40}{15}$
$a_3 = \frac{12}{5}$	$b_3 = \frac{6}{5}$
$a_4 = -\frac{3}{5}$	$b_4 = -\frac{1}{5}$

Zunächst findet man die von Faulhaber festgestellten Verhältnisse $a_{s-1} : a_s$ und $b_{s-1} : b_s$ bestätigt. Das heißt, wenn

$$a_s = c \cdot b_s$$

dann ist

$$a_{s-1} = \frac{2}{3} \cdot c \cdot b_{s-1}$$

oder, wie Faulhaber sagt, der zu a_{s-1} gehörige Zähler ist der von b_{s-1} geteilt durch $\frac{3}{2}$.

Für $s = 3$ ist $a_3 = \frac{7}{3} \cdot b_3$, $a_2 = \frac{2}{3} \cdot \frac{7}{3} \cdot b_2$ und $a_1 = \frac{1}{2} \cdot \frac{7}{3} \cdot b_1$.

Für $s = 4$ ist entsprechend $a_4 = 3 \cdot b_4$, $a_3 = \frac{2}{3} \cdot 3 \cdot b_3$ und $a_1 = \frac{2}{5} \cdot 3 \cdot b_1$.

Damit kann Faulhaber induktiv folgern, daß

$$a_{s-i} = \frac{2}{2+i} \cdot c \cdot b_{s-i},$$

d. h. bei der Berechnung der a_{s-i} aus den b_{s-i}, $i = 0$ bis $s - 1$, wird jeweils mit $\frac{2+i}{2}$ dividiert und umgekehrt bei der Berechnung der b_{s-i} aus den a_{s-i} mit diesem Wert multipliziert[315]. Die von Faulhaber induktiv gefundene Transformation der b_i in die a_i und umgekehrt läßt sich übersichtlich in der zur Zeit von Faulhaber natürlich noch nicht verfügbaren Matrizenform so darstellen:

$$\begin{pmatrix} c \cdot \frac{2}{2+s-1} & 0 & \cdots & \cdot & 0 \\ 0 & c \cdot \frac{2}{2+s-2} & \cdots & \cdot & \cdot \\ \cdot & \cdot & \cdots & \cdot & \cdot \\ \cdot & \cdot & \cdots & \cdot & \cdot \\ \cdot & \cdot & \cdots & \cdot & \cdot \\ \cdot & \cdot & \cdots & c \cdot \frac{2}{2+1} & 0 \\ 0 & \cdot & \cdots & 0 & c \cdot \frac{2}{2} \end{pmatrix} \cdot \begin{pmatrix} b_1 \\ b_2 \\ b_3 \\ \cdot \\ \cdot \\ \cdot \\ b_s \end{pmatrix} = \begin{pmatrix} a_1 \\ a_2 \\ a_3 \\ \cdot \\ \cdot \\ \cdot \\ a_s \end{pmatrix},$$

wobei

$$c = \left[\sum_{i=1}^{s} \frac{2}{2+s-i} b_i \right]^{-1}.$$

Umgekehrt ist

$$\begin{pmatrix} d \cdot \frac{2+s-1}{2} & 0 & \cdots & \cdot & 0 \\ 0 & d \cdot \frac{2+s-2}{2} & \cdots & \cdot & \cdot \\ \cdot & \cdot & \cdots & \cdot & \cdot \\ \cdot & \cdot & \cdots & \cdot & \cdot \\ \cdot & \cdot & \cdots & \cdot & \cdot \\ \cdot & \cdot & \cdots d \cdot & \frac{2+1}{2} & 0 \\ 0 & \cdot & \cdots & 0 & d \cdot \frac{2}{2} \end{pmatrix} \cdot \begin{pmatrix} a_1 \\ a_2 \\ a_3 \\ \cdot \\ \cdot \\ \cdot \\ a_s \end{pmatrix} = \begin{pmatrix} b_1 \\ b_2 \\ b_3 \\ \cdot \\ \cdot \\ \cdot \\ b_s \end{pmatrix},$$

mit

$$d = \frac{1}{c} = \sum_{i=1}^{s} \frac{2}{2+s-i} b_i = \left[\sum_{i=1}^{s} \frac{2+s-i}{2} a_i \right]^{-1}.$$

Setzt man wie Faulhaber in der *Academia Algebrae* bei der Transformation der b_i in die a_i

$$b_i = \frac{z_i}{N},$$

wobei N ein gemeinsamer Nenner für alle b_i ist, so ist

$$c = \left[\sum_{i=1}^{s} \frac{2}{2+s-i} \frac{z_i}{N} \right]^{-1} = N \cdot \left[\sum_{i=1}^{s} \frac{2}{2+s-i} z_i \right]^{-1} \quad \text{und}$$

$$a_i = c \cdot \frac{2}{2+s-i} b_i = N \cdot \left[\sum_{j=1}^{s} \frac{2}{2+s-j} z_j \right]^{-1} \frac{2}{2+s-i} \frac{z_i}{N}$$

$$= \left[\sum_{j=1}^{s} \frac{2}{2+s-j} z_j \right]^{-1} \frac{2}{2+s-i} z_i.$$

Das bedeutet, daß man zur Berechnung der a_i nur die z_i, nicht aber N kennen muß. Faulhaber hat die Transformationen der b_i in die a_i zunächst ohne Berücksichtigung des Vorzeichens und der letzten Koeffizienten a_s bzw. b_s, deren Nenner nach dem Vorhergehenden gleich groß sind, durchgeführt. Unter Beachtung der Vorzeichen und aller Koeffizienten bestimmen sich bei seinem ersten Beispiel für $s = 6$, also bei der Berechnung der Koeffizienten für den Exponenten 13 aus denen für den Exponenten 12, die Zähler der a_i zu

$$\begin{pmatrix} \frac{2}{7} & 0 & \cdot & \cdot & \cdot & 0 \\ 0 & \frac{2}{6} & \cdot & \cdot & \cdot & \cdot \\ \cdot & \cdot & \frac{2}{5} & \cdot & \cdot & \cdot \\ \cdot & \cdot & \cdot & \frac{2}{4} & \cdot & \cdot \\ \cdot & \cdot & \cdot & \cdot & \frac{2}{3} & 0 \\ 0 & \cdot & \cdot & \cdot & 0 & \frac{2}{2} \end{pmatrix} \cdot \begin{pmatrix} 3360 \\ -8400 \\ 11480 \\ -9440 \\ 4146 \\ -691 \end{pmatrix} = \begin{pmatrix} 960 \\ -2800 \\ 4592 \\ -4720 \\ 2764 \\ -691 \end{pmatrix},$$

um dann entsprechend der Bedingung $\sum_{i=1}^{s} a_i = 1$ mit Hilfe der Summe der so berechneten Zähler $\sum_{i=1}^{s} \frac{2}{2+s-i} z_i$ der a_i den zugehörigen gemeinsamen Nenner 105 zu ermitteln[316]. In den folgenden Beispielen bestimmte Faulhaber entsprechend die Koeffizienten für alle übrigen ungeraden Exponenten von 5 bis 17 aus denjenigen für die zugehörigen geraden Exponenten[317]. Ein einziges Beispiel zeigt für $s = 7$ die Berechnung der b_i aus den a_i oder der Koeffizienten für gerade Exponenten aus denjenigen für ungerade Exponenten[318]. Ein Leser der *Academia Algebrae*, der die Potenzsummenformeln für gerade oder ungerade Exponenten als Polynome in $\sum n$ von Faulhaber übernommen oder selbst gefunden hatte, konnte mit diesen Transformationen die entsprechenden Potenzsummenformeln für ungerade oder gerade Exponenten angeben. Er konnte natürlich diese Polynome in $\sum n$ auch umrechnen in Polynome von n[319].

7.3.2 Potenzsummen im Licht eines neuen Differenzenkalküls.

Im Anschluß daran kommt Faulhaber auf einen ganz anderen Weg zur Bestimmung der Potenzsummen zu sprechen. Faulhaber erwähnt das *Manuale Mathematicum* seines Briefpartners Matthias Bernegger[320], in dem erklärt wird, «wie Cubi auß Arithmetischer Progression erwachsen»[321]. Bernegger hatte — sicherlich nicht als erster — festgestellt, daß die Folge der ersten Differenzen der Quadratzahlen n^2, $n = 1, 2, 3, \cdots$, eine arithmetische Folge mit dem Anfangsglied 1 und der Differenz 2 bildet, und daß somit die Folge der Quadratzahlen eine arithmetische Folge zweiter Ordnung ist. Mindestens aus der Sicht von Faulhaber neu war Berneggers weitere Feststellung, daß sich die Kubikzahlen in analoger Weise aus den Gliedern einer arithmetischen Folge aufbauen lassen. Dabei sind die Glieder dieser arithmetischen Folge mit dem Anfangsglied und der Differenz 6 die Glieder der Folge der zweiten Differenzen der Kubikzahlen. Damit ist die Folge der ersten Differenzen der Kubikzahlen wie die Folge der Quadratzahlen eine arithmetische Folge zweiter Ordnung und die Folge der Kubikzahlen eine arithmetische Folge dritter Ordnung. Bernegger veranschaulicht diesen Tatbestand mit der folgenden Tabelle, die in vier Spalten und neun Zeilen nacheinander die Folgen der zweiten Differenzen der Kubikzahlen beginnend mit 6, der ersten Differenzen beginnend mit 1, der Kubikzahlen beginnend mit 1 und der natürlichen Zahlen von 1 bis 9 enthält[322].

Progreß mit 6. auffsteigent	differentien der Cuben	die Cubi	Wurtzel
6	1	1	1
12	7	8	2
18	19	27	3
24	37	64	4
30	61	125	5
36	91	216	6
42	127	343	7
48	169	512	8
54	217	729	9

Bernegger begründet seine Entdeckung und zeigt anschließend, wie man ausgehend vom bekannten Kubus eines n mit Hilfe der zugehörigen Differenzen die nachfolgenden Kuben von $n+1$ usw. berechnen kann[323].

Faulhaber übertrug diese Idee auf höhere Potenzen beginnend mit 4 sowie auf Summen und höhere Summen der Potenzen natürlicher Zahlen. Diese ausdrücklich erwähnte Abhängigkeit von Bernegger macht klar, daß dieser Weg der Bestimmung der Potenzsummen erst nach der Abfassung des *Lustgartens* zur Verfügung stand. Eine der ersten Entdeckungen, die Faulhaber nach seinem Bericht in der *Academia Algebrae* im Anschluß an Bernegger machte, war, daß die r-ten Differenzen der r-ten Potenzen der natürlichen Zahlen alle den Wert $r!$ haben und damit konstant sind. Er erkannte also, daß die r-ten Potenzen Glieder von arithmetischen Folgen r-ter Ordnung sind. Er veranschaulicht das in der *Academia Algebrae* am Beispiel von $r = 4$ und $r = 7$.

Spätestens seit Newton[324] bestimmt man das allgemeine Glied $f(n)$, $n = 0, 1, 2, \cdots$ einer arithmetischen Folge r-ter Ordnung zu

$$f(n) = f(0) + \binom{n}{1}\Delta f(0) + \binom{n}{2}\Delta^2 f(0) + \cdots + \binom{n}{r}\Delta^r f(0),$$

wobei

$$\Delta^t f(s) = \Delta^{t-1} f(s+1) - \Delta^{t-1} f(s)$$

und

$$\Delta f(s) := \Delta^1 f(s) = f(s+1) - f(s)$$

ist.

Faulhaber zeigt in der *Academia Algebrae*, daß er mit äquivalenten Formeln zur Darstellung von Differenzen verschiedener Ordnung aus den Differenzen höherer Ordnung, von Summen und höheren Summen der Glieder arithmetischer Folgen beliebiger Ordnung vertraut war[325]. Statt der vorwärts genommenen Differenzen

$$\Delta^\nu f(0), \ \nu = 1, 2, \cdots, r$$

benutzte er die rückwärts genommenen Differenzen

$$\nabla^\nu f(0) = \Delta^\nu f(-\nu),$$

wobei

$$\nabla^t f(s) = \nabla^{t-1} f(s) - \nabla^{t-1} f(s-1)$$

und

$$\nabla f(s) := \nabla^1 f(s) = f(s) - f(s-1)$$

ist.

Faulhaber gab in einer Tabelle nacheinander die Werte von

$$\sum_{\mu=0}^{n}\sum_{\nu=0}^{\mu}\nu^8, \sum_{\nu=0}^{n}\nu^8, n^8, \nabla n^8, \nabla^2 n^8, \nabla^3 n^8, \nabla^4 n^8, \nabla^5 n^8, \nabla^6 n^8, \nabla^7 n^8,$$

für $n = 1, \cdots, 5$ an und außerdem die Formeln für allgemeines n in Abhängigkeit von den in der Tabelle nicht angegebenen Werten $\nabla^\nu f(0)$, $\nu = 1, 2, \cdots, 8$.

Das Beispiel zeigt, daß Faulhaber mit dem Äquivalent folgender Formeln vertraut war, die man induktiv, ausgehend von den konstanten Differenzen ∇^r, für Faulhaber sicherlich ausreichend, plausibel machen und natürlich auch beweisen kann:

$$\nabla^t f(n) = \nabla^t f(0) + \binom{n}{1}\nabla^{t+1} f(0) + \binom{n+1}{2}\nabla^{t+2} f(0) + \cdots + \binom{n+r-t-1}{r-t}\nabla^r f(0),$$

für $0 \leq t \leq r$ und $n \geq 1$ mit $\nabla^0 f(x) = f(x)$,

$$\sum_{\nu=0}^{n} f(\nu) = \sum_{\nu=0}^{0} f(\nu) + \binom{n}{1} f(0) + \binom{n+1}{2}\nabla f(0) + \binom{n+2}{3}\nabla^2 f(0) + \cdots + \binom{n+r}{r+1}\nabla^r f(0)$$

und

$$\sum_{\mu=0}^{n}\sum_{\nu=0}^{\mu} f(\nu) = \sum_{\mu=0}^{0}\sum_{\nu=0}^{\mu} f(\nu) + \binom{n}{1}\sum_{\nu=0}^{0} f(\nu) + \binom{n+1}{2} f(0) + \cdots + \binom{n+r+1}{r+2}\nabla^r f(0).$$

Eine Ableitung dieser Formeln setzt die Faulhaber bekannten folgenden Beziehungen zwischen Binomialkoeffizienten voraus:

$$\binom{n}{k} + \binom{n}{k+1} = \binom{n+1}{k+1}$$

und

$$\sum_{\nu=1}^{n}\binom{\nu}{k} = \sum_{\nu=k}^{n}\binom{\nu}{k} = \sum_{\nu=k}^{n}\left[\binom{\nu+1}{k+1} - \binom{\nu}{k+1}\right] = \binom{n+1}{k+1}.$$

Daß Faulhaber über diese Formeln bzw. ihr Äquivalent spätestens seit 1614 verfügte, zeigen der von Remmelin 1614 veröffentlichte *Numerus figuratus* und Faulhabers *Newer Arithmetischer Wegweyser* von 1614 bzw. 1617. Die Ableitung der dort angegebenen höheren Summen der Polygonalzahlen setzt solche Kenntnisse voraus[326].

Da für $f(n) = n^r$

$$f(0) = \sum_{\nu=0}^{0} f(\nu) = \sum_{\mu=0}^{0} \sum_{\nu=0}^{\mu} f(\nu) = 0$$

ist, vereinfachen sich die von Faulhaber für den Fall $f(n) = n^8$ angegebenen Formeln. Faulhaber ließ dabei die für die Berechnung seiner Formeln entscheidenden Differenzen $\nabla^\nu f(0)$ in seinem Differenzenschema weg. Er begründete dies einmal etwas pharisäerhaft damit, daß er das vollständige Differenzenschema, ausgedehnt auch auf höhere Summen, aus Platzmangel nicht angeben konnte. Außerdem genüge es für einen «Künstler»,

> wann ihme nur der General Prozeß communiciert wird/ welches ich hiemit getrewlich gethan/ vnnd in meinen getruckten Schrifften/ mit ledigen vnd Cossischen zahlen/ nunmehr den sechsten Modum eröffnet habe.

Diese Zeilen zeigen zwar eine Veränderung im Kommunikationsverhalten gegenüber dem Autor des *Lustgartens*, der sich über die ihm zu Gebote stehenden Methoden vollkommen ausschwieg, machen gleichzeitig deutlich, daß es Faulhaber immer noch bei mehr oder minder klaren Andeutungen beließ, die allerdings dem begabten Interessenten unter Umständen genügten, um Faulhabers Vorgehensweise vollständig zu verstehen. Bei der Neuheit der zur Summierung arithmetischer Reihen angewandten Methoden ist es jedoch sehr zweifelhaft, ob solche Andeutungen z. B. für das mathematische Verständnis eines durchschnittlichen Rechenmeisters ausreichten. Der Hinweis auf den «sechsten Modum» am Ende des Zitats illustriert, worauf es den Rechenmeistern u. a. ankam: auf eine möglichst große Anzahl von Lösungswegen. Hier wird ebenfalls ein Interessenkonflikt deutlich. Während die Vertreter einer neuen Mathematik, allen voran Descartes, das Gemeinsame an den ihnen angebotenen Methoden zu erkennen suchten, um ähnliche Methoden zusammenfassen und wesensgleiche ausscheiden zu können, betonten die Rechenmeister die Verschiedenheit auch bei völlig gleichartigen Methoden, um den von ihnen selbst genährten Erwartungen, über viele Lösungswege zu verfügen, genügen zu können. Damit ist auch ein Wechsel im Verständnis von Fortschritt verbunden: Für die Vertreter der neuen Mathematik war im Gegensatz zu den Rechenmeistern ein Fortschritt nur dann gegeben, wenn die Lösungsmethode nach dem Ausscheiden aller gleichartigen als von den bisherigen deutlich verschieden erschien.

Faulhaber gab im Anschluß an seine Andeutungen, wie man über die Differenzen bis zur Ordnung r der Potenzen von n^r deren Summen und Summen höherer Ordnung bilden kann, ein gutes Beispiel dafür, wie die Haltung der Rechenmeister Fortschritt im neuen Verständnis behinderte.

Faulhaber hatte wegen des konstanten Verhältnisses $a_{s-1} : a_s = -4$ der Koeffizienten in der Darstellung der Potenzsummen für ungerade Exponenten $r = 2s + 1$

$$\sum n^{2s+1} = \left(\sum n\right)^2 \cdot \left[\sum_{i=1}^{s} a_i \left(\sum n\right)^{s-i)}\right]$$

die Werte für die a_s weggelassen. Nun behauptete er einen neuen «General Proceß» gefunden zu haben, indem er die a_i einschließlich a_s in der leicht veränderten Darstellung

$$\sum n^{2s+1} = \left(\sum n\right) \cdot \left[\sum_{i=1}^{s} a_i \left(\sum n\right)^{s+1-i}\right]$$

am Beispiel von $r = 9$ und $r = 11$ angab[327]. Das bedeutet, daß Faulhaber statt auf die Identität der auftretenden Koeffizienten a_i in beiden Darstellungen hinzuweisen, die Gelegenheit wahrnahm, um über die von ihm angegebenen Zähler der auf einen gemeinsamen Nenner gebrachten a_i, die sich bei der zweiten Darstellung verdoppeln, eine Verschiedenheit festzustellen. Es sollte dabei aber nicht vergessen werden, daß Faulhaber über die hier benutzte Summensymbolik, aus der die Gleichheit der verwendeten Koeffizienten unmittelbar ersichtlich ist, noch nicht verfügte. Außerdem war die Kundschaft der Rechenmeister daran gewöhnt, Lösungen bzw. Lösungsmethoden i. A. ohne Beweis oder Begründung in einer algorithmischen Form angeboten zu bekommen. Die Lösungsalgorithmen wurden dann peinlich genau schrittweise abgearbeitet. Vor diesem Hintergrund erklärt sich, warum Faulhaber selbst die beiden uns als völlig gleichartig erscheinenden Lösungsalgorithmen als verschieden betrachten konnte.

7.3.3 Die Faulhaberpolynome für höhere Potenzsummen.

Nach diesem etwas harmloseren Intermezzo ließ Faulhaber in der *Academia Algebrae* wieder seine mathematischen Muskeln spielen: Dem ohnehin schon von den vielen Methoden zur Ermittlung der Potenzsummen fassungslosen Leser verkündete Faulhaber, daß auch die höheren Potenzsummen dem mit diesen Methoden Vertrauten kein Problem bieten. Mit den ihm zu Gebote stehenden Kenntnissen über die Summierung arithmetischer Reihen konnte Faulhaber ohne Weiteres auch höhere Summen bestimmen. Allerdings ist es nicht trivial, aus den erhaltenen Summen die von Faulhaber gewählte Darstellung abzuleiten.

Faulhaber begann seine Demonstration eines Wissens, «welches zwar onglaublich scheinet», mit $r = 4$, also den vierten Potenzen[328]. Als erstes gab er die Doppelsummen der vierten Potenzen als Produkt der Doppelsummen der Quadratzahlen und einer linearen Funktion in

$$\frac{(n+2)n}{2},$$

dann die dritten Summen der vierten Potenzen als Produkt der dritten Summen der Quadratzahlen und einer linearen Funktion in

$$\frac{(n+3)n}{2},$$

die vierten Summen der vierten Potenzen und schließlich die sechsten Summen der vierten Potenzen als Produkt der sechsten Summen der Quadratzahlen und einer linearen Funktion in

$$\frac{(n+6)n}{2}.$$

Den von Faulhaber in cossistischer Schreibweise angegebenen Summen entsprechen die folgenden Formeln:

$$\sum_{\mu=1}^{n}\sum_{\nu=1}^{\mu}\nu^4=\sum_{\mu=1}^{n}\sum_{\nu=1}^{\mu}\nu^2\cdot\left(\frac{4}{5}\cdot\frac{(n+2)n}{2}-\frac{1}{5}\right),$$

$$\sum\sum\sum n^4=\sum\sum\sum n^2\cdot\left(\frac{4}{7}\cdot\frac{(n+3)n}{2}-\frac{1}{7}\right),$$

$$\sum\sum\sum\sum n^4=\sum\sum\sum\sum n^2\cdot\left(\frac{3}{7}\cdot\frac{(n+4)n}{2}-\frac{1}{14}\right) \text{ und}$$

$$\sum\sum\sum\sum\sum\sum n^4=\sum\sum\sum\sum\sum\sum n^2\cdot\left(\frac{4}{15}\cdot\frac{(n+6)n}{2}+\frac{1}{15}\right).$$

Für die höheren Summen der Quadratzahlen gab Faulhaber dabei die entsprechenden Polynome in n an.

Die höheren Summen der Quadratzahlen und der vierten Potenzen konnte Faulhaber über die von ihm gefundenen Summen arithmetischer Reihen höherer Ordnung ohne jede Mühe ermitteln. So ist für die Quadratzahlen

$$\nabla f(0) = -1 \qquad \text{und} \qquad \nabla^2 f(0) = \nabla^2 f(\nu) = 2$$

für alle ν und damit

$$\sum n^2 = \binom{n+1}{2}\cdot(-1) + \binom{n+2}{3}\cdot 2 = \binom{n+1}{3} + \binom{n+2}{3},$$

$$\sum\sum n^2 = \binom{n+2}{3}\cdot(-1) + \binom{n+3}{4}\cdot 2 = \binom{n+2}{4} + \binom{n+3}{4},$$

$$\sum\sum\sum n^2 = \binom{n+3}{4}\cdot(-1) + \binom{n+4}{5}\cdot 2 = \binom{n+3}{5} + \binom{n+4}{5} \text{ usw.}$$

Einer entsprechenden Tabelle für die vierten Potenzen konnte Faulhaber die Differenzen

$$\nabla f(0) = -1, \qquad \nabla^2 f(0) = 14,$$
$$\nabla^3 f(0) = -36 \quad \text{und} \quad \nabla^4 f(0) = \nabla^4 f(\nu) = 24$$

für alle ν entnehmen. Daraus konnte er das Äquivalent von

$$\sum n^4 = \binom{n+1}{2}\cdot(-1) + \binom{n+2}{3}\cdot 14 + \binom{n+3}{4}\cdot(-36) + \binom{n+4}{5}\cdot 24$$
$$= \binom{n+1}{3} + \binom{n+2}{3} + 12\cdot\binom{n+2}{5} + 12\cdot\binom{n+3}{5},$$

$$\sum\sum n^4 = \binom{n+2}{4} + \binom{n+3}{4} + 12\cdot\binom{n+3}{6} + 12\cdot\binom{n+4}{6},$$

$$\sum\sum\sum n^4 = \binom{n+3}{5} + \binom{n+4}{5} + 12\cdot\binom{n+4}{7} + 12\cdot\binom{n+5}{7} \text{ usw.}$$

berechnen. Allerdings ist es nicht ganz selbstverständlich, daß Faulhaber unmittelbar aus diesen oder äquivalenten Darstellungen der höheren Summen der vierten Potenzen deren Teilbarkeit durch die entsprechenden Summen der Quadratzahlen sehen konnte. So müßte man etwa die Doppelsummen der vierten Potenzen in der folgenden Weise umformen, um auf die von Faulhaber angegebene Darstellung zu kommen:

$$\sum\sum n^4 = \binom{n+2}{4} + \binom{n+3}{4} + 12\cdot\binom{n+3}{6} + 12\cdot\binom{n+4}{6}$$
$$= \binom{n+2}{3}\cdot\frac{n+1}{2} + 12\binom{n+3}{5}\cdot\frac{n+1}{3}$$

$$=\binom{n+2}{3}\cdot\frac{n+1}{2}\cdot\left[1+8\cdot\frac{(n+3)(n-1)}{4\cdot 5}\right]$$
$$=\sum\sum n^2\cdot\left(\frac{4}{5}\cdot\frac{(n+2)n}{2}-\frac{1}{5}\right).$$

Es ist daher eher anzunehmen, daß Faulhaber die Darstellung der Doppelsummen als Polynome in

$$\frac{(n+2)n}{2},$$

der dreifachen Summen als Polynome in

$$\frac{(n+3)n}{2}$$

und allgemein der t-fachen Summen als Polynome in

$$\frac{(n+t)n}{2}$$

auf demselben Weg gefunden hat wie die Darstellung der Potenzsummen als Polynome in

$$\frac{(n+1)n}{2},$$

nämlich über die von mir so bezeichnete Weberschiffchenmethode oder aber noch wahrscheinlicher über eine Weiterführung eines der beiden Verfahren zur Ableitung der Faulhaberpolynome für gerade und ungerade Exponenten der Potenzsummen natürlicher Zahlen. Dies soll am Beispiel der Doppelsummen für die geradzahligen Potenzen natürlicher Zahlen illustriert werden: Summiert man über die früher abgeleitete Beziehung zur Bestimmung der Faulhaberpolynome für gerade Exponenten $r = 2s$, so gilt

$$\sum_{\mu=1}^{n}\sum_{\nu=1}^{\mu}\left\{\left[\binom{\nu+s}{2s+1}+\binom{\nu+s+1}{2s+1}\right]-\left[\binom{\nu+s-1}{2s+1}+\binom{\nu+s}{2s+1}\right]\right\}$$
$$=\sum_{\mu=1}^{n}\left[\binom{\mu+s}{2s+1}+\binom{\mu+s+1}{2s+1}\right]=\binom{n+s+1}{2s+2}+\binom{n+s+2}{2s+2}$$
$$=\frac{1}{(2s-1)!}\cdot\frac{1}{s}\cdot\sum_{\mu=1}^{n}\sum_{\nu=1}^{\mu}\left[\nu^{2s}-\nu^{2s-2}\sum_{i=1}^{s-1}i^2\pm\cdots+(-1)^{s-1}n^2\prod_{i=1}^{s-1}i^2\right].$$

Für $s = 1$ erhält man damit

$$\sum\sum n^2=\binom{n+2}{4}+\binom{n+3}{4}=\binom{n+2}{3}\cdot\frac{n+1}{2},$$

woraus sich für $s > 1$ ergibt:

$$\begin{aligned}
&\frac{1}{2s-1)!}\cdot\frac{1}{s}\cdot\sum_{\mu=1}^{n}\sum_{\nu=1}^{\mu}\left[\nu^{2s}-\nu^{2s-2}\sum_{i=1}^{s-1}i^2\pm\cdots+(-1)^{s-1}n^2\prod_{i=1}^{s-1}i^2\right]\\
&\quad=\binom{n+s+1}{2s+2}+\binom{n+s+2}{2s+2}=\binom{n+s+1}{2s+1}\frac{n+1}{s+1}\\
&\quad=\binom{n+2}{3}\frac{n+1}{2}\cdot\frac{4!}{(2s+2)!}\prod_{i=1}^{s-1}(n+s-i+2)(n-s+i)\\
&\quad=\sum\sum n^2\cdot\frac{4!\cdot 2^{s-1}}{(2s+2)!}\prod_{i=1}^{s-1}\frac{n^2+2n-(s-i+2)(s-i)}{2}\\
&\quad=\sum\sum n^2\cdot\frac{4!\cdot 2^{s-1}}{(2s+2)!}\prod_{i=1}^{s-1}\left[\frac{(n+2)n}{2}-\frac{(s-i+2)(s-i)}{2}\right].
\end{aligned}$$

Analog gilt für die t-fachen Summen

$$\begin{aligned}
&\frac{2}{(2s)!}\cdot{}^{t}\!\sum\left[n^{2s}-n^{2s-2}\sum_{i=1}^{s-1}i^2\pm\cdots+(-1)^{s-1}n^2\prod_{i=1}^{s-1}i^2\right]\\
&\quad=\binom{n+s+t-1}{2s+t}+\binom{n+s+t}{2s+t}=\binom{n+s+t-1}{2s+t-1}\frac{2n+t}{2s+t}\\
&\quad=\binom{n+t}{t+1}\frac{2n+t}{2+t}\cdot\frac{(t+2)!}{(2s+t)!}\prod_{i=1}^{s-1}(n+s-i+t)(n-s+i)\\
&\quad={}^{t}\!\sum n^2\cdot\frac{(t+2)!\cdot 2^{s-1}}{(2s+t)!}\prod_{i=1}^{s-1}\frac{n^2+tn-(s-i+t)(s-i)}{2}\\
&\quad={}^{t}\!\sum n^2\cdot\frac{(t+2)!\cdot 2^{s-1}}{(2s+t)!}\prod_{i=1}^{s-1}\left[\frac{(n+t)n}{2}-\frac{(s-i+t)(s-i)}{2}\right],
\end{aligned}$$

woraus sich durch vollständige Induktion die von Faulhaber angegebene Form der Polynome für t-fache Potenzsummen der natürlichen Zahlen für gerade Exponenten nachweisen läßt. Auch hier ist nur der früher angesprochene Kunstgriff einer anderen Anordnung der auftretenden Faktoren verwendet worden.

Mit welchen Faktoren die Polynome in

$$\frac{(n+t)n}{2}$$

für die t-fachen Summen auch für ungerades r multipliziert werden müssen, zeigen die an den Fall $r = 4$ anschließenden Beispiele. Sie beginnen[329] mit den zweiten und dritten Summen für $r = 5$:

$$\sum\sum n^5 = \sum\sum n \cdot \left(\frac{4}{7} \cdot \left(\frac{(n+2)n}{2}\right)^2 - \frac{1}{7} \cdot \frac{(n+2)n}{2} - \frac{1}{14}\right)$$

und

$$\sum\sum\sum n^5 = \sum\sum\sum n \cdot \left(\frac{2}{7} \cdot \left(\frac{(n+3)n}{2}\right)^2 - \frac{1}{7}\right).$$

Es folgen[330] die zweiten, dritten und vierten Summen für $r = 6$, die Doppelsummen für $r = 7$ und $r = 8$. Die Beispiele legen als allgemeines Ergebnis nahe, daß sich die t-fachen Summen ${}^t\sum n^r$ für ungerade r, also $r = 2s + 1$, in der Form

$${}^t\sum n^{2s+1} = {}^t\sum n \cdot \left[\sum_{i=0}^{s} a_i \left(\frac{(n+t)n}{2}\right)^{s-i}\right]$$

und für gerade r, also $r = 2s$, in der Form

$${}^t\sum n^{2s} = {}^t\sum n^2 \cdot \left[\sum_{i=1}^{s} b_i \left(\frac{(n+t)n}{2}\right)^{s-i}\right]$$

darstellen lassen[331].

Das von mir vorgeschlagene Verfahren zur Ableitung der Potenzsummenformeln für ungerade Exponenten eignet sich im Gegensatz zu dem für gerade Exponenten nicht für die Gewinnung der Formeln für höhere Summen bei ungeraden Exponenten. Allerdings konnte Faulhaber das für die höheren Summen bei geraden Exponenten benutzte Verfahren über die in den *Miracula Arithmetica* mit Hilfe der Weberschiffchentechnik gefundene Beziehung

$${}^t\sum n^{r+1} = (n+t) \cdot {}^t\sum n^r - t \cdot {}^{t+1}\sum n^r$$

auf höhere Summen für ungerade Exponenten übertragen. Bildet man

$$(n+t)\cdot\frac{2}{(2s)!}\cdot {}^{t}\sum\left[n^{2s}-n^{2s-2}\sum_{i=1}^{s-1}i^2\pm\cdots+(-1)^{s-1}n^2\prod_{i=1}^{s-1}i^2\right]$$

$$-t\cdot\frac{2}{(2s)!}\cdot {}^{t+1}\sum\left[n^{2s}-n^{2s-2}\sum_{i=1}^{s-1}i^2\pm\cdots+(-1)^{s-1}n^2\prod_{i=1}^{s-1}i^2\right]$$

$$=\frac{2}{(2s)!}\cdot {}^{t}\sum\left[n^{2s+1}-n^{2s-1}\sum_{i=1}^{s-1}i^2\pm\cdots+(-1)^{s-1}n^3\prod_{i=1}^{s-1}i^2\right]$$

$$=(n+t)\cdot\binom{n+s+t-1}{2s+t-1}\frac{2n+t}{2s+t}-t\cdot\binom{n+s+t}{2s+t}\frac{2n+t+1}{2s+t+1}$$

$$=\binom{n+s+t-1}{2s+t-1}\left[(n+t)\cdot\frac{2n+t}{2s+t}-t\cdot\frac{n+s+t}{2s+t}\cdot\frac{2n+t+1}{2s+t+1}\right]$$

$$=\binom{n+s+t-1}{2s+t+1}\left[4\cdot(2s+1)\frac{(n+t)\cdot n}{2}+st\cdot(t-1)\right],$$

so erhält man unter Beachtung, daß

$$\sum n=\binom{n+1}{2} \qquad \text{und}$$

$$ {}^{t}\sum n=\binom{n+t}{t+1} \qquad \text{sowie}$$

$$\binom{n+s+t-1}{2s+t-1}=\binom{n+t}{t+1}\frac{(t+1)!}{(2s+t-1)!}\prod_{i=1}^{s-1}(n+t+s-i)(n-s+i)$$

$$={}^{t}\sum n\cdot\frac{(t+1)!\cdot 2^{s-1}}{(2s+t-1)!}\prod_{i=1}^{s-1}\left[\frac{(n+t)n}{2}-\frac{(s-i+t)(s-i)}{2}\right]$$

für $s>1$ gilt:

$${}^{t}\sum\left[n^{2s+1}-n^{2s-1}\sum_{i=1}^{s-1}i^2\pm\cdots+(-1)^{s-1}n^3\prod_{i=1}^{s-1}i^2\right]$$

$$={}^{t}\sum n\cdot\frac{2^{s-2}}{\binom{2s+t+1}{t+1}}\left[4\cdot(2s+1)\frac{(n+t)\cdot n}{2}+st\cdot(t-1)\right]\prod_{i=1}^{s-1}\left[\frac{(n+t)n}{2}-\frac{(s-i+t)(s-i)}{2}\right]$$

bei $t>1$. Für $s=1$ gilt:

$${}^{t}\sum n^3={}^{t}\sum n\cdot\frac{1}{2\cdot\binom{t+3}{t+1}}\left[12\cdot\frac{(n+t)\cdot n}{2}+t\cdot(t-1)\right].$$

Der Umstand, daß sich Faulhaber bei den höheren Summen für ungerade Exponenten auf die wenigen Beispiele der zweiten und dritten Summen für $r = 5$ oder $s = 2$ und die Doppelsummen für $r = 7$ bzw. $s = 3$ beschränkt, ist ein Indiz, wenn auch kein Beweis, dafür, daß ihm die Bestimmung der höheren Summen für ungerade Exponenten nach obigem Verfahren, das ihm in der hier angegebenen allgemeinen Form noch nicht geläufig war, schwerer fiel.

Die in der *Academia Algebrae* vorgestellten Ergebnisse stellen hinsichtlich ihrer Originalität und auch relativ zum zeitgenössischen Wissensstand den Höhepunkt von Faulhabers mathematischen Schaffen dar. Daß Faulhaber gewohnt war, mit Potenzsummen und höheren Summen für noch weit größere Exponenten umzugehen, deutet eine Wortrechnung in einem Appendix zur *Academia Algebrae* an[332]. Hier gilt es, in einer Wortrechnung fünf Buchstaben aus den vier in den *Miracula Arithmetica* verwendeten Alphabeten zu bestimmen. Für die Rechnung werden Kenntnisse über die Koeffizienten in den Polynomen für ${}^{9}\sum n^8$, $\sum n^{22}$, $\sum n^{23}$, $\sum n^{24}$ und $\sum n^{25}$ vorausgesetzt[333]. Wie weit damit Faulhaber seiner Zeit voraus war, zeigt das Beispiel von Ismael Boulliau, der mehr als ein halbes Jahrhundert nach Veröffentlichung der *Academia Algebrae* über 300 Folioseiten benötigte, um die Potenzsummen bis zum Exponenten sechs zu finden. Er bediente sich dabei sicherlich in Unkenntnis von Faulhaber in der umständlichsten Weise der Faulhaberschen Weberschiffchentechnik, der Spaltenmanipulation in entsprechenden Tabellen, um zu Aussagen wie der folgenden zu kommen[334]:

> Die Summe der Kuben multipliziert mit dem sechsfachen des Verhältnisses der Summe der Quadrate zu den Dreieckszahlen ergibt das Fünffache der vierten Potenzen zusammen mit der Summe der Quadrate; zieht man von diesem Produkt die Summe der Quadrate ab, so erhält man die fünffache Summe der vierten Potenzen.

Allerdings war Faulhabers Darstellung seiner Ergebnisse in der cossistischen Symbolik, die, von wenigen Andeutungen abgesehen, Geheimhaltung der verwendeten Methoden sowie das Fehlen überzeugender Anwendungen verantwortlich dafür, daß diese Leistungen weitgehend unbeachtet blieben.

8 Probleme der Praxis: Vom Proportionalzirkel zu den Logarithmen

Anders als mit den selbst die begabtesten Liebhaber der Mathematik überfordernden Potenzsummenformeln hatte Faulhaber mit seinen kabbalistischen Polygonalzahlspekulationen bei den Zeitgenossen durchaus Wirkung erzielt, wofür nicht zuletzt die durch sie ausgelösten heftigen Auseinandersetzungen sprechen. Faulhaber versuchte aber auch, ohne dabei den emotional stark befrachteten Bereich von Fragen des Glaubens zu berühren, durch das Angebot von Lösungen konkreterer Probleme der Praxis oder von neuen Rechenhilfsmitteln das Interesse seiner Zeitgenossen zu gewinnen. Dazu gehört seine Beschäftigung mit mechanischen Recheninstrumenten wie dem Proportionalzirkel.

8.1 Zeichengeräte, Meß- und Recheninstrumente

Wie schon die Bemühungen Faulhabers um eine Abgrenzung seiner Interessen auf dem Buchmarkt gegenüber Peter Roth von 1609 zeigten, hatte er sich um diese Zeit der mathematischen Praxis, insbesondere dem perspektivischen Zeichnen, dem Vermessungswesen und dem Wehrbau zugewandt. In kurzer Folge brachte er 1610 die in Frankfurt/Main verlegten *Newe Geometrische vnd Perspectiuische Inuentiones*[335] und in Augsburg den *Newerfundener Gebrauch eines Niderländischen Instruments*[336] heraus. In der Widmung der wesentlich umfangreicheren *Newe Geometrische vnd Perspectiuische Inuentiones* an den Junker Wilhelm Schnöd, einem für das Bauwesen und das Zeughaus der Stadt Ulm verantwortlichen Ratsherrn, betont Faulhaber die Unentbehrlichkeit von geometrischen und, von ihm gesondert aufgeführt, perspektivischen Kenntnissen für das Bauwesen einschließlich der Fortifikation sowie für das Richten der Geschütze.

Faulhaber macht seine Erfahrung, daß seine «Polygonalische *Inventiones* ... den kunstreichen Rechnern vnnd Cossisten allein/ vnd gemeinen Leuthen nicht/ tauglich seynd», vor dem Hintergrund des hier angesprochenen Nützlichkeitsaspekts verantwortlich für seine Zuwendung zur mathematischen Praxis. Die Einträglichkeit der Vermittlung von Kenntnissen auf diesem Gebiet hat sicherlich mit zu diesem Wandel oder besser zu dieser Ergänzung seines Unterrichtsangebots geführt. In diesem Sinn verspricht Faulhaber seinen Lesern, die den Gebrauch und die Anwendungsmöglichkeiten von «zur zeit gar geheime vnd verborgene Instrument» lernen wollen, entsprechende Unterweisung[337]. Auch bei den drei in diesem Traktat behandelten Instrumenten, einem scheibenförmigen, vor allem zur Winkelmessung für geodätische und astronomische Zwecke geeignetem Instrument, einem Proportionalzirkel und einem Apparat zum perspektivischen Zeichnen beläßt es Faulhaber bei ziemlich allgemein gehaltenen Andeutungen über die verschiedenen Einsatzmöglichkeiten, die zumindest bei unerfahrenen Lesern das Bedürfnis nach weiteren Informationen geweckt haben dürfte. Den in der Herstellung und im Umgang von solchen Instrumenten schon Gewandteren bot Faulhaber am Ende des Traktats Kupferstiche für das Scheibeninstrument und den Proportionalzirkel, die man nach dem Ausschneiden auf entsprechende Holz- oder Messinginstrumente kleben konnte. Bei den Messingzirkeln diente der aufgeklebte Kupferstich als Vorlage zur Festlegung der verschiedenen Punkte für die einzugravierenden Funktionsleitern, indem man das Papier an den entsprechenden Punkten durchstach und später abzog. Anders als die meisten Verfasser von Gebrauchsanleitungen für den Proportionalzirkel ermunterte Faulhaber seine Leser zur selbständigen Gravierung der Funktionsleitern der üblicherweise aus Messing gefertigten Proportionalzirkel. Er nimmt für sich selbst in Anspruch, das Instrument «in vielen Stücken vermehret vnd gebessert» zu haben. Die von ihm verwendeten Funktionsleitern betreffen neben der für die identische Funktion

$$f(x) = x,$$

die der sogenannten Kubik- und Quadratlinien für die Funktionen

$$f(x) = \sqrt[3]{x}$$

und

$$f(x) = \sqrt{x},$$

die Metallinie für die Radien gleich schwerer Kugeln aus verschiedenen Metallen, die zu

$$f(x) = \frac{1}{x}$$

gehörige Teilungslinie und die für viele trigonometrische Aufgaben nützliche Sehnen- oder Chordenlinie; außerdem ist auf einer Kante eine Funktionsleiter angebracht, die den voll geöffneten Proportionalzirkel zu einer Visierrute macht.

Faulhaber, der seine Informationen über den Proportionalzirkel von Matthias Bernegger, «als er allhier im durchreissen sich bey mir in meiner Behausung angemeldt», erhalten hatte, hielt, wie viele andere Galileo Galilei für den Ersterfinder dieses Instruments[338]. Wie rasch sich Faulhaber über neueste Entwicklungen informierte und seine neuen Kenntnisse wieder veröffentlichte, zeigt der verhältnismäßig geringe Abstand zum Publikationsjahr 1606 von Galileis Beschreibung des Proportionalzirkels[339] und der Umstand, daß Faulhabers Informant, Bernegger, erst 1612, zwei Jahre nach Faulhabers Beschreibung, mit einer lateinischen Übersetzung des Galileischen Traktats herauskam[340].

Faulhabers 1612 erschienener *Newer Mathematischer Kunstspiegel*[341] enthielt auch eine äußerst kurze Beschreibung eines «sechsspitzigen Proportionalzirkels». Es handelt sich dabei offenbar um einen dreischenkligen Reduktionszirkel mit beweglichem Scharnier, dessen Schenkel ähnlich wie bei dem zweischenkligen Reduktionszirkel von Bürgi[342] jeweils an beiden Enden mit Spitzen versehen sind. Dieser Zirkel konnte ohne jede Rechnung zur Übertragung von Plänen im selben oder einen anderen Maßstab verwendet werden. Nur bei einer Änderung des Maßstabs waren für die Übertragung das Scharnier und sämtliche sechs Spitzen sowie eine Funktionsleiter für die Teilung bzw. Vervielfachung von Strecken erforderlich. Die Idee für dieses in der Herstellung vor allem des Scharniers und der Spitzen sehr aufwendigen Zirkels war Faulhaber von dem Junker Wilhelm Schnöd mitgeteilt worden. Der Name von Schnöd wurde allerdings nur den Lesern des *Kunstspiegels* bekannt, die eine ziemlich langwierige, wenn auch nicht besonders schwierige Wortrechnung zu lösen vermochten.

In den Schnöd gewidmeten *Newe Geometrische vnd Perspectiuische Inuentiones* von 1610 hatte Faulhaber bereits berichtet, daß Schnöd ihm unter anderem «vorberürte Newerfundene

Zirckel/ *Sphaeram Coelestem* vnnd *Terrestrem* von Messing artlich zubereitet».

Offenbar hat sich Faulhaber auch in der Folgezeit der Entwicklung von Instrumenten der mathematischen Praxis, insbesondere dem im deutschsprachigen Bereich sehr schnell verbreiteten Proportionalzirkel gewidmet. Von 1617 ist das Titelblatt der Beschreibung eines speziell für die Zwecke der Fortifikation eingerichteten Proportionalzirkels erhalten[343]. 1619 schreibt Faulhaber[344], daß diese Beschreibung ebenso wie zwei andere für geodätische Zwecke[345] im Druck seien, «aber nicht vollkommen herausser kommen/ weiln es seine sonderbahre Vrsachen gehabt hat.» Seine Grundhaltung, ihm wichtig und neu erscheinende Kenntnisse nur gegen Bezahlung im Rahmen persönlicher mündlicher Unterweisung weiterzugeben, macht wahrscheinlich, daß Faulhaber damals noch nicht an eine Veröffentlichung dieser drei Beschreibungen gedacht, sondern die drei Titelblätter als werbewirksame Einblattdrucke unters Volk zu bringen versucht hat. Immerhin «tractiert» das zehnte Kapitel im zweiten Teil der *Ingenieurs-Schul*[346]

> meine newe *Invention* vom *Proportional*-Zirckel/ vnd einem *Proportionierten Triangel*, alle *Regularfiguren* ohne *calculation* zuwegen zubringen/ sampt noch einem newerfundnen *Instrument* zu allen *Regular Figuren* in der *Fortification.*

8.2 Ein Zinsproblem

Daß in den unruhigen Zeiten am Vorabend des 30jährigen Krieges kriegstechnische Probleme einen wichtigen Platz in der mathematischen Praxis beanspruchten, scheint naheliegend. Die Unsicherheit der Zeitläufte äußerte sich auch in dem Bestreben, die in mittel- und langfristigen Verträgen vereinbarten finanziellen Leistungen abzusichern. Zu den naheliegenden Lösungen bei Problemen solcher Art gehörte der Vorschlag, eine periodisch zu entrichtende Zahlung wie bei Pacht- und Mietverträgen durch einen zu Beginn des Vertragsverhältnisses zu erlegenden einmaligen Betrag zu ersetzen. Bei der Bemessung der einmaligen Zahlung mußte zumindest die Verzinsung des früher eingesetzten Kapitals berücksichtigt werden. Diesem Problem widmete sich Faulhaber.

Früh im Jahr 1618 veröffentlichte er eine Arbeit über die Berechnung des Barwerts bei einfacher Verzinsung einer auf zehn Jahre vereinbarten Pacht für ein Grundstück, wobei die erste der 20 halbjährlich zu entrichtenden und jeweils gleich hohen Pachtraten erst nach 18 Monaten und die letzte nach 11 Jahren bzw. 22 Halbjahren bezahlt wird[347]. Den Barwert ermittelte Faulhaber als die Summe der 20 Einzelbeträge, die jeweils für sich genommen unter Berücksichtigung einer einfachen Verzinsung jeweils zum Fälligkeitstag die Höhe des vereinbarten Pachtzinses erreichen.

So ist der Barbetrag b_ν für die nach $2+\nu$, $\nu = 1, \ldots, 20$ Halbjahren zu bezahlende Pachtrate r bei einem Zinsfuß i unter diesen Voraussetzungen wegen

$$b_\nu \cdot \left(1 + i \cdot \frac{2+\nu}{2}\right) = r \text{ gleich } b_\nu = \frac{r}{1 + i \cdot \frac{2+\nu}{2}} = \frac{2r}{2 + 2i + \nu i}.$$

Für den Barwert B der gesammten Pacht zu Beginn des Pachtverhältnisses ergibt sich damit

$$B = \sum_{\nu=1}^{20} b_\nu = \sum_{\nu=1}^{20} \frac{2r}{2 + 2i + \nu i}.$$

Faulhaber zeigte indirekt, daß die Berücksichtigung einer möglichen Verzinsung der b_ν über den Fälligkeitstag der zugehörigen Pachtrate r hinaus bis zur Fälligkeit der letzten Pachtrate zum selben Ergebnis führen würde, weil der Barwert von b_ν nach 22 Halbjahren genauso groß ist wie der des zugehörigen r nach $22-\nu$ Halbjahren.

Faulhaber hatte das Problem mit $r = 1572,5$ Dukaten und einem Zinsfuß i von 10% oder 0,1 so eingerichtet, daß er für B den Betrag von 10 000 Dukaten erhielt. Er rechtfertigte seine Vorgehensweise und damit den von ihm bestimmten Wert von B durch eine Reihe sehr umständlicher und zudem redundanter Proben. Für seine Zeitgenossen bedeuteten diese Proben, daß Faulhaber eine Reihe verschiedener Möglichkeiten zur Überprüfung der Richtigkeit seiner Rechnung zur Verfügung standen. Außerdem zeigte Faulhaber an einem Beispiel, daß eine Berechnungsform, die zu einem kleineren Barwert B führt, in versteckter Form eine verbotene Zinseszinsnahme enthält.

Daß Faulhaber mit diesem Traktat von 26 Seiten nicht gerade Neuland betreten hat, machte er selbst durch eine Reihe von

Verweisen auf Vorgänger deutlich. Anders als bei den Polygonalzahlen und den Potenzsummen, wo Faulhaber eigenständige Leistungen aufzuweisen hat, konnte er hier seine Belesenheit ins Spiel bringen und seinen Lesern suggerieren, daß seine Darstellung die Quintessenz des damaligen Wissensstandes bot. Darüberhinaus stellt die von Faulhaber in diesem Traktat angegebene Liste von Autoren mit gelegentlichen Hinweisen auf deren Werk eine wichtige Quelle zur Rekonstruktion seiner offenbar gut bestückten Rechenmeister-Bibliothek dar. Diese Liste weist viele Gemeinsamkeiten mit einer in seinem *Newer Arithmetischer Wegweyser* veröffentlichten reinen Namensliste auf[348]. An erster Stelle erwähnte er das große und das kleine Rechenbuch des Simon Jacob[349]. Nach Simon Jacob galten Faulhaber als ältere Autoritäten in Zinsfragen die Rechenmeister Johann Weber aus Erfurt[350], Wilhelm Schey aus Solothurn[351] und Mauritius Zonsen[352] aus Köln. Außerdem fühlte sich Faulhaber mit den folgenden Autoren hinsichtlich der Lösung seines Zinsproblems in Übereinstimmung, von denen einige wie Peter Apian[353], Christoff Rudolff (Rudolph), Michael Stifel (Stiefel)[354] oder Johann Jung (Junge) schon lange das Zeitliche gesegnet hatten, während er mit anderen wie Anton Neudörfer (Newdörffer, Anthonius)[355], Sebastian Kurz (Curtius)[356], Anton Schultz (Schultze)[357], Augustin Wildsau[358] (Wildtsaw) oder Peter Roth[359] persönliche Kontakte unterhielt oder unterhalten hatte. Den Reigen dieser Autoren ergänzen zwei Niederländer, nämlich Simon Stevin[360] und Nicolaus Petri[361] sowie eine Reihe weniger bekannter Rechenmeister, die sich ebenfalls mit Zinsproblemen beschäftigt hatten. Die Angaben Faulhabers zu dieser letzten Gruppe lauten[362]:

> Herr Passchier Goessens[363] Rechenmeister zu Hamburg/ in seiner Regel von Interesse etc. Herr Esaias Weeber Rechenmeister zu Sanct Gallen/ von Zinß vnd Zinßzinß Exempeln etc. Herr Detmar Beckmann Rechenmeister zu Dortmundt etc. folio 123. Herr Johann Jacob Roth/ Rechenmeister vnd geschworner Kayserlicher Notarius etc. zu Basel/ Inn seiner Zinß vnd Wucher Rechnung. Herr Rudolph Katten[364] Rechenmeister zu Ossenbrugg/ von Interesse oder Gelt auff Rente etc. Herr Oßwaldt Vlmann vnd Herr Caspar Thierfelder[365]/ beede Rechenmeister zu Freyberg/ in Regula Lucri, etc. vnnd vil andere berühmte Rechenmeister mehr etc.

8.3 Die *Ingenieurs-Schul*, ein Kompendium der mathematischen Praxis

Faulhaber hat später in seiner *Ingenieurs-Schul*, seinem umfangreichsten Werk zur mathematischen Praxis, noch detaillierter auf seine Vorlagen verwiesen. Das Titelblatt dieses Spätwerks von Faulhaber zeugt von einem zweifachen Wandel. Durch den Krieg und seinen persönlichen sozialen Aufstieg bedingt, der auch aus dem seit den 20er Jahren gebrauchten Zusatz «Ingenieurn vnd Burgern in Vlm» sichtbar wird, suchte Faulhaber verstärkt einen Leserkreis anzusprechen, der an einem praktischen Einsatz der vermittelten mathematischen Methoden vor allem im Vermessungswesen und im Wehrbau interessiert war. Das spiegelt sich auch in der Widmung, die zehn hochgestellten Persönlichkeiten gilt, darunter auch einigen «Kriegs-Obristen» und «Capitainen». Außerdem wird eine Tendenz spürbar, ein Kompendium der einschlägigen Literatur bis zu den neuesten Erscheinungen zu schaffen, das mit seinem enzyklopädischem Anspruch schon auf die großen Kompendien der Mathematik des 18. Jahrhunderts hinwies. 1630 erschien in Frankfurt/Main der erste und wichtigste Teil der *Ingenieurs-Schul*, der das neue Rechenhilfsmittel der Logarithmen, angewandt auf die Trigonometrie, zum ersten Mal in deutscher Sprache behandelte. Das neue Programm machte Faulhaber bereits auf dem Titelblatt sichtbar:

Ingenieurs-Schul/ Erster Theyl: Darinnen durch den Canonem Logarithmicvm *alle Planische Triangel zur* fortification, *oder* Architectura Militari, Optica, Geodaesia, Geometria, *etc. gar leichtlich und behänd zu* solviren, *gelährt wird/ darneben die* Doctrina Triangulorum Sphaericorum *zur* Geographia, Gnomonica Astronomia *gehörig auch zu sehen. Auß Adriano Vlacq*[366] */ Henrico Briggio*[367] */ Nepero*[368] */ Pitisco*[369] */ Berneckhero*[370] *vnd andern hochberümbten* Authorn gezogen/ *vnd als den besten Safft vnd Kern in ein kurtz* Compendium *gebracht.*

Der erste Teil der *Ingenieurs-Schul* besteht aus einer Reihe von Regeln für das Rechnen mit Logarithmen und mit den Logarithmen der trigonometrischen Funktionen sowie einer Vielzahl von Anwendungsbeispielen, die Faulhaber zum größten Teil anderen, von ihm zitierten Autoren entnommen hatte, die aber ihrerseits noch nicht mit Logarithmen rechneten. Der erste Teil enthält außer einer von Vlacq angegebenen Tafel und der dazugehörigen Regel[371] zur Berechnung von $\log(a+r)$, a natürlich und $0 < r < 1$, aus dem gegebenem $\log a$ von einer Andeutung abgesehen[372] keine Hinweise auf die Bestimmung der Logarithmen. Die auf Briggs zurückgehende Regel von Vlacq spielte allerdings bei der Berechnung der Logarithmen der von Pitiscus angegebenen Werte der trigonometrischen Funktionen eine große Rolle. Über die vor allem von Briggs entwickelten Methoden zur Berechnung der dekadischen Logarithmen natürlicher Zahlen[373] wurde der Leser informiert in einem nachfolgenden

APPENDIX Oder Anhang ... Darinnen das gantze Fundament vnd rechte grund der Logarithmorum, *darauß sie entspringen vnd gemacht werden/ kürtzlich angedeutet vnd erleutert wird.*

1631 ließ Faulhaber diesem theoretischen Teil zwei in Augsburg gedruckte Tafelwerke folgen:

Canon Triangulorum Logarithmicus, *Das ist: Künstliche Logarithmische Tafeln der* Sinuum, Tangentium, *vnd* Secantium, *Nach Adriani Vlacqs Calculation Rechnung vnd Manier gestelt* sowie

Zehntausent, LOGARITHMI, *Der Absolut oder ledigen Zahlen/ von 1. biß auff 10 000. Nach Herrn Johannis Neperi Baronis Merchstenii Arth vnd* inuention, *welche Heinricus Briggius illustriert/ vnd Adrianus Vlacq* augiert, *gerichtet.*

In der ersten Tafel finden sich die Logarithmen von $\sin\alpha$, $\sin(90° - \alpha)$, $\operatorname{tg}\alpha$, $\operatorname{tg}(90° - \alpha)$, $\sec\alpha$ und $\sec(90° - \alpha)$ für Winkel α von 0° bis 45° jeweils um eine Minute fortschreitend, während die zweite Tafel die dekadischen Logarithmen der natürlichen Zahlen von 1 bis 10 000 enthält.

Unter den Autoren, denen Faulhaber seine Beispiele entnahm, erscheinen einige besonders interessant, weil sie sicherlich nicht der Gruppe der Rechenmeister und Praktiker der Mathematik angehören. Zu ihnen zählt François Viète, dessen von ihm als *Algebra Nova* bezeichnetem Werk Faulhaber ein Beispiel für das Quadratwurzelziehen entnahm[374], oder Otto Wesselow, der in der von ihm herausgegebenen lateinischen Übersetzung der Arithmetik von Franz Brasser[375] bis zu biquadratischen Wurzeln gegangen war. Neben den schon auf dem Titelblatt der *Ingenieurs-Schul* erwähnten Autoren, wurden als Herausgeber trigonometrischer Tafelwerke der Altdorfer Professor für Mathematik Daniel Schwenter[376] und der in Giessen tätige Jakob Müller (Jacobus Mullerus)[377] erwähnt. Hinzu kamen noch die beiden Niederländer

Simon Stevin[378] und Nicolaus Petri[379]. In den Anwendungen der Logarithmen auf das trigonometrische Rechnen folgte Faulhaber weitgehend den Beispielen von Bernegger in dessen *Manuale Mathematicum*, wobei er auch hier gelegentlich auf in anderen Autoren gefundene Lösungswege verwies. So kam hier die Geometrie des Züricher Ingenieurs Johann Ardüser oder die Arithmetik eines Johann Lantz zu ihrem Recht[380]. Bei Fragen des Festungsbaus bemerkte Faulhaber, daß,

> obwohl *Samuel Marolo* Niderländischer *Ingenieurn* in seiner *Fortification*[381] sehr viele schöne Exempel hat, welche Er nach der gemeinen Weiß der *Tabularum Sinuum, tangentium* vnd *secantium* lehrt außrechnen,

die Anwendung der Logarithmen die Lösung noch vereinfacht[382]. Für Aufgaben aus der Perspektive griff Faulhaber auf den Nürnberger Ingenieur und Hauptmann Andreas Albrecht zurück[383].

Faulhaber benutzte den ersten Teil der *Ingenieurs-Schul* auch, um vielen seiner Freunde ein Denkmal zu setzen; der nicht sehr zwingende Hinweis auf seinen Briefpartner Sebastian Kurz im Zusammenhang mit der Heronischen Formel ist eines von vielen Beispielen[384].

Faulhabers ausführliche Verweise auf die von ihm benutzte Literatur können als Ausdruck eines sich anbahnenden Verständnisses von geistigem Eigentum gedeutet werden; sie sind aber auch Ausweis für ein gewandeltes Selbstverständnis des der Tradition der Rechenmeister verpflichteten professionellen Mathematikers, der sich möglichst rasch über alle Neuerscheinungen auf dem «mathematischen» Markt informieren und diese in seinen Publikationen berücksichtigen muß.

Der 1633 in Ulm zusammen mit dem dritten und vierten erschienene zweite Teil der *Ingenieurs-Schul* behandelt die sogenannte reguläre Fortifikation, bei der die äußersten Punkte der Bastionen die Eckpunkte eines regulären Polygons bilden. Dabei berücksichtigte Faulhaber in seiner Darstellung auch die zur Distanzierung des Angreifers und seiner Geschütze erdachte Gestaltung des Geländes außerhalb des geschlossenen Walls mit den Bastionen einschließlich verschiedener Formen von Vorwerken. Im 13. Kapitel des zweiten Teils beschäftigte sich Faulhaber unter dem Titel «Von einer wunderbahrlichen *Fortressen*» mit dem schon im ersten Teil behandelten Problem der Konstruktion eines einem Kreis einbeschriebenen nicht regulären Siebenecks, dessen

Seiten sich der Reihe nach wie die folgenden biblischen Zahlen verhalten[385]:

$$2300 : 1600 : 1290 : 1000 : 666 : 1260 : 1335.$$

Faulhaber demonstriert damit ein Praxisverständnis, das schon von vielen seiner Zeitgenossen nicht mehr geteilt wurde. Immerhin paßt dieses der Festungsbauwirklichkeit der Zeit ziemlich entrückte Beispiel besser in den zweiten als in den dritten Teil der *Ingenieurs-Schul*, der den Leser über die den Gegebenheiten einer natürlich gewachsenen Stadt und eines im Allgemeinen nicht ebenen Geländes angepaßten irregulären Fortifikation informierte[386]. Auch hier nutzte Faulhaber die Gelegenheit, in zwei Kapiteln «etliche *Geometri*sche *Instrumenten* zum abmessen/ grundlegen vnd ausstecken» sowie «Vnterschidliche newe *Inventiones* vnd *Instrumenta* zur *Fortification* gehörig ... Wie auch *Instrumenta* zur *Perspectiv*» vorzustellen[387].

Im vierten und letzten Teil der *Ingenieurs-Schul* fügte sich Faulhaber mit seinen durch viele Abbildungen illustrierten Vorschlägen zur Belagerung und Verteidigung befestigter Orte durchaus ein in eine bis ins 18. Jahrhundert lebendige Tradition von technischen Werken mit Titeln wie *Theatrum machinarum*, deren Entwürfe oft eher am Wünschenswerten als am in der Wirklichkeit Erprobten orientiert waren. Trotz des auch bei Faulhaber gelegentlich auffallenden utopischen Charakters seiner Vorschläge spricht die durch seine Tätigkeit als Festungsbaumeister an verschiedenen Orten gewonnene Erfahrung für eine größere Praxistauglichkeit zumindest eines Teils seiner Entwürfe.

9 Faulhaber als Repräsentant der Mathematik der Rechenmeister im Spiegel der Begegnungsgeschichte mit Descartes

Johannes Faulhaber war sicherlich nicht nur einer der vielseitigsten und am besten informierten Rechenmeister seiner Zeit, sondern auch einer der ganz wenigen, die auf eigenständige mathematische Leistungen von Bestand Anspruch erheben konnten. Dennoch kann man davon ausgehen, daß ein Großteil seines Wissens entweder bereits Allgemeingut der Rechenmeister seiner Zeit war oder es zumindest aufgrund des vom Markt bestimmten Kommunikationsverhaltens der Rechenmeister rasch wurde. So zeigt Faulhabers Verhältnis zu anderen Rechenmeistern seiner Zeit, daß seine mathematischen Fähigkeiten und Kenntnisse gelegentlich gerade dort, wo er sich besonders viel darauf zugute hielt, von Berufskollegen erreicht oder wie im Fall von Peter Roth auch übertroffen wurden. Eine solche Feststellung bedeutet keineswegs den Versuch, die tatsächlichen Verdienste von Faulhaber zu mindern; vielmehr kann man daraus ableiten, daß Faulhaber unabhängig von seinem Engagement für die Deutung der biblischen Zahlen, das von den meisten seiner Berufskollegen nicht geteilt wurde, in seinen überdurchschnittlich vielen Veröffentlichungen nicht nur seinen eigenen, sondern den Wissensstand seiner Berufsgruppe repräsentierte.

Wenn Faulhaber in diesem Sinn als ein typischer Vertreter seines Berufsstands gelten kann, dann vermag die Wirkungsgeschichte seines Werks Hinweise auf die Ursachen für den Niedergang der Wirksamkeit des von den Rechenmeistern erarbeiteten, erweiterten oder auch nur tradierten mathematischen Wissens zu geben.

Die Wirkungsgeschichte von Faulhaber spiegelt sich in einer Geschichte. Sie berichtet von der Begegnung Faulhabers mit einem Mann, der einem ganz anderen sozialen Milieu angehörte und der wesentlich zur Entstehung einer von der der Rechenmeister verschiedenen Mathematik beigetragen hat.

Ein Vergleich zwischen den beiden an der fraglichen Begegnung beteiligten Personen, Johannes Faulhaber und René Descartes, fällt üblicherweise zugunsten des Franzosen aus, obwohl dieser damals als ein die Wirren der Zeit zu intellektuellen wie militärischen Erfahrungen nutzender junger Mann noch nichts Aufsehenerregendes vorzuweisen hatte, und obwohl Faulhaber nicht nur aufgrund seiner Spekulationen über die Bedeutung der Zahlen in den Schriften der Apokalypse schon für einiges Aufsehen gesorgt hatte. Schon für das 17. Jahrhundert und erst recht für das 18. Jahrhundert, in dem der Name Faulhabers längst vergessen war, zählte nur der Aufstieg des im Winter 1619/20 23 Jahre jungen Franzosen zu einer der wichtigsten Persönlichkeiten in der Entwicklung von Philosophie und Naturphilosophie, dessen Versuch einer rationalen Welterklärung die Frühaufklärung einleitete. Hinzu kam, daß Descartes in seiner von ihrer Wirkung her vielleicht wichtigsten Schrift[388], dem 1637 mit drei Anhängen veröffentlichten *Discours de la méthode*, mehrfach gerade auf den in Deutschland verbrachten Winter 1619/20 als eine für seine persönliche Entwicklung entscheidende Zeit verwiesen hatte. So berichtet dort Descartes zu Beginn des zweiten Kapitels, daß er nach der im September 1619 erfolgten Kaiserkrönung Ferdinands II. in Frankfurt zum Heer der katholischen Liga zurückkehrte und ihn dann der heranrückende Winter in einem nicht näher bezeichneten Quartier festhielt, «wo ich niemanden hatte, mit dem ich mich angenehm unterhalten konnte, und da ich glücklicherweise auch frei von aufregenden Sorgen und Leidenschaften war, so schloß ich mich den ganzen Tag allein im warmen Zimmer ein und hatte nun volle Muße, meinen Gedanken Gehör zu geben.» Offenbar regte die Butzenscheibenatmosphäre dieses geheizten Zimmers Descartes nicht nur zu Gedanken bei Tag, sondern auch zu Träumen bei Nacht an. Zumindest berichtet Descartes' wichtigster Biograph im 17. Jahrhundert, Adrien Baillet[389], von drei Träumen Descartes aus diesem Winter, deren Deutung aus einem um Erkenntnis ringenden jungen Mann einen Führer auf dem Weg zu neuer Erkenntnis machte. Diese von Descartes selbst gestützten Hinweise hat die Neugier nachfolgender Generationen, etwa auch des großen Leibniz, gereizt.

9.1 Daniel Lipstorp als Urheber der Begegnungsgeschichte

Daniel Lipstorp, der schon drei Jahre nach Descartes' Tod seine *Specimina Philosophiae Cartesianae*, Proben der Cartesischen Philosophie, zusammen mit einem Abriß des Lebens von Descartes in Leiden veröffentlicht hatte, ergänzte die von Descartes im *Discours de la méthode* so dürr beschriebenen Ereignisse in seinem Quartier für den Winter von 1619/20 mit einer Begegnung von Faulhaber und Descartes in Ulm.

Allerdings geht bei Lipstorp der Aufenthalt in Ulm der Phase des ungestörten Nachdenkens in einem geheizten Zimmer an einem anderen nicht genannten Ort voraus. Baillet hingegen entschied sich für die umgekehrte Reihenfolge: zuerst nachdenken und dann Faulhaber besuchen. In einer späteren Kurzfassung der Lebensbeschreibung von Descartes[390] kennzeichnete Baillet Neuburg an der Donau[391], das Winterquartier der Truppen des bayerischen Herzogs Maximilian I., als den Ort der für den jungen Franzosen so förderlichen Träume; erst im Juni 1620 soll Descartes anläßlich einer Versammlung der französischen Botschafter nach Ulm gekommen sein, wo er Faulhaber traf und den ganzen Sommer verbrachte[392]. Worauf auch immer Baillet diese Angaben stützte, Descartes müßte nach dem folgenden schon im Winter 1619/20 nach Ulm gekommen sein, was natürlich einen weiteren sommerlichen Aufenthalt in der Donaustadt nicht ausschließt.

Wenn man Descartes' eigene Altersangabe von 23 Jahren für die besinnliche Phase ernst nimmt, muß diese vor dem 31. März 1620 abgeschlossen gewesen sein, an dem sein Anspruch auf diese Altersangabe erlosch. Es ist daher und aus einem später noch zu erörterndem Grund, abweichend von den sich in diesem Punkt ohnehin widersprechenden Lipstorp und Baillet, nicht unmöglich, daß Descartes die für sein einsames Nachdenken so förderliche geheizte Stube gerade in Ulm fand.

Der Bericht von Lipstorp über diese Begegnung war offenbar die Grundlage für alle nachfolgenden Darstellungen. Das bestätigt nicht nur Baillet, der sich bei der Schilderung der Begegnung zwischen Faulhaber und Descartes auf Lipstorp stützte[393], sondern auch Leibniz, der sich in den 70er Jahren des 17. Jahrhunderts in Paris aufgehalten und sich dort 1676 Notizen über den Inhalt des Nachlasses von Descartes gemacht hatte. Leibniz stellte in späteren Aufzeichnungen über Leben und Werk von Descartes fest, daß Descartes nach Lipstorps Bericht in Deutschland mit Faulhaber zusammengetroffen war[394]. Die Formulierung von Leibniz in den mutmaßlich um 1695 entstandenen späteren Aufzeichnungen legt in Übereinstimmung mit seinen früheren, aus der Pariser Zeit stammenden Notizen aus dem Nachlaß von Descartes nahe, daß die Leibniz zugänglichen Papiere Descartes' nichts über eine Begegnung mit Faulhaber enthielten.

Leibniz' einziger Gewährsmann für Descartes' Begegnung mit Faulhaber, Lipstorp, war, wie schon ein kurzer Blick auf seine Biographie zeigt, ein ungewöhnlich zielstrebiger und auch erfolgreicher Mann. Der 1631 geborene Lipstorp hatte in Rostock und Leiden Theologie und Jurisprudenz studiert, war 1653 im Editionsjahr der *Specimina* Hofmathematicus in Weimar und Erzieher der beiden herzoglichen Prinzen geworden, promovierte 1656 in Leiden, um von 1662 bis 1672 den Lehrstuhl für öffentliches Recht in Uppsala wahrzunehmen und von 1672 bis 1675 in den Haag als advocatus curiae hollandicae zu wirken.

Lipstorp hatte nach Auskunft von Baillet, dem wichtigsten Biographen von Descartes im 17. Jahrhundert, während seiner Studienzeit in Leiden Kontakte zu Frans van Schooten. Van Schooten hatte die mathematischen Werke von Viète und Descartes[395] herausgegeben und sorgte darüberhinaus vor allem über die von ihm und seinen Schülern verfaßtenen Kommentare und Anhänge zur lateinischen Ausgabe der *Géométrie* für deren Verbreitung als Bibel einer neuen Mathematik.

Nach Baillet hatte Lipstorp in den Niederlanden auch einen Arzt namens de Raey kennengelernt und war über einen von dessen Schülern in den Besitz einiger Descartes betreffender Manuskripte von de Raey gelangt. Diese soll Lipstorp ohne Zustimmung und ohne Nennung von de Raey bei der Abfassung seiner *Specimina* verwendet haben. Unabhängig von jeder ethischen Bewertung des Vorgehens von Lipstorp spricht Baillets Vorwurf nicht unbedingt gegen die Verläßlichkeit der Lipstorpschen Version des Lebens von Descartes. Die auch heute noch überprüfbaren Aussagen Lipstorps etwa über Faulhaber und den mit Faulhaber konkurrierenden Nürnberger Rechenmeister Peter Roth machen freilich deutlich, daß Baillets weiterer Vorwurf einer teilweise groben Nachlässigkeit Lipstorps gegenüber Daten der berichteten

Ereignisse ernst zu nehmen ist. Lipstorp hat die *Specimina* ganz offensichtlich sehr rasch niedergeschrieben und dabei gründliche Recherchen, übrigens ganz im Stil der Zeit, zumindest gelegentlich durch eigene Vorstellungen und Kombinationen ersetzt. Es bedeutet daher keine ungerechtfertigte Voreingenommenheit gegenüber Lipstorp, wenn man seine Aussagen auf ihre Zuverlässigkeit überprüft.

9.2 Die Glaubwürdigkeit von Lipstorps Darstellung der Begegnung

Über die Ereignisse des hier interessierenden Winters berichtet Lipstorp, daß der junge Descartes den zu dieser Zeit bereits als Mathematiker berühmten Faulhaber während seines Aufenthalts in Ulm aufsuchte und von diesem gut aufgenommen wurde. Bei dem ersten Besuch soll sich Faulhaber, der sofort Descartes' mathematische Neigungen erkannt hatte, nach der Bereitschaft seines Besuchers erkundigt haben, einige Probleme zu lösen. Da sich Descartes, ohne zu zögern, die Lösung jedes beliebigen mathematischen Problems zutraute, hielt ihn Faulhaber zunächst für einen dem *miles gloriosus* vergleichbaren Aufschneider. Als sich aber Descartes allen von Faulhaber gestellten, immer schwieriger werdenden Aufgaben gewachsen zeigte, soll ihn Faulhaber gebeten haben, öfter mit ihm zusammenzukommen. Da auch die Aufgaben des *Lustgartens* für Descartes' allgemeine und von Faulhaber als überlegen zugestandene Methoden keine Schwierigkeiten darstellten, ging Faulhaber zu den im dritten Teil der *Arithmetica Philosophica* gestellten Aufgaben von Peter Roth über. Lipstorp, der den Titel des *Lustgartens* ziemlich verunstaltet und den von Peter Roths Buch überhaupt nicht angegeben hatte, wußte darüber folgendes zu berichten[396]:

> Nach ⟨Descartes'⟩ sofortiger Annahme dieser Einladung, prüfte er ⟨Faulhaber⟩ ihn weiter, indem er neue algebraische Aufgaben aus einem Büchlein heranholte, das er kurz zuvor unter dem Titel *Cubich Cossiger Lustgarten von allerhandt schönen Algebraisten exempeln* veröffentlicht hatte. Wie es bei den deutschen Mathematikern und Rechenmeistern üblich ist, enthielt dieses Buch aber ohne die Untersuchung von deren Lösungen nur die bloßen Aufgaben, mit denen sie ihre Fähigkeiten erproben. Unser Descartes löste alles, was ihm

> unter die Hände kam, in kurzer Zeit und fügte darüberhinaus allgemeine Regeln und Sätze hinzu, die zur Lösung dieser oder anderer Aufgaben dieser Art geeignet sind. Ein solches Verhalten erschien Johannes Faulhaber völlig neu und ungewöhnlich; es veranlaßte ihn zu einem offenen Eingeständnis seiner Unkenntnis in vielen Dingen und erregte seine sehr tiefe Zuneigung zu unserem René. Dazu kommt noch, daß zu dieser Zeit Herr Peter Roten, ein Nürnberger Mathematiker, die in dem schon zitierten Büchlein vorgelegten Aufgaben vollständig gelöst und die Lösungen mit einem Anhang einiger besonderer neuer Aufgaben veröffentlicht hatte. Da er ⟨Roth⟩, dem allgemeinen Verhalten der Rechenmeister entsprechend, deren Lösung von Johannes Faulhaber gefordert hatte, kam es, daß er ⟨Faulhaber⟩ selbst an deren Lösung interessiert war. Da sie aber beträchtliche Schwierigkeiten enthielten, erschien es ihm günstig, Descartes an der Lösung dieser Aufgaben teilhaben zu lassen, um sich damit glücklich dieser so mühseligen Arbeit zu entledigen. Ein Bericht über die Geschicklichkeit, mit der unser Descartes diese Aufgabe meisterte, gehört nicht hierher, zumal sich Faulhaber dessen selbst am besten bewußt ist. Wunderbar nämlich und gänzlich ungewöhnlich war die Gelehrsamkeit, die unser Descartes, ein junger Mann von unübertrefflicher Begabung, in so frühem Alter bereits zeigte, der schon die allgemeine Methode, alle körperlichen Probleme durch Reduktion auf eine Gleichung der Dimension drei oder vier mit Hilfe einer einzigen Parabel zu konstruieren, gefunden hatte, wie er später im Buch III der Géométrie Seite 95 folgende gezeigt hat.

Die Briefe Faulhabers an Kurz enthalten keinen Hinweis darauf, daß sich Faulhaber den von Roth gestellten Aufgaben nicht gewachsen fühlte. Sie zeigen, daß Faulhaber zumindest über eine Lösung der letzten und aufwendigsten Aufgabe von Roth, einer Wortrechnung, verfügte. Außerdem geht daraus hervor, daß Faulhaber aufgrund einer von Kurz vermittelten Vereinbarung mit Roth von 1609 und wegen seiner Beschäftigung mit ganz anderen Fragen die Lösung dieser und anderer Aufgaben von Roth nie veröffenticht hat. Warum also sollte Faulhaber, der sich mit Peter Roth verglichen und sein Desinteresse an einer Veröffentlichung der Lösungen der von Roth gestellten Aufgaben bekundet hatte, im Winter 1619, mehr als 10 Jahre nach der Veröffentlichung dieser Aufgaben und mehr als zwei Jahre nach Roths Tod, der offenbar Lipstorps Aufmerksamkeit entgangen war, es als besonders dringlich angesehen haben, Roths Aufgaben zu lösen? Die geringe Wahrscheinlichkeit einer solchen Geschichte wird durch den Umstand, daß Faulhaber zu dieser Zeit vor allem daran gelegen sein mußte, seinen Ruf in der Auseinandersetzung um seine Kometenvorhersage zu verteidigen, nicht gerade erhöht. Darüberhinaus ist es mehr als fraglich, ob Descartes, wie Lipstorp behauptet, bereits 1619/20 über die 1637 in der *Géométrie* veröffentlichten Kenntnisse verfügte. Außerdem hätten solche Kenntnisse Descartes, insbesondere die ihm von Lipstorp attestierte «allgemeine Methode, alle körperlichen Probleme durch Reduktion auf eine Gleichung der Dimension drei oder vier mit Hilfe einer einzigen Parabel zu konstruieren» bei der Lösung von Peter Roths Aufgaben, von deren Inhalt Lipstorp ganz offensichtlich keine Ahnung hatte, wenig nützen können.

Nach dem Vorhergehenden gibt es keinen Grund für die Annahme, daß Faulhaber den Rothschen Aufgaben nicht gewachsen war; Faulhaber berichtet auch in den *Miracula Arithmetica* von 1622, daß er die bei weitem schwierigste der von Roth gestellten Aufgaben, die Wortrechnung am Ende der *Arithmetica Philosophica*, gelöst habe[397]. Faulhabers wahrscheinlich aus den schon früher geäußerten wirtschaftlichen Gründen fehlende Bereitschaft, die Lösungen zu veröffentlichen, mußte nach den damals gültigen Maßstäben all denjenigen als Schwäche erscheinen, die wie Lipstorp nichts über die Beziehungen zwischen Faulhaber und Roth wußten. Lipstorp nutzte genau diesen vermeintlichen Schwachpunkt im Leben Faulhabers als Aufhänger, um Descartes wie einen *Deus ex machina* als großen Rätsellöser einzuführen, wobei er sich mit der Behauptung, die Einzelheiten der von Descartes gegebenen Lösungen interessierten nicht, um einen Nachweis für seine Darstellung drückte.

Das alles schließt nicht aus, daß Faulhaber, falls er von Descartes besucht wurde, diesem wie auch noch sehr viel später entsprechend vorgebildeten Schülern zu Übungszwecken Aufgaben aus dem dritten Teil der *Arithmetica Philosophica* vorlegte und ihn über verschiedene Lösungswege informierte; eine solcher Ablauf der Begegnung hätte freilich nicht den mit Lipstorps Darstellung verbundenen Absichten entsprochen.

9.3 Für und wider die Authentizität der Begegnungsgeschichte

Spätestens jetzt scheint die Frage gerechtfertigt, welche Belege es abgesehen von Lipstorps Darstellung für die Begegnung zwischen Faulhaber und Descartes gibt. Es gibt keine Torbücher der Stadt

Ulm, die zumindest die Tatsache des Aufenthalts von Descartes in der Stadt und dazu dessen Dauer nachweisen könnten. Alles was die Zeit übrigließ, ist ein Brief von Johann Baptist Hebenstreit an Johannes Kepler, den Vollender des copernicanischen Weltbilds, vom 1. Februar 1620[398]. Hebenstreit war Faulhabers erbitterter Gegner im Streit um die von Faulhaber stammende Vorhersage eines Kometen für das Jahr 1618. Hebenstreit berichtete auch in diesem Brief über die Auseinandersetzung mit Faulhaber und veranlaßte Kepler in einem späteren Brief vom 7. Mai 1620[399] zur Abfassung einer gegen Eschatologen vom Schlage Faulhabers gerichteten chronologischen Schrift, die 1620 mit dem Pseudonym Kleopas Herennius und unter dem Titel *Kanones pueriles*, beides Anagramme von Io(h)annes Keplerus, erschien[400], ohne Faulhaber, der mit der Schrift gemeint war, ausdrücklich zu nennen. Im Brief vom 1. Februar 1620 erkundigte sich Hebenstreit bei Kepler, ob ein gewisser Cartelius (sic!) einen vorhergehenden Brief Hebenstreits an Kepler übermittelt hatte. Aber selbst wenn die zweifelsfrei als Cartelius und nicht als Cartesius, der lateinischen Form des Namens von Descartes, bezeichnete Person mit Descartes identisch ist, geht daraus nur hervor, daß Descartes in Ulm mit Hebenstreit Kontakt hatte. Das bedeutet aber auch, daß Descartes' Motive für einen Besuch von Faulhaber in Ulm stark genug sein mußten, um die erheblichen, auch in dem Brief an Kepler deutlichen Hebenstreitschen Vorbehalte gegenüber Faulhaber zu überwinden. All dies macht die Geschichte dieser Begegnung bei erster Betrachtung nicht gerade wahrscheinlicher, zumal der noch vorhandene Briefwechsel Faulhabers nicht den geringsten Hinweis darauf enthält. Auch in den noch erhaltenen Resten von Aufzeichnungen Descartes' aus dieser Zeit wird Faulhaber mit keinem Wort erwähnt, wohl aber Peter Roth und ein anderer deutscher Mathematiker dieser Zeit, Benjamin Bramer[401].

Akzeptiert man die Gleichsetzung von dem in Hebenstreits Brief an Kepler erwähnten Cartelius mit Descartes und nimmt man Descartes' eigene Angaben im *Discours de la méthode* ernst, dann muß der Beginn seiner Entwicklung zu dem das Denken Europas verändernden Philosophen in zeitlicher Nähe zu seinem Aufenthalt in Ulm angesetzt werden, möglicherweise auch damit zusammenfallen. Lassen wir also Descartes nach Ulm kommen und dort nach Personen Ausschau halten, die ihm in einer ihm verständlichen Sprache über alles Wissenswerte in dieser Stadt informieren könnten, dann ist Hebenstreit als Rektor des dortigen Gymnasiums und als ein glänzender lateinischer Philologe eine sehr wahrscheinliche Wahl. Ebenso wahrscheinlich ist es, daß Hebenstreit bei den sicherlich in der Gelehrtensprache der Zeit, dem Lateinischen, geführten Gesprächen mit Descartes auf seine gerade in Ulm bis in das Jahr 1621 hohe Wellen schlagende Auseinandersetzung mit Faulhaber um dessen Kometenvorhersage für das Jahr 1618 zu sprechen gekommen ist. Es wäre mehr als erstaunlich, wenn Hebenstreit, der damals alles sammelte, was als Munition gegen Faulhaber dienen konnte, den für Faulhabers Ruf als eines der bestinformierten deutschen Rechenmeister so abträglich erscheinenden Wettbewerb mit Peter Roth dem Gast gegenüber zu erwähnen vergessen hätte. Außerdem pflegte Hebenstreit zu dieser Zeit gute Beziehungen zu dem Ulmer Rechenmeister Johannes Benz, der sehr gute Kenntnisse über figurierte Zahlen insbesondere Körperzahlen hatte. Wenn Descartes Hebenstreit nach einem passenden Gesprächspartner für mathematische Probleme gefragt hätte, wäre Hebenstreits Wahl sicherlich auf Benz gefallen.

Selbst wenn Descartes die bereits veröffentlichten Versuche Hebenstreits, Faulhaber als einen Phantasten und Scharlatan darzustellen, nicht ernst nahm, und vielleicht, weil ihn die Faulhaber nachgesagten Kontakte zu der Rosenkreuzerbruderschaft oder Faulhabers Anspruch, mit Hilfe Gottes und der Mathematik Einblick in die Abläufe der Schöpfung zu haben, neugierig gemacht hatten, Faulhaber einen Besuch abstatten wollte, gibt es ein Kommunikationsproblem. In welcher Sprache hätten sich die beiden unterhalten können?

Aus dem Briefwechsel und auch aus den Veröffentlichungen Faulhabers geht hervor, daß er sich zwar auch um fremdsprachige, vor allem mathematische Texte bemühte, aber sowohl bei deren Lektüre als auch bei der Übertragung einiger seiner eigenen Arbeiten ins Lateinische auf fremde Hilfe angewiesen war. Das in einem Traktat Faulhabers von 1618 abgedruckte Zeugnis[402] des Lambertus A. Schenkelius Disulvius[403],

> das er [Faulhaber] die Kunst der gedächtnuß etc. Auch neben andern allhie zu Vlm meinen *Lectionen*, so von mir Lateinisch gehalten worden/ beygewohnt/ vnnd ob er wol in Lateinischer sprach nit vil versteht/ jedoch wegen der Scharpffsinigkeit seines verstandts/hat er auß wenig Worten/ auch der bewegung deß Mundts etc. den Innhalt der *praecepten*, so Ich fürgetragen/ erlangt/

bestätigt nur, daß Faulhaber bis auf einige Brocken, die er auch in seinen Traktaten verwendet, kein Latein konnte. Man kann nach alledem davon ausgehen, daß er weder des Lateinischen noch des Französischen mächtig war. Als es 1619 wegen seiner Kometenvorhersage zu einer vom Magistrat der Stadt Ulm beschlossenen Befragung Faulhabers durch seinen Widersacher Hebenstreit kam, mußte diese Befragung mit Rücksicht auf Faulhaber in Deutsch durchgeführt werden. Ein Protokoll dieses «Deutschen Colloquiums», das entfernt Parallelen zum Verhör Galileis durch die Inquisition aufweist, ist noch erhalten. Sucht man in der Biographie von Descartes nach Hinweisen auf für ein Gespräch mit Faulhaber geeignete Sprachkenntnisse, fällt eine für die Zeit nicht so ungewöhnliche Degen-und-Mantel-Geschichte ins Auge: Daß Descartes bei seiner späteren Rückkehr in die Niederlande einen von Seeleuten auf der Überfahrt von Emden nach Westfriesland geplanten Überfall auf ihn belauschen und mit gezogenem Degen erfolgreich abwenden konnte[404], spricht freilich mehr für seine Kenntnisse des auch in den Niederlanden gesprochenen friesischen Platts. Allerdings bedurfte auch Descartes, wenn man Lipstorp an einer anderen Stelle seiner biographischen Informationen über seinen Helden ernst nimmt, einiger Zeit, um sich solche für sein Überleben notwendigen Kenntnisse des Niederländischen anzueignen. Lipstorp führt nämlich auf, daß Descartes, der nach dem Abschluß seines Studiums in Poitiers 1618 in das holländische Breda gekommen war, dort an einem für Mathematiker ausgeschriebenem Wettbewerb teilnehmen wollte und wegen seiner dürftigen Kenntnisse der Landessprache um die Erlaubnis nachsuchte, sich dabei in Lateinischer oder Französischer Sprache beteiligen zu dürfen[405]. Aus alledem ohne zusätzliche Annahmen zu schließen oder wie Lipstorp stillschweigend vorauszusetzen, daß sich Descartes und Faulhaber in deutscher Sprache hätten unterhalten können, ist sicher unzulässig. Selbstverständlich hätte sich Descartes während seines Aufenthalts im deutschsprachigen Raum, insbesondere als ein in verschiedenen Heeren dienender Söldner, die, wie damals üblich, aus Soldaten aller Herren Länder zusammengestellt waren, auch Deutschkenntnisse aneignen können. Vielleicht hatte Descartes, der dem weiblichen Geschlecht gegenüber nicht ganz unempfindlich gewesen sein soll, im Widerspruch zu der von ihm selbst geschilderten, von keiner Leidenschaft getrübten Abgeschiedenheit in seinem warmen Quartier die langen Winternächte in Ulm nicht nur mit Träumen verbracht. Selbst wenn die dabei erworbenen Sprachkenntnisse ihn nur unzureichend auf ein Fachgespräch mit Faulhaber vorbereitet haben sollten, hätte einer des Lateinischen oder Französischen mächtigen Freunde Faulhabers ein solches Gespräch dolmetschen können. Hätte aber ein solcher Aufwand zusammen mit den von Lipstorp berichteten ungewöhnlichen mathematischen Fähigkeiten von Descartes, die nach Lipstorp auch von Faulhaber anerkannt wurden, diese Begegnung nicht so auffällig machen müssen, daß sie sich in irgendeiner Form in den erhaltenen Briefen Faulhabers oder von dessen Freunden Onophrius Miller und Johannes Remmelin an Kurz hätte niederschlagen müssen? Dem möglichen Einwand, daß Faulhaber keine Veranlassung hatte, in seinen Briefen alles mitzuteilen, was ihn beschäftigte, und daß überdies nur ein Teil der Briefe Faulhabers erhaltenen ist, kann man entgegenhalten, daß zumindest viele aus anderen Quellen als wichtig erscheinenden Ereignisse in Faulhabers Leben um diese Zeit in dem erhaltenen Briefwechsel sehr gut dokumentiert sind.

Vielleicht hatte aber Faulhaber, wenn die Begegnung, wie von Lipstorp berichtet, verlaufen war, es für seinen eigenen Ruf nicht sehr vorteilhaft gehalten, seinen Briefpartnern von den geradezu übermenschlichen mathematischen Fähigkeiten eines Fremden zu berichten. Dagegen spricht, daß Faulhaber in seinen erhaltenen Briefen mehr als einmal die Leistungen von anderen, insbesondere von Ausländern vorbehaltlos anerkannt hat.

Für Lipstorps Begegnungsgeschichte, die von Baillet und späteren Autoren übernommen wurde, konnten bis jetzt nur wenige bestätigende Anhaltspunkte gefunden werden. Außerdem scheint ein solches Treffen, wenn es je stattgefunden hat, angesichts so vieler Ungereimtheiten nicht so, wie von Lipstorp geschildert, verlaufen zu sein.

9.4 Descartes unter einem Pseudonym in Faulhabers Haus?

Als Argument dafür, daß die Begegnung doch stattgefunden haben könnte, ließe sich ein Hinweis in einem Manuskript von Descartes verwenden, der gleichzeitig erklären kann, warum sich zumindest in den erhaltenen Papieren von Faulhaber nichts über die

Begegnung mit Descartes findet. Der Hinweis betrifft die Identität des im 41. Kapitel der *Miracula Arithmetica* erwähnten Carolus Zolindius alias Polybius, der ein Verfahren zur Lösung von Gleichungen höheren Grades mit Hilfe von «sonderbaren Taflen» zusammen mit ihm von Faulhaber mitgeteilten mathematischen «Secreta» in Venedig oder Paris veröffentlichen wollte[406]. Der Hinweis findet sich am Anfang des unter dem Titel *Cogitationes privatae* veröffentlichten, nur in einer Nachschrift von Leibniz erhaltenen Manuskripts von Descartes, das mit dem Datum 1. Januar 1619 beginnt und in seinen späteren Teilen überwiegend mathematische Überlegungen enthält[407]:

> Wie Komödianten, zum Auftritt aufgerufen, um das Lampenfieber in ihrem Gesicht zu verbergen, in das zu ihrer Rolle gehörige Kostüm mit Maske schlüpfen, so trete ich in der Absicht, die Bühne dieser Welt zu betreten, in der ich bisher nur als Zuschauer existierte, mit einer Maske auf.
>
> Als ein junger Mann, dem anspruchsvolle Entdeckungen vorgestellt worden waren, wollte ich wissen, ob ich nicht selbst etwas entdecken könnte, auch ohne einen Autor gelesen zu haben. Seither achtete ich mehr und mehr darauf, mich gewisser Regeln zu bedienen.
>
> Wissen ist wie eine Frau, die, wenn sie sittsam bei einem Mann bleibt, geachtet, wenn sie zur Hure wird, wertlos erscheint.
>
> Bei den meisten Büchern offenbart sich der gesamte Inhalt nach der Lektüre weniger Zeilen und der Betrachtung weniger Abbildungen; der Rest ist hinzugefügt, um das Papier zu füllen.
>
> *Des Kosmopoliten Polybius mathematische Schatztruhe*, in der die wahren Mittel zur Lösung aller Probleme dieser Wissenschaft gelehrt werden und gezeigt wird, daß der menschliche Geist nichts vorzustellen vermag, was über diese hinausginge; als Aufforderung zur Zurückhaltung und als Mißbilligung der Vermessenheit von Leuten, die auf allen Wissensgebieten neue Wunder vorzuführen versprechen, außerdem zur Erleichterung der qualvollen Mühen der vielen, die in gewisse Gordische Knoten dieser Wissenschaft verstrickt, ihre Begabung nutzlos verschwenden. Den Gelehrten der ganzen Welt und besonders den hochberühmten Brüdern des Rosenkreuzes in Deutschland[408] erneut dargeboten.

Die fünf u. U. zu verschiedenen Zeiten abgefaßten aphoristischen Abschnitte hängen zusammen; sie sind nach den von Leibniz kopierten Notizen zwischen dem 1. Januar 1619 und dem Jahr 1620 niedergeschrieben worden, auf das einige Seiten später im Zusammenhang mit Descartes' bekanntem Traumerlebnis von November 1619 als dem Beginn eines Verständnisses der «Grundlage einer wunderbaren Entdeckung» hingewiesen wird[409]. Die zitierten Abschnitte sind mit der in einem erhaltenen Schriftenverzeichnis von Descartes als *Praeambula* bezeichneten Schrift identifiziert worden[410]. Sie sind sehr wahrscheinlich nach November 1619 als einleitende Bemerkungen für die zu dieser Zeit geplante *Mathematische Schatztruhe* gedacht worden[411], könnten also zeitlich mit dem fraglichen Besuch von Faulhaber zusammenfallen.

Zunächst bekennt der ehemalige Jesuitenzögling Descartes in einer an das Jesuitentheater erinnernden Bildsprache, daß er die Weltbühne mit einer Maske zu betreten gedenkt, nachdem er bisher nur Zuschauer war, was im Licht der nachfolgenden Sätze heißt, bislang nur das rezipierte, was ihm in den Werken von anderen geboten wurde. Die metaphorische Bedeutung des Bildes einer Maske schließt die Übernahme der Rolle einer anderen Person mit einem anderen Namen ein. Dabei könnte das zu dieser Zeit von Pamphleten pseudonymer und anonymer Autoren überschwemmte Ulm die Wahl eines Pseudonyms nahegelegt haben.

Descartes' neue Rolle auf der Weltbühne ist die eines von anderen unabhängigen Autors. Das Werk, das er schaffen will, soll kein Wissen enthalten, das wie eine Hure jedermann gegen Bezahlung zugänglich ist, und es soll weder trivial noch redundant sein, so daß man nach den ersten Zeilen schon auf den Rest schließen kann. Der Titel dieses Werkes *Polybii Cosmopolitani thesaurvs mathematicvs* oder deutsch «Des Kosmopoliten Polybius mathematische Schatztruhe» könnte bedeuten, daß sich der Weltbürger Descartes bei seinem Auftritt auf der Weltbühne hinter der Maske des Pseudonyms Polybius zu verbergen gedenkt. Aber warum wollte sich Descartes hinter dem Namen eines der berühmtesten Historiker der Antike, Polybios aus Megalopolis oder lateinisch Polybius Megalopolitanus, verbergen? Als Erklärung dafür ist angeboten worden, daß es Descartes wie dem Historiker Polybius darum ging, die Ursachen für die gefundenen Fakten zu klären und aus einer solchen Klärung geeignete Verhaltensregeln abzuleiten, und daß es vor dem Hintergrund des die Welt umfassenden Erklärungsprogramms von Descartes nahelag, den Beinamen «Megalopolitanus» durch «Cosmopolitanus» zu ersetzen[412].

Ob sich der für das geplante Werk gewählte Titel «Mathematische Schatztruhe» entsprechend der Widmung an die «Brüder des Rosenkreuzes in Deutschland» gegen Wissensgebiete wie die Alchimie und die Astrologie richtete, die man erst im Gefolge von Descartes als Pseudowissenschaften auszugrenzen begann, muß zweifelhaft bleiben, solange man über eine naheliegendere Erklärung verfügt[413]. Der Titel könnte ganz im Sinn der im ersten Satz des Zitats angesprochenen Komödianten als eine Parodie auf die bombastischen, vor Importanz triefenden Titel einiger von Faulhaber und seinem Umfeld veröffentlichten Traktate gedeutet werden.

Es fällt schwer, die phantastische Mischung aus ungeheurem Sendungsbewußtsein, beißendem Spott und abgrundtiefer Verachtung gegenüber den an einer Inflation von immer neuen Wundern, Mirakeln, leidenden und im Grunde nichts neues bietenden Autoren in den beiden Abschnitten, die dem Titel «Mathematische Schatztruhe» vorausgehen bzw. ihn enthalten, nicht auf die Vertreter der Mathematik, also Rechenmeister vom Schlage Faulhabers, zu beziehen. Daß Descartes sich ausdrücklich gegen den in vielen Titeln von Faulhaber verwendeten Begriff der Wunder und des Wunderbaren wendet, hat natürlich mit seiner ganz anderen Auffassung über die Funktion eines mathematischen Werkes zu tun. Wer Wunder anbietet, zielt auf den Effekt des Staunens gegenüber Jahrmarktsattraktionen ab, dem geht es nicht um Aufbau und Erklärung, sondern um die Zementierung des Unerklärlichen.

Obwohl sich Faulhaber zumindest als ein möglicher Adressat anbietet, scheint Descartes eher an eine Gruppe als an eine einzelne Person gedacht zu haben. Der zur Zeit seines mutmaßlichen Aufenthalts in Ulm tobende Kometenstreit beanspruchte weites Interesse und hatte die Partei der «Faulhaberiani» aktiviert, die zur Verteidigung ihrer eigenen und der Ehre Faulhabers gegen Hebenstreit und Wehe zu Felde zogen[414]. Ein Teil der in die Auseinandersetzung Verwickelten hatte wie Faulhaber oder sein Verteidiger Dr. Verbez ein lebhaftes Interesse an der Bruderschaft der Rosenkreuzer oder wurde von anderen mit der Bruderschaft in Kontakt gebracht. Aufgrund der nach dem Hebenstreitbrief an Kepler anzunehmenden Kontakte Descartes' zu Hebenstreit und vielleicht auch zu Wehe läge es nahe, Faulhaber und seine Anhänger als mögliche Adressaten der in den Anfangssätzen in den *Cogitationes privatae* Angesprochenen anzusehen. Ein Manuskript von Descartes, das in Leyden aufbewahrt wird, und von dem Teile in den *Opuscula posthuma* veröffentlicht wurden[415], weist in dieselbe Richtung. Hier heißt es im Zusammenhang mit einigen in cossistischer Schreibweise wiedergegebenen Formeln für die als Funktion zweier ganzzahliger Parameter dargestellten drei Seiten eines Dreiecks mit rationalen Seitenlängen, von dem einer der drei Winkel einen der drei Werte 90°, 60° oder 120° annimmt[416]:

> Daraus kann man unendlich viele Theoreme ableiten und mühelos arithmetische Folgen ableiten, die die Grundlinien bzw. Seiten aller Dreiecke dieser Art umfassen, wenn man die Kabbala der Deutschen nachäffen will.

Auch hier bietet sich Faulhaber, der sich intensiv mit arithmetischen Folgen und deren Nutzung für die kabbalistische Deutung der biblischen Zahlen beschäftigt hatte, als möglicher, nicht aber als einziger Adressat an.

Eine andere Möglichkeit, den Plural für diejenigen, gegen die sich Descartes' Kritik richtete, auf den Singular Faulhaber zu reduzieren, wird durch eine Praxis eröffnet, wie sie uns etwa fast zeitgleich bei Kepler begegnet. Kepler hatte in seiner eindeutig gegen Faulhaber gerichteten Schrift *Kanones pueriles* von 1620 Faulhaber gar nicht erwähnt, sondern stattdessen eine Gruppe von anderen als Ziel seiner Kritik vorgeschoben[417].

Wenn also Descartes tatsächlich der von Faulhaber in den *Miracula Arithmetica* erwähnte Polybius war, wofür auch angeführt werden kann, daß der Faulhabersche Polybius seine mathematischen Erkenntnisse in Venedig oder Paris veröffentlichen wollte, und Descartes um diese Zeit über Venedig nach Loreto zu pilgern und später nach Paris zu reisen beabsichtigte[418], dann war Faulhaber möglicherweise das Opfer einer gegen ihn gerichteten bösen Posse geworden. Descartes' Kritik an den Ansprüchen der Rechenmeister auf wunderbare Einsichten, ihre Verstrickung in die Anstrengung, sinnlose Probleme lösen zu wollen, an der Aufgeblasenheit ihrer Arbeiten, deren Inhalt schon nach der Lektüre weniger Zeilen deutlich wird, seine ironische Widmung an die Gelehrten der ganzen Welt und insbesondere an die Bruderschaft der Rosenkreuzer klingen wie ein Echo von Hebenstreits und Wehes Vorbehalten gegenüber Faulhaber. Immer unter der Voraussetzung, daß der Faulhabersche Polybius identisch mit Descartes ist, wird wahrscheinlich, daß sich Descartes, vielleicht sogar auf Hebenstreits und Wehes Betreiben, bei Faulhaber unter dem Pseudonym Polybius einführte und das Vertrauen des arglosen, von seiner göttlichen Bestimmung, die «prophetischen Zahlen» zu deuten, überzeugten Faulhaber gewann. Wenn das so war, dann liegt es auch nahe, daß Faulhaber seinem Gast über das in dem *Gemein offen Auß-Schreiben … An alle Philosophos, Mathematicos, sonderlich Arithmeticos vnd Künstler/ so auff allen Vniversiteten vnd Schulen/ oder anderer Orthen in Europa sein möchten.* von 1615 enthaltene Problem der Potenzsummen, dessen fortgesetzte Lösung in der *Continuatio, Seiner neuen Wunderkünsten/ oder (wie es die berümbtesten Titulieren) Arithmetischen wunderwercken* von 1617, über das schlimme Verhalten von Peter Roth, über die von ihm erzielten über Roth hinausgehenden algebraischen Ergebnisse, vor allem aber über die Geheimnisse der biblischen Zahlen und sein Wissen über Gog und Magog sowie nicht zuletzt über seine Bemühungen, mit den als geistesverwandt eingeschätzten Mitgliedern der Bruderschaft der Rosenkreuzer in Verbindung zu treten, berichtet hat. Solche Gespräche mit Faulhaber hätten Descartes von den ihm vielleicht zunächst unglaublich erscheinenden Geschichten, die Hebenstreit, Wehe und mutmaßlich auch andere über Faulhaber verbreiteten, vollkommen überzeugt.

Wie erbärmlich wenig Descartes, der sich über die Faulhaberschen Traktate, auch ohne mit Faulhaber zusammenzukommen, informieren konnte, von solchen Publikationen hielt, zeigt der zitierte Text. Möglich ist auch, daß sich Descartes hier ein Alibi dafür schuf, auf das von Faulhaber Erfahrene, sei es mündlich oder aus Faulhabers Veröffentlichungen entnommen, weder in seinen Manuskripten noch in seinen späteren Veröffentlichungen hinzuweisen.

Die Begegnung zwischen Faulhaber und Descartes gewinnt durch die Verbindung der beiden Polybii in den *Miracula Arithmetica* und in den *Cogitationes privatae* jedenfalls an Plausibilität, wenn auch nicht unbedingt zum Vorteil von Faulhaber. Einen sicheren Beweis für die Begegnung kann sie nicht vermitteln, weil die Gleichsetzung von Descartes mit dem Polybius von Faulhaber z. B. offenläßt, wie es zu der Erstbenennung Carolus Zolindius durch Faulhaber kam, und weil eine solche Gleichsetzung noch einige Erklärungslücken offenläßt, die mit den noch verfügbaren Quellen nicht geschlossen werden können.

Nimmt man die *Cogitationes privatae* als Beleg für die Begegnung, so ist es auch angemessen, die darin enthaltenen mathematischen Aussagen zum Maßstab für den Wissensstand von Descartes zu dieser Zeit zu machen. Dabei fällt auf, daß die dem Faulhaberschen Polybius der *Miracula Arithmetica* bekannten «sonderbaren Taflen» jedenfalls darin nicht zu finden sind. Enthalten sind im algebraischen Teil schon von den Herausgebern als nicht ganz einwandfrei gekennzeichnete Lösungen von kubischen Gleichungen, nicht aber von Gleichungen höheren Grades; hinzu kommen der schon früher besprochene Beweis des dreidimensionalen Pythagoras sowie einer dreidimensionalen Version der Heronischen Dreiecksformel. Dieses zwar sehr wahrscheinlich unvollständige Material widerspricht zumindest der von Lipstorp behaupteten mathematischen Überlegenheit von Descartes auf algebraischen Gebiet.

Zunächst muß aufgrund der Quellenlage unentschieden bleiben, wer von den beiden im Falle einer Begegnung mehr von dem anderen lernen konnte. Hält man sich an das Vorhandene, dann hat Faulhaber z. B. die Lösung der allgemeinen Gleichung vierten Grades, die sich, wenn auch in einer neuen, nichtcossistischen Symbolik, in der *Géométrie* findet, 15 Jahre früher in den *Miracula Arithmetica* veröffentlicht. Über den Zusammenhang zwischen den Ergebnissen Faulhabers und seines Ulmer Konkurrenten Benz auf dem Gebiet der figurierten Zahlen, insbesondere der Polyederzahlen, mit den Aussagen von Descartes in seinem von Leibniz 1676 exzerpierten Manuskript *Progymnasmata de solidorum elementis*[419] läßt sich nur vermuten; es wäre den Interessen und der Denkweise Descartes' angemessen, die Frage nach den geometrischen Voraussetzungen etwa zur Bildung der Ikosaeder- und Dodekaederzahlen in den *Miracula Arithmetica*, mit deren Abfassung Faulhaber um die Zeit der fraglichen Begegnung beschäftigt gewesen sein dürfte, zum Ausgangspunkt seiner *Progymnasmata* zu machen, in denen die Beziehungen zwischen den Anzahlen von Ecken, Kanten und Flächen eines Polyeders und im zweiten Teil der Aufbau der Polyederzahlen behandelt werden. Da aber die genaue Abfassungszeit der *Miracula Arithmetica* ebensowenig wie die der *Progymnasmata* bekannt ist, sind auch unter der Voraussetzung eines wie immer gearteten Informationsaustausches etwa im Rahmen einer Begegnung andere Deutungen vorstellbar. Für Faulhabers Unabhängigkeit gegenüber Descartes spricht, daß er sich schon viele Jahre vorher mit figurierten Zahlen auseinandergesetzt und wahrscheinlich über die in den *Miracula Arithmetica* veröffentlichten Sätze schon lange vorher verfügt hat.

Für Descartes kann ins Feld geführt werden, daß er sich Anfang 1620 zumindest in der Lage glaubte, eine größere mathematische Arbeit innerhalb der nächsten Monate für den Druck fertig machen zu können[420]. Als wahrscheinlichster Kandidat für ein solches Buch ist der unter dem Pseudonym Polybius Cosmopolitanus angekündigte *Thesaurus mathematicus* anzusehen, von dem sich allerdings schon im 17. Jahrhundert etwa für Baillet, zumindest unter diesem Titel, keine Spuren in den Manuskriptverzeichnissen und hinterlassenen Papieren von Descartes finden ließen; dabei läßt die in den *Cogitationes privatae* enthaltene als Versprechen formulierte Aussage vom 23. Februar 1620 oder auch vom 23. September 1620[421]

> Andererseits werde ich meinen Traktat vor Ostern vollständig fertigstellen und ihn veröffentlichen, wenn es großes Interesse seitens der Buchhändler[422] gibt und es mir wert erscheint.

an der Ernsthaftigkeit eines solchen Plans keinen Zweifel aufkommen. Wenn man nicht an den Verlust eines entsprechenden Manuskripts glauben will, bleibt einmal die nicht sehr aussichtsreiche Möglichkeit, aus den erhaltenen mathematischen Schriften dieser Zeit jene Teile herauszufiltern, die den programmatischen Vorstellungen der *Praeambula* am Anfang der *Cogitationes privatae* genügen, oder aber die damals mehrfach von Descartes beanspruchte Hochstimmung als Hintergrund für die bloße Formulierung eines Projekts zu sehen, dessen Verwirklichung sehr viel mehr Zeit beanspruchte, als Descartes anfangs glauben mochte[423]. Zu einer solchen euphorischen Stimmung von Descartes könnte trotz der in den *Praeambula* deutlichen Distanz die Auseinandersetzung mit den Arbeiten und Ergebnissen von Faulhaber beigetragen haben.

Möglicherweise ist auch das Descartes, wenn auch verhältnismäßig spät, in den Mund gelegte Diktum[424], wonach er Faulhaber als «Mathematicum insignem et imprimis in numerorum doctrina versatum et praeceptorem» bezeichnet hat, als Indiz für eine Abhängigkeit Descartes' von Faulhaber etwa bezüglich des Inhalts der *Progymnasmata* anzusehen.

Bei den berichteten erstaunlichen Übereinstimmungen hinsichtlich der Behandlung spezieller mathematischer Probleme zwischen dem Autor der *Miracula Arithmetica* und dem jungen Descartes ist ein Unterschied bisher unerörtert geblieben, der bei oberflächlicher Betrachtung zugunsten einer Urheberschaft von

Descartes zu sprechen scheint. Faulhaber hat in den *Miracula Arithmetica* etwa bei den Polyederzahlen oder dem dreidimensionalen Pythagoras nur immer das Ergebnis nicht aber wie Descartes eine Begründung bzw. einen Beweis angegeben. Tatsächlich entspricht aber eine solche Darstellungsform der von Faulhaber lebenslang beobachteten Maxime, «die gehaimbste Sachen nicht in Truckh außgehen» zu lassen, und damit «zur mündtlichen Underrichtung Anlaß» zu geben[425]; offenbar gehörten die eigentlichen Beweise für mathematische Aussagen zu den Geheimnissen, die Faulhaber im Druck nicht preiszugeben bereit war. Berücksichtigt man, daß sich Faulhaber zumindest mit einem Teil der Themen schon längere Zeit beschäftigt hatte, und daß Descartes zu dieser Zeit noch als ein sehr unerfahrener Mathematiker einzuschätzen ist, dann läßt dieser Umstand unter der Voraussetzung, daß Descartes bei Faulhaber Unterricht genommen hat, zwei Deutungen zu: Entweder sind die von Descartes angegebenen Beweise etwa für den dreidimensionalen Satz des Pythagoras und eine dreidimensionale Entsprechung der Heronischen Dreiecksformel Wiedergaben des von Faulhaber mündlich Vermittelten oder aber Faulhaber hat, abhängig von der Höhe des angebotenen Honorars oder von seiner Einschätzung der mathematischen Fähigkeiten seines Schülers, diesem nur die Ergebnisse mit mehr oder minder kargen Hinweisen auf die Beweisidee überlassen, in der Erwartung, daß dieser den vollständigen Beweis selbst finden würde.

Was bleibt von Lipstorps Begegnungsgeschichte? Wie interpretiert man die zum Teil in der damaligen Situation Faulhabers unwahrscheinlichen oder fehlerhaften Einzelheiten in der Begegnungsgeschichte? Hält man sich an die wenigen noch rekonstruierbaren Fakten, dann läßt sich zumindest ein Motiv für Lipstorps Geschichte finden, das mit Descartes' negativer Bewertung der Mathematik der Rechenmeister im *Discours de la méthode* und in den mindestens 15 Jahre älteren *Cogitationes privatae* zusammenhängt. Es zeigt, daß die physische Begegnung der beiden Männer für Lipstorp nur von untergeordneter Bedeutung war. Wichtiger als die allenfalls emotional befriedigende Feststellung, daß sich Faulhaber und Descartes die Hände schüttelten, ist die einer intellektuellen Begegnung, für die auch eine Auseinandersetzung des jungen Descartes mit den damals veröffentlichten Schriften von Faulhaber und anderen Rechenmeistern völlig ausreichte.

9.5 Die Begegnung als Metapher für die Konfrontation der Mathematik der Rechenmeister mit der neuen Mathematik von Descartes

Wenn die den Dokumenten nach sehr wahrscheinliche Begegnung zwischen Descartes und Hebenstreit Lipstorp bekannt war, hatte er einen Anhaltspunkt für Ulm als Aufenthaltsort von Descartes im Winter 1619/20. Lipstorp, dem es in seiner Eloge für Descartes darum ging, diesen als Propheten für ein neues Denken und für eine neue Mathematik herauszustreichen, hätte mit dem Philologen Hebenstreit als Begegnungsfigur nicht viel anfangen können. Hebenstreit war in der Auseinandersetzung mit Faulhaber um die Kometenvorhersage u. a. dem Vorwurf ausgesetzt, von Astronomie und Mathematik keine Ahnung zu haben. Außerdem wußte er sicherlich, wie sehr Descartes an Informationen über den Kenntnisstand der deutschen Rechenmeister interessiert war. Offenbar hatte Beeckman schon bei Descartes' erstem Aufenthalt in den Niederlanden auf die *Arithmetica Philosophica* von Roth aufmerksam gemacht[426], bei deren Lektüre Descartes zwangsläufig auch auf den Namen von Faulhaber stoßen mußte. Die Descartes erteilten Auskünfte Hebenstreits könnten dann in Übereinstimmung mit Descartes' Bewertung der Literatur der Rechenmeister in den *Cogitationes privatae* erklären, warum man in den noch erhaltenen Descartesschen Aufzeichnungen nur noch den Namen Roths, nicht aber den von Faulhaber findet.

Nicht nur für Lipstorp waren Faulhaber und Descartes Vertreter völlig verschiedener Sichtweisen. Faulhaber verkörpert eine von den Rechenmeistern getragene Entwicklung und die für sie typischen Wettbewerbs- und Kommunikationsformen. Die Rechenmeister mußten von der Vermittlung ihrer mathematischen Kenntnisse leben. Liebhaber der Mathematik wie Descartes waren an einer wirtschaftlichen Nutzung ihrer mathematischen Kenntnisse desinteressiert; ein solches Desinteresse gewährleistete bei Kontakten mit den sozial auf der Stufe von Handwerkern stehenden Rechenmeistern die Wahrung des gesellschaftlichen Abstands.

Rechenmeister und die ihnen nahestehenden Praktiker der Mathematik waren i. a. nicht bereit, noch nicht zum Allgemeingut gewordene Methoden und Ergebnisse zu veröffentlichen, weil dann die daran Interessierten nicht mehr zu ihnen gekommen wären, sondern sich diese Kenntnisse im Selbststudium angeeignet hätten. Zudem hätte die Preisgabe ihrer Methoden durch Veröffentlichung ihre Möglichkeiten bei den damals üblichen Herausforderungsrunden eingeschränkt, die eine Art von Rangordnung und damit den Marktwert der Rechenmeister festlegten. Das macht verständlich, daß Rechenmeister wie Faulhaber auf dem Buchmarkt mit Aufgabensammlungen auftraten, die als ein Verkaufskatalog ihrer mathematischen Kenntnisse aufzufassen waren, deren wichtigste sie nur gegen Bezahlung im mündlichen Unterricht preiszugeben bereit waren. Damit verbunden war das Bestreben, das mündliche Lehrangebot mit allen möglichen Mitteln als ungeheuer vielfältig und reichhaltig erscheinen zu lassen.

Andererseits hatte sich die Mathematik schon im Verlauf des 16. Jahrhunderts als ein Bereich herausgestellt, der es den Liebhabern der Mathematik, ähnlich wie früher den Rittern bei ihren Turnieren, erlaubte, durch die Lösung anspruchsvoller mathematischer Probleme etwas für ihren gesellschaftlichen Status so wichtiges wie persönliche Ehre oder Ehre für ihr Land zu gewinnen[427]. Das bedeutet, daß auch unter den Liebhabern solche Herausforderungsrunden üblich wurden.

Der im 16. Jahrhundert noch überwiegend von Berufsmathematikern beherrschte Markt hatte zwei Typen von mathematischen Lehrbüchern anzubieten. Ein Teil der Rechenbücher war von vorneherein nur als Ergänzung zum mündlichen Unterricht durch einen Rechenmeister gedacht; im Gegensatz dazu warben die Autoren des zweiten Typus mit dem Anspruch, für ein Selbststudium ausreichende Anleitung und Erklärungen gegeben zu haben. Für das u. a. sozial motivierte Bedürfnis der Amateure, ihnen vorgelegte mathematische Probleme lösen zu können, waren die für autodidakte Information gedachten Lehrbücher i. A. nicht geeignet, weil in ihnen nur das bereits zum Allgemeingut gewordene mathematische Wissen behandelt war.

Mündliche Unterweisung setzte entsprechend fortgeschrittene Kenntnisse des in Anspruch genommenen Rechenmeisters und gleichzeitig absolut exklusive Information voraus; denn im Regelfall war es allen mathematischen Amateuren, die mit der Lösung eines in einer Herausforderung vorgelegten Problems beschäftigt waren, aufgrund ihres höheren sozialen Status und des damit verbundenen finanziellen Hintergrunds möglich, einen über eine

Lösung des Problems verfügenden Rechenmeister zu bezahlen. Sieht man also von sicherlich sehr seltenen außergewöhnlich hohen Zahlungen dafür ab, so widersprachen exklusive Informationen den wirtschaftlichen Interessen der Rechenmeister.

Außerdem waren die Rechenmeister bestrebt, ihre Kenntnisse in eine Vielzahl von Einzelgebieten und diese wieder in eine Vielzahl von Einzelproblemen zu stückeln, wobei die Lösungen fast immer in Form von algorithmischen Regeln ohne weitere Erklärung angegeben wurden und zusätzlich Merkregeln festlegten, welcher Lösungsalgorithmus auf welches Problem anzuwenden ist. Dabei galt nach dem Selbstverständnis der Rechenmeister derjenige als leistungsfähiger, der für dasselbe Problem mehr Lösungen, also mehr Lösungsalgorithmen, anzugeben vermochte. In diesem Sinn hatte Peter Roth im zweiten Teil seiner *Arithmetica Philosophica* für die Lösung des letzten und schwierigsten Problems des *Lustgartens* von Faulhaber nicht weniger als 28 Lösungswege angegeben. Dieser Haltung der Rechenmeister entsprach eine Sprachmentalität, wonach höher geschätzt wurde, wer für dieselbe Bedeutung, denselben Inhalt über mehr verschiedene Ausdrucksmöglichkeiten verfügte, eine Tendenz, für jeden neuen Aufgabenbereich eine bombastisch klingende neue Terminologie einzuführen, der schon bei den cossistischen Zeichen für die Potenzen der Unbekannten die Notwendigkeit entsprach, für jede Primzahlpotenz ein neues Zeichen verwenden zu müssen, sowie ein auf bedingungslose Anerkennung der Autorität des Rechenmeisters begründetes Glauben an die Richtigkeit der als Geheimnisse mitgeteilten Regeln; der Haltung der Rechenmeister widersprach ein Hinterfragen der Gleichwertigkeit, also der Äquivalenz der angebotenen Lösungen, die Suche nach einer eindeutigen und klaren Darstellung sowie das Angebot von Beweisen im Sinn eines selbständigen Nachvollzugs der Richtigkeit der angegebenen Lösung durch den Lernenden, wie sie in der wiederverfügbaren griechischen Mathematik durch Rückführung der mathematischen Aussagen auf anerkannte Grundsätze möglich war. Die durch die Beschäftigung mit der Mathematik der Griechen ausgelösten wachsenden Nachfrage nach Beweis und Erklärung suchten Rechenmeister wie Faulhaber in ihren Veröffentlichungen durch «unfehlbare Beweise» zu befriedigen, die in Wirklichkeit keine Erklärungsfunktion hatten, sondern etwa im Fall der Faulhaberschen Potenzsummenformeln an Hand eines konkreten Zah-

Täfelein / weysend wie die Cossische Caractere vnd quantiteten in diesem Tractät sein Notiert werden.

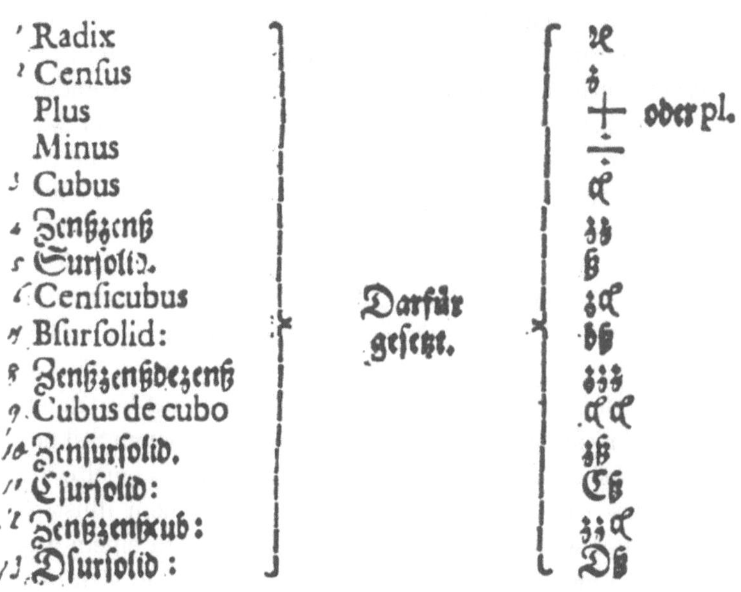

1 Radix
2 Census
Plus
Minus
3 Cubus
4 Zenßzenß
5 Sursolid.
6 Censicubus
7 Bsursolid:
8 Zenßzenßdezenß
9 Cubus de cubo
10 Zensursolid.
11 Csursolid:
12 Zenßzenßcub:
13 Dsursolid:

Darfür gesetzt.

ℛ
ʓ
+ oder pl.
÷
ℭ
ʓʓ
ß
ʓℭ
bß
ʓʓʓ
ℭℭ
ʓß
Cß
ʓʓℭ
Dß

B iii Beschluß

Abb. 16 Die cossistischen Zeichen für die Potenzen der Unbekannten, beginnend mit der Unbekannten (Radix) und ihrem Quadrat (Census) sowie dem Plus- und Minuszeichen, dann vom Kubus (Cubus) aufsteigend bis zum Exponenten 13, nach Johannes Faulhaber, *Continuatio, Seiner neuen Wunderkünsten*, Nürnberg 1617.

lenbeispiels die Übereinstimmung der durch Summation und der durch Einsetzen in die Formel erhaltenen Zahlen demonstrierte.

All dies trug dazu bei, daß verhältnismäßig rasch ein Zustand erreicht wurde, in dem die für Rechenmeister lösbaren Probleme nicht mehr ausreichten, um das mathematische Informationsbedürfnis der Amateure zu befriedigen.

Descartes gehört ebenso wie sein Landsmann Fermat zumindest in seinen jungen Jahren zu der Gruppe finanziell desinteressierter mathematischer Liebhaber, die die Mathematik als ein Mittel zur Steigerung von Ehre und Ansehen als neben Herkunft und Besitz wesentlichen gesellschaftlichen Attributen verstanden. Der junge Descartes hatte sich deshalb einige Zeit mit der Mathematik der Rechenmeister beschäftigt; er erkannte, daß die von den Rechenmeistern angebotene oder besser behauptete Vielfalt in Wirklichkeit redundant und daß die von wirtschaftlichen Motiven bestimmte Art der Wissensvermittlung der Rechenmeister den Lernenden in einer ständigen Abhängigkeit von der Autorität des Lehrers halten mußte. Da Descartes sich selbst und seine Leser zuallererst von jeglicher von außen kommender Autorität befreien wollte, indem er autoritären Anspruch durch das Vertrauen in die eigene Denkfähigkeit ersetzte, mußte er einen neuen Stil der Vermittlung mathematischen Wissens schaffen. Dabei spielte die Erweiterung der Bedeutung der Mathematik zu einem Illustrationsmittel seiner wissenschaftlichen Methode und zu einem wesentlichen Instrument des Erkenntnisprozesses bei dem späteren Descartes eine wesentliche Rolle.

Wie weit sich schon der frühe Descartes von den Vorstellungen der meisten Rechenmeister entfernt hatte, wird auch aus seiner Bewertung der Gedächtniskunst des Lambert Schenkel[428] spürbar. Faulhaber hatte die lateinischen Vorlesungen über die Gedächtniskunst von Schenkel, der wie Faulhaber die letzten Geheimnisse seiner Kunst nur mündlich offenbaren wollte[429], in Ulm mit offenen Augen und Ohren gehört, wofür es ein Zeugnis von Schenkel selbst gibt[430]. Offenbar entsprach Faulhabers Interesse an den Lateinisch gehaltenen Vorträgen Schenkels seinen Anstrengungen, wenig differenzierte und strukturierte, aber sehr zahlreiche Informationen in seinem Gedächtnis abrufen zu können. Faulhaber erwartete also von Schenkel Hinweise zur optimalen Nutzung der Speicher- und Zugriffsfähigkeit seines Gedächtnisses für eine weitgehend undifferenzierte große Datenmenge.

Eine solche Erwartungshaltung schließt Betrachtungen über die Reduktion des Wissens durch die Zusammenfassung von strukturgleichem oder -ähnlichem Wissen oder die Suche nach einem Begründungszusammenhang und damit durch eine kausale Ordnung des Wissens weitgehend aus, wie sie schon für den jungen Descartes typisch sind und aus dessen Stellungnahme zu Schenkels Gedächtniskunst deutlich werden[431]:

> Beim Durchlesen des billigen Geschwätzes der Gedächtniskunst des Lambertus Schenkelius dachte ich mir aus, wie ich alles, was ich entdeckt habe, leicht in meiner Vorstellung umfassen könnte: Das erreicht man durch die Rückführung der Dinge auf ihre Ursachen. Da alle Wissenszweige schließlich auf einen einzigen zurückgeführt werden, braucht man sich offenbar nicht alle Wissenszweige zu merken. Wer nämlich die Ursachen erkennt, wird, wenn ihm alle Informationen entfallen sind, diese durch die Vorstellung der Ursache wieder leicht in seinem Gehirn bilden. Dies ist die wahre Gedächtniskunst, die der Kunst jenes Windbeutels völlig entgegengesetzt ist, nicht weil jene wirkungslos wäre, sondern weil das ganze Buch mit wichtigeren zu füllen wäre und in einer falschen Ordnung besteht, nämlich darin, daß von einander abhängige Vorstellungen gebildet werden. Worin aber der Schlüssel zu dem ganzen Geheimnis besteht, das läßt er, vielleicht mit Absicht, aus.
>
> Ich habe mir selbst eine andere Art ausgedacht: Wenn aus Vorstellungen von miteinander nicht verbundenen Dingen allen gemeinsame neue Vorstellungen aufgenommen werden, oder wenn wenigsten eine aus allen zusammen eine Vorstellung bildet, wobei nicht nur die nächste, sondern auch die anderen berücksichtigt werden.

Der Autor der *Géométrie* hat aus seinen früheren Betrachtungen die Forderung abgeleitet, für das jeweils anstehende Problem ausschließlich die einfachst mögliche Lösungsmethode zu verwenden[432], was die Verallgemeinerung durch Zusammenfassung gleichartiger Vorgehensweisen mit einschließt. Dementsprechend bezeichnete Descartes in der *Géométrie* jeden Lösungsweg als falsch, der dieser Forderung nicht genügte[433]:

> Es ist ebenso falsch, ein Konstruktionsproblem, das zu seiner Lösung nur Kreise erfordert, mit Zirkel und Lineal wie mit Kegelschnitten konstruieren zu wollen; denn falsch heißt alles, was auf irgendeine Unkenntnis hinweist.

Um seiner Forderung genügen zu können, mußte Descartes auch Kriterien für Einfachheit entwickeln; Einfachheit und Angemessenheit erlauben Bewertungen; aus Bewertungen ergeben sich Hierarchien; sie liegen der schon in den *Cogitationes privatae* erwarteten Reduktion aller Wissensgebiete auf eines, nämlich die Mathematik, und in der *Géométrie* der Reduktion aller damals anstehenden geometrischen Probleme auf einige wenige nach Schwierigkeit und Bedeutung geordnete Grundprobleme zugrunde, deren Lösung die Lösung einer ganzen Klasse gleichartiger Probleme ermöglicht. Demgegenüber bestand die Mathematik der Rechenmeister aus einer weitgehend unstrukturierten Masse von Problemen, deren Bedeutung allenfalls aus dem Wechselspiel von Angebot und Nachfrage auf dem Markt ermessen wurde. Das Gebiet, auf dem die Rechenmeister die anspruchsvollsten Ergebnisse erzielt hatten, die cossistische Algebra, erschien in der von Descartes modifizierten Form in der *Géométrie* nur als ein Mittel zur Unterscheidung der verschiedenen Klassen von geometrischen Konstruktionsproblemen.

Die *Géométrie* wurde in Europa als ein Modell für Descartes' Methode begeistert angenommen. Vor diesem Hintergrund ist die Begegnung zwischen Faulhaber und Descartes bei Lipstorp ein Bild für die Konfrontation zweier Stile, mathematisches Wissen darzustellen. In diesem Sinn hat der in den Niederlanden zum Cartesianismus konvertierte Lipstorp Faulhaber als Repräsentanten einer durch Descartes obsolet gewordenen Art, Mathematik zu treiben, porträtiert, der im persönlichen Vergleich mit dem Vertreter der neuen Mathematik unterliegen muß. Die endgültige Durchsetzung der Mathematik Descartes' in der Generation eines Newton und eines Leibniz ließ den armen Faulhaber in Darstellungen des 18. Jahrhunderts seiner hoffnungslosen Unterlegenheit so stark bewußt werden, daß er, wie Scheibel, einer der von Lipstorp abhängigen Nacherzähler dieser Geschichte, im 18. Jahrhundert schrieb[434], «Cartesen für einen Engel hielt und sich mit seinen Händen zu versichern suchte, ob er auch wirklich einen Körper habe, den er ihm auf das Zeugnis seiner Augen beylegte.» Spätestens seit dieser Zeit stand unausrottbar fest, daß Faulhabers größtes Verdienst darin bestand, von Descartes besucht worden zu sein[435].

Lipstorps Begegnungsgeschichte ist durchaus in Übereinstimmung mit den Maßstäben seiner Zeit abgefaßt, wonach die Plausibilität eines Berichts wichtiger erscheint als seine im allgemeinen ohnehin nicht nachprüfbare Authentizität. Lipstorp ging es um die Meinung seiner Leser, die er ganz im Verständnis von Aristoteles' *Topik* mit buchstäblich wahrscheinlichen Gründen zu formen suchte. In diesem Sinn hat er z. B. psychologische Details wie den Hinweis auf Descartes' nur scheinbare Aufschneiderei in seine Geschichte eingebracht und sie damit für seine Leser wahrscheinlich gemacht. Dabei handelt es sich sicherlich nicht um eine absichtliche Verfälschung der ihm bekannten, offenbar schlecht recherchierten Fakten, sondern um die Ausgestaltung einer Geschichte, die ihm selbst als Metapher für die Auseinandersetzung zweier Denkstile nicht nur wahrscheinlich, sondern absolut wahr erschien; sie entsprach seinen eigenen Überzeugungen und Erwartungen, die er durch keine genauere Nachforschung, insbesondere über den für ihn uninteressanten Faulhaber, gefährden wollte. Lipstorp weiß z. B. nichts über die kabbalistischen Zahlenspekulationen von Faulhaber, die es noch viel leichter gemacht hätten, einen Vergleich zwischen Faulhaber und Descartes zugunsten des Franzosen zu entscheiden.

Im Übrigen ist der Rahmen der Lipstorpschen Begegnungsgeschichte ein Versatzstück, ein Topos, den Lipstorp schon etwas früher in seiner Descartes-Biographie bei dem ersten Zusammentreffen zwischen Descartes und Beeckman verwendet hatte[436]. Auch hier ging es darum, daß dem Amateur Descartes, der zu dieser Zeit als Freiwilliger im Heer des Prinzen Moritz von Oranien diente und dessen mathematische Talente sich nicht gerade aufdrängten, ein schwieriges mathematisches Problem in Form einer öffentlichen Ausschreibung vorgelegt wurde. Der junge Soldat löste das Problem, das er als Testfall für seine «Methode» betrachtete[437],

> ebenso leicht und schnell, wie einst Viète in nur drei Stunden alle Schwierigkeiten jenes Problems überwand, das Adriaan van Roomen den Mathematikern der ganzen Welt vorgelegt hatte.

Der Topos von der Überlegenheit des Amateurmathematikers gegenüber dem Berufsmathematiker hat seinen Ursprung in der Lipstorp mutmaßlich über seinen Lehrer van Schooten bekannt gewordenen Geschichte, wie der Rechtsberater des französischen Königs, Viète[438], die von dem Berufsmathematiker van Roomen vorgelegte Gleichung 45ten Grades[439] innerhalb kürzester Zeit löste[440] und später unter Hinweis auf seinen Status als mathematischer Liebhaber van Roomen vor ein für diesen unlösbares Problem stellte[441].

Es versteht sich bei dem von Lipstorp verwendeten Topos von selbst, daß der von Descartes' mathematischen Fähigkeiten, die natürlich seine eigenen weit überstiegen, zutiefst beeindruckte Beeckman ebenso wie später Faulhaber dem jungen Mann seine Bewunderung und Freundschaft zu Füßen legte. Den gegenüber Lipstorp skeptisch gewordenen Leser wird es nicht wundern, daß in dieser früheren Begegnungsgeschichte jeder Hinweis auf den Inhalt des fraglichen mathematischen Problems und in den erhaltenen Aufzeichnungen Beeckmans jeder Hinweis auf eine solche Geschichte fehlt[442].

Daß Lipstorps persönliche Überzeugung seine Begegnungsgeschichte zu einer allgemein als gesichert angesehenen Tatsache machte, hat mit einem nicht nur für diese Geschichte gültigen Phänomen zu tun. Plausibilität ist nur bedingt eine Funktion von Wirklichkeitsnähe, vor allem dann, wenn der Zugang zu der dahinterstehenden historischen Wirklichkeit weitgehend verschüttet scheint. Die Plausibilität einer Darstellung ist eine wesentliche Funktion der Übereinstimmung der Überzeugungen und Erwartungen von Autor und Leser. Als Lipstorp 1653 über die schon mehr als eine Generation zurückliegenden Ereignisse des Winters 1619/20 schrieb, konnte er mit einem Lesepublikum rechnen, das bereit war, an die Überlegenheit der cartesischen Methode zusammen mit der sie illustrierenden Mathematik und damit an seine Geschichte zu glauben.

Zeittafel

1545 Die *Ars Magna* von Girolamo Cardano erscheint in Nürnberg.

1554 Michael Stifel bringt Die *Coß Christoffs Rudolffs* in stark erweiterter und verbesserter Form in Königsberg heraus.

1578 Johann Jung läßt sein *Rechenbuch auff den Ziffern vnd Linien* in Lübeck drucken.

1580 Johannes Faulhaber wird am 5. Mai als Sohn des Webers Samuel Faulhaber in Ulm geboren.

1583 Der Vater Samuel Faulhaber stirbt.

ca. 1595 bis 1598 Faulhaber geht bei dem Modisten und Rechenmeister David Selzlin in die Lehre.

1599 Faulhaber arbeitet bei dem Ulmer Rechenmeister Johann Krafft als Provisor.

1600 Faulhaber heirate Ursula Eßlinger und eröffnet als deutscher Schulmeister in Ulm eine eigene Schule.

1603 François Viète stirbt.

1604 Faulhaber veröffentlicht die Aufgabensammlung *Arithmetischer Cubicossischer Lustgarten.*

1606 Erste Begegnung mit dem 1615 in Ulm hingerichteten Bäkker Noah Kolb, der Faulhaber in seinen religiösen Phantasien bestärkt und zur Vorhersage des Jüngsten Tages für dieses Jahr veranlaßt.

1608 Die *Arithmetica Philosophica* von Peter Roth erscheint in Nürnberg mit den Lösungswegen für alle Aufgaben des *Lustgartens.*

ab 1609 Faulhaber wendet sich nach einer Vereinbarung mit Peter Roth der mathematischen Praxis und dabei insbesondere dem Wehrbau zu; erste Veröffentlichungen auf diesem Gebiet erscheinen 1610.

1613 Faulhaber veröffentlicht u. a. die dem Kaiser gewidmete *Himlische Gehaime Magia Oder Newe Cabalistische Kunst*, deren Vertrieb in Ulm auf Betreiben der Kirchenbehörde verboten wird.

1614 bis 1616 Die wichtigsten Schriften der sogenannten Rosenkreuzerbewegung, die *Fama*, die *Confessio* und die *Chymische Hochzeit: Christiani Rosencreutz* werden in Kassel, Frankfurt und Straßburg veröffentlicht.

1618 Für das Jahr, in dem der 30-jährige Krieg beginnt, hat Faulhaber auf einem Kalenderblatt das Erscheinen eines Kometen am 1. September vorausgesagt; tatsächlich waren 1618 drei Kometen zu sehen, wobei der 1. September in die Zeit der Sichtbarkeit des ersten Kometen fiel.

1619 Faulhaber läßt die *Fama Siderea Nova* veröffentlichen, in der er aufgrund seiner Kometenvorhersage beansprucht, über ein von Gott geoffenbartes höheres Wissen zu verfügen. Noch im selben Jahr entbrennt eine durch die gegen Faulhaber gerichteten Schriften von Johann Baptist Hebenstreit und Zimbertus Wehe ausgelöste Auseinandersetzung zwischen den «Faulhaberiani» und ihren Gegnern, die sich bis 1621 hinzieht.

Faulhaber muß sich im Oktober in einem nichtöffentlichen «Deutschen Colloquium» für die in der *Fama* erhobenen Ansprüche verantworten.

Am 23. Mai erfolgt der Prager Fenstersturz, am 26./27. August die Wahl des Führers der Union, des Kurfürsten Friedrich V. von der Pfalz zum böhmischen König. Danach verbündet sich der im August von den Kurfürsten gewählte und im September gekrönte Kaiser Ferdinand II. mit Maximilian I. von Bayern, dem Führer der katholischen Liga gegen den neuen böhmischen König.

Der 23-jährige René Descartes kam nach den Krönungsfeierlichkeiten für Ferdinand II. in Frankfurt in den Donauraum, um sich den bayerischen Truppen anzuschließen; dabei hielt er sich möglicherweise im Winter 1619/20 in den Städten Ulm und Neuburg an der Donau auf.

1621 Ende des Jahres flieht Faulhaber aufgrund des härteren Vorgehens der Behörden vor seiner Gefangensetzung aus Ulm nach Augsburg.

1622 Der Arzt Verbez organisiert in Augsburg die Drucklegung von Faulhabers *Miracula Arithmetica*. Ulm läßt anläßlich der Fertigstellung der nach dem niederländischen System von van Valckenburgh geplanten Wehranlagen, an deren Bau auch Faulhaber beteiligt war, eine Medaille prägen. Faulhaber verläßt nach kurzem Aufenthalt Ulm wegen weiterer Querelen um seine kabbalistischen Zahlenspekulationen erneut, um zunächst nach Tübingen und im September nach Basel zu gehen, wo er bis Januar 1624 als Festungsbauingenieur tätig war.

1623 Mehrwöchiger Aufenthalt Faulhabers in den Niederlanden beim Prinzen Moritz von Nassau-Oranien.

1624 Faulhaber kehrt im Februar nach Ulm zurück und erhält nach seiner Aussöhnung mit den Vertretern der Kirchenbehörde eine Anstellung als Ingenieur der Stadt Ulm für drei Jahre, die 1628 aufgehoben und später unter veränderten Bedingungen für kürzere Zeit erneuert wurde.

1630 Faulhaber kann den ersten Teil seiner *Ingenieurs-Schul* in Frankfurt veröffentlichen. Die Teile zwei bis vier erschienen erst 1633 in Ulm.

1631 Mit der *Academia Algebrae* erscheint in Augsburg das neben den *Miracula Arithmetica* von 1622 reifste mathematische Werk Faulhabers.

1632 Faulhaber begegnet dem Schwedenkönig Gustav Adolf in Donauwörth, der im selben Jahr in der Schlacht bei Lützen fällt.

1635 Am 10. September stirbt Faulhaber an der in Ulm wütenden Pest.

Anmerkungen

1) Für Daten und Fakten aus dem Leben Faulhabers, die nicht unmittelbar den angezogenen Quellen zu entnehmen waren, konnte ich mich auf eine bereits verhältnismäßig umfangreiche Literatur stützen, deren Angaben allerdings gelegentlich, etwa bei der Anzahl der Geschwister von Faulhaber, variieren. Die wichtigsten biographischen Beiträge zu Faulhaber sind in der Reihenfolge ihrer Abfassung bzw. Veröffentlichung:
Georg Veesenmayer, *Commentatio historico-litteraria de Ulmensium in arithmeticam meritis exponens*, Ulm 1794;
Albrecht Weyermann, *Nachrichten von Gelehrten, Künstlern und andere merkwürdige Personen aus Ulm*, in zwei Bänden, Ulm 1798 und 1829; für Faulhaber speziell [Bd. 1], S. 206–215; von Weyermann existiert zusätzlich ein unveröffentlichtes Manuskript von 1812 mit dem Titel *Nachrichten von dem Leben und Schriften des Johann Faulhaber, Ingenieurs der Reichs Stadt Ulm*, das ebenso wie das etwas ältere Manuskript einer Faulhaberbiographie von Jakob Neubronner im Stadtarchiv Ulm aufbewahrt wird;
L. F. Ofterdinger, *Beiträge zur Geschichte der Mathematik in Ulm bis zur Mitte des 17. Jahrhunderts*, Ulm 1867 (= Programm des Königl. Gymnasiums in Ulm zum Schlusse des Schuljahrs 1866–67);
Jakob Rieber, Die Familie Faulhaber, in: *Ulmer Heimatblätter* **1**, 1928, Nr. 1/2, S. 2–4 und Nr. 3, S. 1 f.
Hermann Keefer, Johannes Faulhaber, der bedeutendste Ulmer Mathematiker und Festungsbaumeister des 17. Jahrhunderts, in: *Württembergische Schulwarte* **4**, 1928, S. 129–141;
Paul A. Kirchvogel, Johann Faulhaber, in: Charles Coulston Gillispie (Hrsg.), *Dictionary of Scientific Biography* Bd. 4, NY 1971, S. 549–553;
Gerhard Zweckbronner, Rechenmeister, Ingenieur und Bürger zu Ulm — Johann Faulhaber (1580–1635) in seiner Zeit, in: *Technikgeschichte* **47**, 1980, S. 114–132;
außerdem gibt es ein von Kurt Hawlitschek 1988 fertiggestelltes Manuskript, *Johann Faulhaber (1580–1635) — Der Archimedes der Stadt Ulm, 1. Teil: Sein Lebensweg.*

2) Ratsprotokoll vom 28.04.1620.

3) Neubronner (FN 1), S. 2.

4) Ratsprotokolle vom 18. und 28. Mai 1600.

5) Der Großteil des erhaltenen Briefwechsels von Faulhaber mit Kurz, überwiegend Briefe Faulhabers an Kurz, liegt heute in der Bibliothèque Nationale in Paris; Briefe dieses Briefwechsels werden mit «BN Paris» gekennzeichnet.

6) Siehe Briefe an Kurz vom 7. und 16.04.1605, vom 13.05.1605, 10.06. und 23.07.1605 (alle BN Paris).

7) Keefer (Anm. 1), S. 132.

8) Protokoll des Kirchenbaupflegamts vom 22.04.1623.

9) Ratsprotokoll vom 13.11.1605.

10) Brief Faulhaber an Kurz vom 22.01.1606 (BN Paris).

11) Brief Kurz an Faulhaber vom 5.08.1633 (Stadtarchiv Ulm).

12) Brief Faulhaber an Kurz vom 13.11.1604 (BN Paris).

13) Brief Faulhaber an Kurz vom 11.02.1605 (BN Paris).

14) Brief Faulhaber an Kurz vom 1.11.1630 (BN Paris).

15) Zitiert nach Keefer (Anm. 1), S. 134.

16) Ratsprotokoll vom 24.12.1606.

17) Protokoll des Kirchenbaupflegamts vom 4.07.1611.

18) Ratsprotokoll vom 29.10.1613.

19) Ratsprotokolle vom 7.07., 10.07., 12.07., 14.07., 19.07., 24.07., 26.07., 28.07. und 4.08.1615.

20) Ratsprotokolle vom 27. und 28.07.1615.

21) Brief Faulhaber an Kurz vom 15.11.1609 (BN Paris).

22) Brief Faulhaber an Kurz vom 3.12.1609 (BN Paris).

23) Johannes Faulhaber, *Newe Geometrische vnd Perspectiuische Inuentiones Etlicher sonderbahrer Instrument*, Frankfurt/Main 1610.

24) Johannes Faulhaber, *Newerfundener Gebrauch eines Niderländischen Instruments zum abmessen vnd Grundlegen mit sehr geschwindem vortheil zu Practiciern*, Augsburg 1610.

25) *Newe Geometrische vnd Perspectiuische Inuentiones*, Frankfurt/Main 1610, S. 9.

26) Ratsprotokoll vom 5.01.1610.

27) Ratsprotokoll vom 25.09.1611.

28) Johannes Faulhaber, *Speculum Polytechnum Mathematicum nouum* (übersetzt von Johannes Remmelin), Ulm 1612.

29) Protokoll des Kirchenbaupflegamts vom 11.02.1612.

30) Neubronner (FN 1), S. 11.

31) Siehe Ratsprotokoll vom 3.11.1613.

32) *Andeutung/ Einer vnerhörten newen Wunderkunst*, f. A IV r., wobei Faulhaber als Quelle Johannes Dobricius Sittanus, *Zeiterinnerer*, 1612, f. 49 angibt.

33) Protokoll des Kirchenbaupflegamts vom 2.09.1613.

34) Ratsprotokoll vom 10.09.1613.

35) Neubronner (FN 1), S. 12.

36) Golo Mann, *Wallenstein*, Frankfurt/M. 1971, S. 727.

37) Protokoll des Kirchenbaupflegamtes Ulm vom 27.07.1619, f. 647.

38) Brief an Rudolf von Bunau vom 21./31.01.1618 (Stadtarchiv Ulm).

39) [Johannes Remmelin], *Mysterium Arithmeticum*, o. O. 1615.

40) *Fama Fraternitatis*, Kassel 1614; *Confessio Fraternitatis*, Frankfurt/Main 1615; *Chymische Hochzeit*, Straßburg 1616.

41) Frances A. Yates, *Aufklärung im Zeichen des Rosenkreuzes*, Stuttgart 1975.

42) Offenbar nicht mehr vorhandener Brief Faulhaber an Rudolf von Bunau vom 21.03.1621, zitiert nach Keefer (Anm. 1), S. 135.

43) Siehe Ivo Schneider, *Isaac Newton*, München 1988, Kapitel 5, speziell S. 122.

44) Für die Machenschaften solcher bis weit ins 18. Jahrhundert wirkenden Betrugsalchimisten siehe z. B. Otto Krätz, *Faszination Chemie*, München 1990, die Abschnitte «Späte Alchemie» und «Chemische Betrüger».

45) Keefer (Anm. 1), S. 135.

46) Johannes Kepler, *De Cometis Libelli Tres*, Augsburg 1619, siehe Johannes Kepler, *Gesammelte Werke*, Bd. VIII, München 1963, S. 129–262, speziell S. 177; vergleiche auch Werner Landgraf, Über die Bahn des zweiten Kometen von 1618, *Sterne* **61**, 1985, S. 351–353.

47) Justus Cornelius, *Vindiciarvm Favlhaberianarvm Prodromus*, Ulm 1619, S.13.

48) Matthäus Beger, *Problema Astronomicum: Die Situs Der Sternen Planetarum oder Cometarum zu observirn*. o. O. 1619.

49) Ebenda, f. D I v.

50) Im Brief vom 31.08.1618 an Kurz (BN Paris) teilte Faulhaber mit, daß in den vergangenen Tagen «ein berüembter und vortrefflicher Mann» in Ulm weilte, der einen neuen Kometen beobachtete; Faulhaber bat Kurz, sich bei seinen Bekannten in Altdorf nach der Bahn und der Gestalt dieses Kometen zu erkundigen.

51) Im Brief an Kurz vom 1.06.1619 (BN Paris) gab Faulhaber vertraulich als Namen des Herausgebers der Schrift Theophilus Schweighart an.

52) Brief Faulhaber an Kurz vom 27.07.1619 (BN Paris).

53) Isaak Habrecht, *Kurtze vnd Gründliche Beschreibung eines Newen vngewohnlichen Sterns oder Cometen, welcher ... im November vnd December diß 1618. Jahrs erschienen*, Straßburg 1619, S. 34 f.; diese Angabe findet sich in Johannes Kepler, *Gesammelte Werke*, Bd. XVII, München 1955, S. 505.

54) Johann Baptist Hebenstreit, *De Cabala Log-Arithmo-Geometro-Mantica*, Ulm 1619.

55) Faulhaber an Kurz vom 11.10.1619 (BN Paris).

56) Johannes Kepler, *Ephemeris nova Motuum Coelestium ad annum vulgaris aerae M D C XVIII.* Linz o. J.; in: Johannes Kepler, *Gesammelte Werke*, Bd. XI, 1, München 1983, S. 75–94, speziell S. 91.

57) Zitiert nach Justus Cornelius, *Vindiciarvm Favlhaberianarvm Prodromus*, Ulm 1619, S. 17 aus Johannes Kepler, *New vnnd Alter Schreib Calender sambt dem Lauff vnd Aspecten der Planeten auff das Jahr Christi M. DC. XVIII. Prognosticum Astrologicum auff das Jahr MDCXVIII. Von natürlicher Influentz der Sternen in diese Nidere Welt.* Linz 1618.

58) Johann Baptist Hebenstreit, *De Cabala*, Ulm 1619, S. 26.

59) [Zimbertus Wehe] alias Hisaias sub cruce, *Expolitio famae sidereae novae Faulhaberianae.* Ulm 1619, S. 23.

60) Justus Cornelius, *Vindiciarvm Favlhaberianarvm Prodromus*, Ulm 1619.

61) C. Euthymius de Brusca, *Vindiciarvm Favlhaberianarvm. Continuatio.* Moltzheim 1620.

62) Albrecht Weyermann, *Nachrichten von Gelehrten, Künstlern und andere merkwürdige Personen aus Ulm*, [Bd. 1], Ulm 1798, S. 208.

63) Brief Faulhaber an Kurz vom 27.07.1619 (BN Paris).

64) Justus Cornelius, *Vindiciarvm Favlhaberianarvm Prodromus*, S. 13 und C. Euthymius de Brusca, *Vindiciarvm Favlhaberianarvm. Continuatio.* S. 24.

65) C. Euthymius de Brusca, *Vindiciarvm Favlhaberianarvm. Continuatio.* S. 18.

66) Ebenda, S. 24.

67) Siehe Abschnitte 2. 2. 3. bzw. 5. 1.

68) *Kanones Pveriles: Id est, Chronologia von Adam biß auff diß jetz lauffende Jahr Christi 1622. In Sechs vnderschidene Glieder außgetheilet/ vnd auß H. Schrifft Alten vnd Newen Testaments bewehret/ mit Zuziehung Heidnischer Antiquiteten vnd Astronomischer Rechnung. Der newlich in Truck außgangenen Chronologiae Pauli Felgenhawers Puschwizensis Bohemis so auch der Anno 1612. zu Hall außgangenen Jacobi Tilneri, welche fast mit der vorigen zutrifft/ entgegen gesetzt. Author Kleopas Herennius, alias, Phalaris von Neesek.* Ulm 1620.

69) Ratsprotokoll vom 17.09.1619.

70) Hisaias sub cruce, *Postulatum aequitatis plenissimum*, S. 10.

71) Hisaias sub cruce, *Expolitio famae sidereae novae*, S. 9.

72) Ebenda, S. 3.

73) F. Gr., *Απολόγημα praeparatorium adversus Cornelium Justum*, o. O. 1620.

74) Justus Cornelius, *Vindiciarvm Favlhaberianarvm Prodromus*, S. 22 f. und 30 f.

75) Brief Faulhaber an Kurz vom 20.12.1619 (Paris BN).

76) Ebenda, S. 28.

77) Albrecht Weyermann, *Nachrichten von Gelehrten, Künstlern und andere merkwürdige Personen aus Ulm*, [Bd. 1], Ulm 1798, S. 519.

78) Brief Faulhaber an Kurz vom 11.10.1619 (BN Paris).

79) Ebenda, S. 16.

80) Ebenda, S. 29.

81) Siehe Abbildung auf dem Frontispiz.

82) Sebastian Münster, *Cosmographey. Oder beschreibung Aller Länder herrschafften vnd fürnemesten Stetten des gantzen Erdbodens/ sampt jhren Gelegenheiten/ Eygenschafften/ Religion/ Gebreuchen/ Geschichten vnnd Handthierungen/ etc.*, Basel 1588; Faulhaber verwies auf Kapitel und Seiten der Ausgabe von 1574.

83) Keefer (Anm. 1), S. 135 f.

84) Brief Faulhaber an Sebastian Kurz vom 2.01.1627 (BN Paris).

85) Protokolle des Kirchenbaupflegamts vom 20. und 23.03.1621.

86) *Gründliche Warhaffte Erzehlung Was in den Etlich Jahr wehrenden aber noch nit zu End gebrachten Stritten zwischen Johann Faulhaber und Gegentheil sich verloffen, von einer eifrigen Christlichen Persohn getreulich an Tag geben*, o. O. 1621; nach Neubronner (FN 1), S. 81 und der handschriftlichen Biographie Faulhabers von Weyermann S. 31 stand David Verbez im Verdacht, Autor dieser Schrift zu sein.

87) Neubronner (FN 1), S. 22 f.

88) Ratsprotokoll vom 21.11.1621.

89) Ratsprotokolle vom 17., 19. und 20.12.1621.

90) Ratsprotokoll vom 6.04.1621.

91) Ratsprotokoll vom 24.12.1621.

92) Ratsprotokoll vom 20.03.1622.

93) Protokoll des Kirchenbaupflegamts vom 15.05.1622.

94) Brief Faulhaber an Sebastian Kurz vom 20.02.1623 (BN Paris).

95) Protokoll des Kirchenbaupflegamts vom 9.02.1624.

96) Das Brustbild ist auf dem Porträt Faulhabers von 1630 zu sehen und trägt die Umschrift: «Mavricivs D. G. Pr.».

97) Ratsprotokoll vom 31.03.1624.

98) Ratsprotokoll vom 2.04.1624.

99) Ratsprotokoll vom 26.05.1628.

100) Ratsprotokoll vom 16.09.1629.

101) Ratsprotokoll vom 9.03.1631.

102) Ratsprotokoll vom 11.08.1635.

103) Siehe vor allem den Brief Faulhabers an Sebastian Kurz vom 8.11.1631 (BN Paris).

104) Siehe Brief Faulhaber an Kurz vom 8.11.1631 (BN Paris), sowie biographische Angaben bei Doppelmayr, *Historische Nachricht*, Nürnberg 1730, S. 230.

105) Carl ist in verschiedenen Briefen Faulhabers an Kurz zwischen 1609 und 1631 erwähnt; auf seine Ausbildung bei Faulhaber verweisen insbesondere die Briefe vom 12.12.1609 und vom 30.03.1621 (beide BN Paris).

106) *Geheime Kunstkammer*, Nr. 1, S. 11.

107) *Geheime Kunstkammer*, Nr. 40, S. 18.

108) Albrecht Weyermann, *Nachrichten von Gelehrten, Künstlern und andere merkwürdige Personen aus Ulm*, [Bd. 1] Ulm 1798 berichtet S. 510, daß 1635 in Ulm «in wenigen Monathen 15000 Menchen an der Pest starben».

109) Bericht vom 7.09.1635 (Stadtarchiv Ulm).

110) Eberhardt Schulltheiß an Faulhaber vom 1.03.1630 (Stadtarchiv Ulm).

111) Remmelin an Sebastian Kurz vom 28.07.1630 (BN Paris).

112) Golo Mann, *Wallenstein*, Frankfurt/M. 1971, S. 709.

113) Faulhaber an Kurz vom 24.10.1632 (BN Paris).

114) *Academia Algebrae*, f. E III v.

115) *Academia Algebrae*, f. F I r. u. v.

116) Für diese Methoden siehe Ivo Schneider, Der Einfluß der Praxis auf die Entwicklung der Mathematik vom 17. bis zum 19. Jahrhundert, *Zentralblatt für Didaktik der Mathematik* **9**, 1977, S. 195–205, speziell S. 198f., Derek T. Whiteside, Henry Briggs: The binomial theorem anticipated, *Mathematical Gazette* **45**, 1961, S. 9–12 sowie Charles Naux, *Histoire des Logarithmes*, Band 1, *La découverte des logarithmes et le calcul des premières tables*, Paris 1964, Band 2, *La promotion des logarithmes au rang de valeur analytique*, Paris 1971, speziell Bd. 1, S. 110–114.

117) Für die Rolle der verschiedenen Formen des Festungsbaus in der mathematischen Praxis siehe Ivo Schneider, Die mathematischen Praktiker im See-, Vermessungs- und Wehrwesen vom 15. bis zum 19. Jahrhundert, *Technikgeschichte* **37**, 1970, S. 210–242, speziell S. 223–227.

118) Faulhaber an den Rat der Stadt Schaffhausen vom 19.02.1629 (Stadtarchiv Ulm).

119) Gideon (auch Gedeon), einer der Richter Israels, wurde von Gott berufen, Israel von den Midianitern zu befreien; um sicherzustellen, daß die Befreiung nicht als das Verdienst der Israeliten, sondern als Folge der Mitwirkung des Herrn verstanden werden mußte, wies Gott Gideon an, aus dem Heer der Israeliten von etwa 20 000 bis 30 000 Mann 300 aufgrund einer besonderen Prüfung auszuwählen, die dann eine etwa 100-fache Übermacht der Midianiter vernichteten bzw. in die Flucht schlugen. *Buch der Richter*, 6–9.

120) Staatsarchiv Schaffhausen, Ratsprotokolle 88, 257 (24.12.1628), die die Einladung zu dieser für den 29. Dezember 1628 anberaumten Begehung enthalten, wobei hier Löscher mit den Vornamen Johann Friderich erwähnt ist.

121) Staatsarchiv Schaffhausen, Militaria F 1, 23.

122) Siehe Christian Wolff, *Vollständiges Mathematisches Lexicon*, [Teil 1] 2. Auflage Leipzig 1734, Sp. 1340.

123) Staatsarchiv Schaffhausen, Militaria F 1, 31.

124) Jörg Zimmermann, Das 'Geheime Kriegsbuch' von Bürgermeister Heinrich Schwarz, *Schaffhauser Beiträge zur vaterländischen Geschichte* **44**, 1967, S. 60–73, speziell S. 60.

125) Für die Tätigkeit Faulhabers in Basel stütze ich mich auf die Artikel «Die Befestigungen der Stadt Basel» von C. H. Baer und Gustav Schäfer in C. H. Baer (Hrsg.), *Die Kunstdenkmäler des Kantons Basel-Stadt*, Bd. 1, Basel 1932, S. 143–298, speziell S. 154–158 und Christian A. Müller, Die Stadtbefestigung von Basel, 133. *Neujahrsblatt* (hrsg. von der Gesellschaft zur Beförderung des Guten und Gemeinnützigen), Basel 1955, speziell S. 54–59.

126) Hans Eugen Specker, *Ulm: Stadtgeschichte*, Ulm 1977, S. 186 f.

127) E. von Loeffler, Ein Ingenieur- und ein Artillerie-Offizier vom Platz der Festung Ulm aus der Zeit des 30jährigen Krieges, *Deutsche Militärzeitung* Jg. **60**, 1885, S. 346–348, 354–356, 362–364, 370–372, 378–380, 386–388, 394–396, speziell S. 348.

128) Faulhaber an Kurz vom 26.01.1620 (Paris BN).

129) Christian A. Müller, op. cit., S. 55.

130) Baer u. Schäfer, op. cit., S. 156.

131) Zitiert nach Christian A. Müller, op. cit., S. 60 nach einem Schreiben Faulhabers an den Rat von Ulm vom 19.08.1628.

132) Ibidem, wobei für den Brief auf den Bestand des Staatsarchivs des Kantons Basel-Stadt: Bau-Akten Z 1 verwiesen wird.

133) *Magdenburgischer Phoenix*, Augsburg 1632, f. A II v.

134) Jeremias Schiffle an den Rat der Stadt Augsburg vom 22.08.1620 (Stadtarchiv Augsburg, Handwerkerakten).

135) Faulhaber an den Rat der Stadt Augsburg vom 30.09.1621 (Stadtarchiv Augsburg, Handwerkerakten).

136) Gutachten der Bau- und Zeugmeister für den Rat der Stadt Augsburg vom 29.08.1620 (Stadtarchiv Augsburg, Handwerkerakten).

137) Die Aufgabe ist in Briefform an Hering gerichtet und weist kein genaues Datum auf. Einziger Hinweis auf die Abfassungszeit ist die Erwähnung von Faulhabers damaligem Lehrmeister David Selzlin und am Ende «1596 Jar» (Sondersammlungen des Deutschen Museums München).

138) *Arithmetischer Cubicossischer Lustgarten*, Tübingen 1604, f. 37v.

139) Girolamo (Geronimo) Cardano, *Artis magnae, sive de regulis algebraicis liber unus*, Nürnberg 1545.

140) *Lustgarten*, f.16v.

141) Adrianus Metius, *Institutiones Astronomicae et Geographicae. Fondamentale ende grondelycke Onderwysinge van de Sterre-Konst, ende beschryvinghe der Aerden*, Franeker 1614.

142) Siehe die Manuskripte in der Landesbibliothek Stuttgart, Signatur: Cod. math. 20 36a 8, 9 und 20 36, 3.

143) Brief Faulhaber an Matthäus Beger vom 16.04.1617, zitiert nach Keefer (Anm. 1), S. 130; der Brief ist heute in keinem deutschen Archiv nachweisbar.

144) Julius Gerhardinus (Hrsg), *Fama siderea nova. Gemein offentliches Außschreiben/ Deß Ehrnvesten/ Weitberühmbten vnd Sinnreichen Herrn Johanni Faulhabers*, Nürnberg [1619], f. C III r.

145) Peter Roth, *Arithmetica Philosophica, Oder schöne newe wolgegründte Vberauß Kunstliche Rechnung der Coß oder Algebrae, In drey vnterschiedliche Theil getheilt*, Nürnberg 1608.

146) *Arithmetica Philosophica*, f. 23r.–26r., speziell f. 23v.–24r.

147) *Arithmetica Philosophica*, f. 28r.–31r.

148) *Lustgarten*, f. 5v.

149) Da in der damals verwendeten abgekürzten lateinischen Schreibweise als Radikand einer Wurzel, radix oder abgekürzt rad., immer nur der unmittelbar nachfolgende Term bezeichnet wurde, mußte man für den Fall, daß der Radikand ein aus mehreren Gliedern bestehendes Aggregat ist, die Wurzel, rad., zusätzlich als alle Glieder des Aggregats umfassend, mit universalis oder abgekürzt vn. kennzeichnen.

150) *Arithmetica Philosophica*, f. 31r.–31v.

151) Christoff Rudolff, *Behend vnd hübsch Rechnung durch die künstreichen Regeln Algebre so gemeincklich die Coß genent werden*, Straßburg 1525. Spätere Auflagen, auf die sich die Generation von Faulhaber stützte, erschienen unter dem Titel *Die Coß Christoffs Rudolffs. Die schönen Exempeln der Coß. Durch Michael Stifel gebessert und sehr gemehrt* zum ersten Mal Königsberg 1554.

152) Für die in Nürnberger Prüfungsordnungen festgehaltenen Kenntnisse eines Rechenmeisters siehe Ivo Schneider, Der mathematische Unterricht der Cossisten unter besonderer Berücksichtigung von Johannes Faulhaber (1580–1635), in: *Naturwissenschaftlicher Unterricht und Wissenskumulation — Geschichtliche Entwicklung und gesellschaftliche Auswirkungen* (hrsg. v. Johann Georg Prinz von Hohenzollern und Max Liedtke), Bad Heilbrunn 1988, S. 127–141, speziell S. 127–129.

153) *Arithmetica Philosophica*, f. 23r.

154) *Arithmetica Philosophica*, f. 1v.

155) *Arithmetica Philosophica*, f. 2v.

156) Johann Jung, *Rechenbuch auff den Ziffern vnd Linien/ darinne allerley Kauffmans handlung*, o. Jahr; die Widmung an den Nürnberger Rechenmeister Johann Neudörffer ist datiert vom 1. März 1578. Das Buch von Jung konnte ich nur in der Bibliothek des Germanischen Nationalmuseums in Nürnberg nachweisen.

157) *Arithmetica Philosophica*, f. 3r.

158) David Eugene Smith, *Rara Arithmetica*, 4. Auflage, NY 1970 verweist S. 359 für das Jahr 1577 auf Jung, kann aber sein Rechenbuch nirgendwo nachweisen und vermutet deshalb, daß von Jungs Rechenbuch kein Exemplar mehr existiert. Moritz Cantor, *Vorlesungen über Geschichte der Mathematik*, 2. Auflage Bd. 2, Leipzig 1900, S. 626 kann in Unkenntnis des Buches keine Auskunft über das Verfahren von Jung zur Auflösung von Gleichungen höheren Grades geben. Ähnlich verhält es sich mit Cantors Kritiker Gustav Eneström, der in seiner Bemerkung zu dieser Stelle in *Bibliotheca Mathematica* $\mathbf{7}^3$, 1906/07, S. 389 f. nur über einen Hinweis von Faulhaber die Wahrscheinlichkeit dafür erhöhen kann, daß ein Rechenbuch von Jung existiert haben muß, dessen Editionsjahr 1577 er mit einem Fragezeichen versieht. Cantor und mit ihm Eneström beziehen sich auf C. J. Gerhardt, *Geschichte der Mathematik in Deutschland*, München 1877, S. 84–87; dort wird der Inhalt des Buches von Nicolaus Raimarus Ursus, *Arithmetica Analytica, vulgo Cosa, oder Algebra*, Frankfurt/Oder 1601, insbesondere dessen viertes Kapitel, das überschrieben ist «Von Johan Jungen erfindung», besprochen. Erst nach der Wiederentdeckung des Rechenbuches von Jung kann festgestellt werden, daß Raimarus Ursus Jung in diesem Kapitel z. T. wörtlich zitierte.

159) Die Ausgabe von Jungs *Rechenbuch* steht in der Bibliothek des Germanischen Nationalmuseums Nürnberg unter der Signatur H 2673 kl. 8°.

160) Jung, *Rechenbuch*, 1578, f. A II r. und v.

161) Jung, *Rechenbuch*, 1578, f. K III r. und v.

162) *Die Coß Christoffs Rudolffs. Die schönen Exempeln der Coß. Durch Michael Stifel gebessert und sehr gemehrt*, Königsberg 1554, f. 483 v.–f. 484 v.

163) Jung, *Rechenbuch*, 1578, f. K IV v.

164) Vgl. Johannes Tropfke, *Geschichte der Elementarmathematik*, 4. Auflage Bd. 1, *Arithmetik und Algebra* (neu bearbeitet v. Kurt Vogel, Karin Reich, Helmuth Gericke), Berlin/NY 1980, S. 447.

165) *Arithmetica Philosophica*, f. 41v.

166) *Arithmetica Philosophica*, f. 101v.

167) *Arithmetica Philosophica*, f. 155v.

168) Hier bedeutet «rad.» die oder eine Wurzel der Gleichung, kennzeichnet also die gewöhnliche Unbekannte einer Gleichung in der cossistischen Algebra, für deren verschiedene Potenzen jeweils eigene Bezeichnungen und Symbole verwendet werden. Zur Vereinfachung der Darstellung wird im Folgenden diese gewöhliche Unbekannte und ihre Potenzen durch x bzw. seine Potenzen ausgedrückt. Die Benennung «fl.» ist von

Fiorino, einer auch als Florin oder Floren bezeichneten und ursprünglich in Florenz geprägten Goldmünze, abgeleitet, und wurde damals als Abkürzung für Gulden verwendet.

169) *Arithmetica Philosophica*, f. 19v.–20v.

170) *Arithmetica Philosophica*, f. 155r. und v.

171) *Lustgarten*, f. 10v.

172) *Arithmetica Philosophica*, f. 56v.–57v.

173) *Arithmetica Philosophica*, f. 78v.–81v.

174) *Arithmetica Philosophica*, f. 85r.–85v. speziell 85r.

175) Siehe z. B. Aufgabe 146 des *Lustgartens*, bei der Faulhaber von einer kubischen Gleichung mit nichtverschwindendem Koeffizienten a des quadratischen Gliedes ausgeht, «nach Verkehrung der Position» die transformierte Gleichung mit verschwindendem quadratischen Glied und eine ihrer Wurzeln angibt und von dieser $\frac{a}{3}$ abzieht, um eine Wurzel der Ausgangsgleichung zu erhalten.

176) Michael Stifel, *Arithmetica integra*, Nürnberg 1544, f. 240 v.

177) Siehe *Diophanti Alexandrini opera omnia* (hrsg. v. Paul Tannery), Bd. 1, Leipzig 1893, S. 470–472.

178) Vgl. Johannes Tropfke, *Geschichte der Elementarmathematik*, 4. Auflage Bd. 1, *Arithmetik und Algebra*, S. 345–349.

179) Georg Simon Klügel, *Mathematisches Wörterbuch*, 1. Abtlg., *Die reine Mathematik*, 3. Teil, Leipzig 1808, S. 822–825.

180) *Lustgarten*, f. 26r. und v. sowie *Arithmetica Philosophica*, f. 101v.

181) *Lustgarten*, f. 26v.

182) *Arithmetica Philosophica*, f. 103r.

183) *Lustgarten*, f. 30v.

184) *Arithmetica Philosophica*, f. 116v.–117r.

185) *Lustgarten*, f. 33.

186) *Arithmetica Philosophica*, f. 124r.–125r.

187) Z. B. in Adam Riese, *Rechenung nach der lenge, auff den Linihen vnd Feder*, 1550, f. 102v–105v. und weniger ausführlich schon in der *Rechenung auff der linihen vnd federn*, die nach 1522 im 16. Jh. noch 90 Auflagen erlebte und damit den Namen von Riese sprichwörtlich machte. Vergleiche dazu Menso Folkerts, Zur Frühgeschichte der magischen Quadrate in Westeuropa, *Sudhoffs Archiv* **65**, 1981, S. 313–338.

188) *Arithmetica Philosophica*, f. 126r.–129v.

189) *Lustgarten*, f. 37v.

190) Gabriel Doppelmayr, *Historische Nachricht von den Nürnbergischen Mathematicis und Künstlern*, Nürnberg 1730, S. 165.

191) Siehe Brief vom 17.12.1604 (BN Paris).

192) [Michael Stifel], *Ein Rechen Büchlin Vom End Christ. Apocalypsis in Apocalypsim*, Wittenberg 1532.

193) Offenbarung Johannes 13, 18.

194) Keefer (Anm. 1), S. 129.

195) *Arithmetica Philosophica*, f. 171r.–174r.

196) *Arithmetica Philosophica*, f. 176r.

197) *Arithmetica Philosophica*, f. 176v.–184r.

198) *Arithmetica Philosophica*, f. 184r.–188v.

199) *Arithmetica Philosophica*, f. 189r.–190r.

200) *Arithmetica Philosophica*, f. 190r.–192r.

201) *Arithmetica Philosophica*, f. 125v.

202) Brief vom 6.10.1609 (BN Paris).

203) *Newer Mathematischer Kunstspiegel*, Ulm 1612, f. A IV r.

204) Brief Faulhaber an Kurz vom 10.12.1606 (BN Paris).

205) Brief an Kurz vom 11.09.1604 (BN Paris).

206) *Arithmetica Philosophica*, f. 125 v.

207) Onophrius Miller berichtet in seinem Brief vom 3.04.1608 (BN Paris) an Kurz, daß die Buchbinder in Ulm diesen Preis für Roths Buch auf der Messe in Frankfurt bezahlen mußten. Faulhaber weiß in seinem Brief vom 2.05.1608 (BN Paris), daß einer der beiden Ulmer Buchhändler, die Roths Buch gekauft hatten, sein offenbar gebundenes Exemplar zum Preis von einer Krone verkaufen konnte, während der andere auf seinem Exemplar sitzen blieb. Er meint dazu, «wanns er umb 10 oder 12 Batzen, so hete er 3 oder 4 Kauffleut, wenns aber so theuer ist, laßts man ligen».

208) Brief an Kurz vom 2.05.1608 (BN Paris).

209) Brief an Kurz vom 25.07.1608 (BN Paris).

210) Brief an Kurz vom 9.02.1609 (BN Paris).

211) Brief an Kurz vom 28.02.1609 (BN Paris).

212) Brief an Kurz vom 14.03.1609 (BN Paris).

213) Dieser Traktat sollte, wie Faulhaber Kurz mitteilte, unter dem Titel *Planimetrischer Perspektivischer Kunstspiegel* erscheinen. Tatsächlich hat Faulhaber dann 1610 einen Traktat veröffentlicht, der sich mit Vermessungswesen und Perspektive befaßte, allerdings unter dem veränderten Titel *Newe Geometrische vnd Perspectiuische Inuentiones* in Frankfurt erschien.

214) Brief an Kurz vom 9.02.1608 (BN Paris).

215) Brief an Kurz vom 23.05.1609 (BN Paris).

216) Brief an Kurz vom 12.06.1609 (BN Paris).

217) Ebenda.

218) Das bestätigt Faulhaber zumindest indirekt lange nach Roths Tod im Brief an Kurz vom 15.11.1621 (BN Paris).

219) Brief Faulhaber an Kurz vom 6.02.1610 (BN Paris).

220) *Academia Algebrae*, f. A III v.

221) Johannes Faulhaber, *Weitere Continuation deß Privilegirten Mathematischen Kunstspiegels*, Ulm 1626, S. 6.

222) Brief Faulhaber an Kurz vom 25.07.1630 (BN Paris).

223) *Academia Algebrae*, f. A IV v.

224) Für die Bedeutung der Privilegien in den Naturwissenschaften und in der Mathematik des 16. Jh. siehe Ivo Schneider, Urheberrechtliche Sicherung im naturwissenschaftlichen Schrifttum des 16. Jahrhunderts: Buchprivilegien bei Gemma Frisius (1508–1555), *Börsenblatt des Deutschen Buchhandels* Nr. 43, vom 31. Mai 1974, S. A 145–151.

225) Im Brief vom 19.03.1618 an Kurz (BN Paris) teilte Faulhaber die gleichzeitige Übersendung von 8 Exemplaren dieses Traktats mit.

226) *Warhafftige vnd Gründliche Solution oder Aufflößung einer Hochwichtigen Frag*, Ulm 1618, S. 22.

227) *Fama Siderea Nova*, f. C II v.

228) Johannes Faulhaber, *Zwey vnd Viertzig Secreta*, Augsburg 1621.

229) *Newer Mathematischer Kunstspiegel*, Ulm 1612, f. B I r.–B III r., wo Faulhaber aus 5 ihm «ertheilten Testimonien» zitierte.

230) Siehe Abschnitt 9.

231) *Miracula Arithmetica*, S. 43f., Kapitel 36.

232) *Miracula Arithmetica*, S. 45–56, Kapitel 37 bis 39.

233) *Miracula Arithmetica*, S. 56f., Kapitel 40.

234) *Miracula Arithmetica*, S. 57–59.

235) *Miracula Arithmetica*, S. 60.

236) Nicolaus Petri, *Practicque, Om te Leeren Rekenen Cypheren ende Boeckhouden*, Amsterdam 1598, f. 187 r. bis 188 v.

237) Petri, *Practicque*, Amsterdam 1598, f. 188 v. bis f. 192 r., wobei zwei Blätter mit 188 numeriert sind.

238) *Miracula Arithmetica*, S. 67.

239) Cossistisches Zeichen für x^3.

240) *Miracula Arithmetica*, S. 52.

241) *Miracula Arithmetica*, S. 70.

242) In Abraham Gotthelf Kästner, *Geschichte der Mathematik*, in vier Bänden Göttingen 1796–1800, Bd. 3, Göttingen 1799, S. 133 findet sich die folgende Information: «*Exemplum Arithmeticum*, d. i. eine Wortrechnung, vier Wort begreifend ... durch *Leonhardum Sutorium Gunzenhusanum Francum*, deutschen Schul- und Rechenmeisters zu Laugingen. 1620. Faulhaber zu Ehren, den Faulhaberischen *Zoilis* und *diffamanten* zur Antwort».

243) *Miracula Arithmetica*, S. 73.

244) *Miracula Arithmetica*, S. 60.

245) *Mémoire sur les équations algébriques où on démontre l'impossibilité de la résolution de l'équation générale du cinquième degré* erschienen im Selbstverlag in Oslo 1824.

246) Oystein Ore, Niels Henrik Abel, in: *Dictionary of Scientific Biography* (hrsg. v. Charles Coulston Gillispie) Bd. 1, NY 1970, S. 14.

247) *Miracula Arithmetica*, S. 63.

248) Descartes, *La Géométrie*, 1637, S. 383.

249) Descartes, *La Géométrie*, 1637, S. 351 zitiert nach der deutschen Übersetzung von Schlesinger, Leipzig 1923, S. 51.

250) *Géométrie*, S. 383f.

251) Detlev Cluver, *Nova Crisis temporum oder curiöser philosophischer Zeitvertreiber*, Hamburg 1703, S. 166.

252) *Lettres de Mr Descartes où sont expliquées plusieurs belles difficultez touchant ses autres Ouurages*, Tome second, Paris 1659, 2. Auflage 1666; es handelt sich dabei um Brief Nr. 95 dieser Ausgabe, deren erster Band 1657, in zweiter Auflage 1663 sowie in unveränderter dritter Auflage 1667 und deren dritter und letzter Band 1667 erschien.

253) *Oeuvres de Descartes* (hrsg. v. Charles Adam und Paul Tannery), Bd. 2, Paris 1898, S. 473.

254) Für Angaben über Baillet und Lipstorp siehe das abschließende Kapitel.

255) *Cogitationes Privatae*, deren Entstehungszeit um 1619 angesetzt wird; siehe *Oeuvres de Descartes* (hrsg. v. Charles Adam und Paul Tannery), Bd. 10, Paris 1908, S. 242.

256) [Adrien Baillet], *La Vie de Mr. Des-Cartes. Réduite en abregé.* Paris 1693, S. 42 f.

257) Der Umstand, daß sich heute noch ein Exemplar der *Miracula Arithmetica* Faulhabers in Stockholm, nämlich im Institut Mittag-Leffler findet, könnte mit Descartes' Aufenthalt in Stockholm zusammenhängen.

258) *Miracula Arithmetica*, S. 30.

259) *Miracula Arithmetica*, S. 31.

260) Der Begriff erscheint schon im selben Sinn als «columna» bei Francesco Maurolico in dessen *Arithmeticorvm libri dvo*, Venedig 1675.

261) Die Deutung des von Faulhaber als «Saul» bezeichneten Teilkörpers des Ikosaeders verdanke ich Herrn Hans Fischer.

262) *Miracula Arithmetica*, S. 31.

263) *Miracula Arithmetica*, S. 32–35.

264) Jakob Bernoulli, *Ars conjectandi*, Basel 1713, S. 87–89.

265) Jakob Bernoulli, *Ars conjectandi*, Basel 1713, S.94 f.

266) Für die Entwicklung der Produktdarstellung von figurierten Zahlen, Binomialkoeffizienten und kombinatorischen Zahlen, allerdings nur unter teilweiser Berücksichtigung der einschlägigen Leistungen von Faulhaber, siehe Anthony W. F. Edwards, *Pascal's arithmetical triangle*, London-NY 1987.

267) [Johannes Remmelin], *Numerus Figuratus*, o. O. 1614.

268) *Mysterium Arithmeticum*, o. O. 1615.

269) Johann Remmelin, *Sphyngis Victor*, Kempten 1619, f. B I r.

270) *Fama siderea nova*, Nürnberg [1619], f. B IV v.–C II r.

271) *Miracula Arithmetica*, S. 45.

272) *Academia Algebrae*, f. E II r.

273) Ulm 1614, zweite Auflage Ulm 1617.

274) *Newer Arithmetischer Wegweyser*, Ulm 1617, S. 83–85.

275) Dabei ist 6 die erste Differenz der Ikosaederzahlen mit dem Index -1; siehe dazu den Abschnitt 6 über die Potenzsummen.

276) *Miracula Arithmetica*, S. 35–41, Kapitel 33 und 34.

277) Wie wenig über die geometrisch-stereometrischen Grundlagen der Körperzahlen mit Ausnahme der Pyramidal- und der Hexaederzahlen noch im frühen 19. Jahrhundert bekannt war, zeigt der Artikel «Polyedralzahlen» in Georg Simon Klügel, *Mathematisches Wörterbuch*, Erste Abteilung, *Die reine Mathematik*, 3. Teil, Leipzig 1808, S. 825–828, wo es S. 828 heißt: «... allein die geometrische Herleitung der Polyedralzahlen habe ich, so viel ich nachsehen können, nirgends gefunden. Die Rechenmeister haben vielleicht gar ein Geheimniß daraus machen wollen».

278) Johannes Benz, *Manuductio ad Nvmervm Geometricvm*, Ulm 1621.

279) Francesco Maurolico, *Opuscula Mathematica*, Venedig 1575.

280) *Manuductio*, Kapitel 14, f. H IV.

281) *Manuductio*, Kapitel 15, f. I I r.

282) *Manuductio*, Kapitel 17, f. I IV.

283) *Manuductio*, Kapitel 20, f. L III r.

284) *Manuductio*, Kapitel 16, 18 und 19.

285) P. J. Federico, *Descartes on Polyhedra — A Study of the De Solidorum Elementis*, Springer-Verlag NY-Heidelberg-Berlin 1982, hält es zwar auf S. 118 für möglich, daß Faulhabers Arbeiten über Pyramidalzahlen den Ausgangspunkt entsprechender Überlegungen von Descartes über Pyramiden darstellten, meint aber offenbar in Unkenntnis des Inhalts der *Miracula Arithmetica*, daß Descartes' Polyederzahlen neu waren und ein neues Konzept erforderten.

286) *Miracula Arithmetica*, S. 41–43, Kapitel 35.

287) Kapitel 36 bis 43 der *Miracula Arithmetica*, S. 43–73.

288) Heinz Meyer, *Die Zahlenallegorese im Mittelalter — Methode und Gebrauch*, München 1975, speziell S. 77–80.

289) Johannnes Benz, *Manuductio ad numerum geometricum Kurtze wol gegründte Anführung/ zu Erkanndtnuß der Natur vnd Eygenschafften allerhand Arten der Figurierten oder Geometrischen Zahlen*, Ulm 1621; zitiert nach Wolfgang Breidert, Die figurierten Zahlen beim Ulmer Rechenmeister Johannes Benz, in: *Mathemata: Festschrift für Helmuth Gericke* (hrsg. v. Menso Folkerts und Uta Lindgren), Stuttgart 1985, S. 397–407.

290) Dies zeigen die Briefe Faulhabers an Kurz vom 26.01.1620, vom 31.03. 1620 und vom 16./26.03.1622 (alle BN Paris), wobei es sich zumindest 1620 mehr um eine Auseinandersetzung zwischen dem Faulhaberschüler und -freund Johannes Remmelin und Benz im Zusammenhang mit einer von Remmelin 1619 aufgegebenen Wortrechnung handelt.

291) *Oeuvres de Fermat* (hrsg. v. Paul Tannery und Charles Henry), Bd. 2, Paris 1894, S. 296f. Eine deutsche Übersetzung dieses Briefwechsels findet sich in Ivo Schneider (Hrsg.), *Die Entwicklung der Wahrscheinlichkeitstheorie von den Anfängen bis 1933 — Einführungen und Texte*, Darmstadt 1988, S. 25–40.

292) S. 153.

293) S. 73–76.

294) S. 75.

295) Vergleiche Kurt Hawlitschek, Der Archimedes der Stadt Ulm, *Praxis der Mathematik* **22**, 1980, S. 117–120, speziell S. 119, der sich der Vektorrechnung bedient, um nicht nur den von ihm so bezeichneten Satz von Faulhaber, sondern auch die dreidimensionalen Analoga zum Höhen- und Kathetensatz zu beweisen. Ein elementarer Beweis des Satzes von Faulhaber, der den Satz von Heron nicht benötigt, findet sich in Rudolf Fritsch, Vorschläge für Raumgeometrie in der Mittelstufe, *Der mathematische und naturwissenschaftliche Unterricht* **39**, 1986, S. 339–348.

296) *Miracula Arithmetica*, S. 76.

297) Hinweise finden sich z. B. in dem Artikel von M. Zacharias, Elementargeometrie und elementare nicht-euklidische in synthetischer Behandlung, in: *Encyclopädie der Mathematischen Wissenschaften mit Einschluß ihrer Anwendungen*, Bd. 3, Teil 1, 2. Hälfte, Leipzig 1914–1931, S. 859–1172 insbesondere der Abschnitt 21 a über das Tetraeder S. 1054–1067.

298) *General trattato*, 3. Teil, 2. Buch, S. 35 Nr. 10; vergl. Giovanni Sansoni, Sulle espressioni del volume del tetraedro e su qualche problema di massimo, *Periodico di Matematiche* $\mathbf{3}^4$, 1923, S. 20–50, speziell 26 f.

299) Leonhard Euler, Demonstratio nonnullarum insignium proprietatum quibus solida hedris planis inclusa sunt praedita, *Novi Commentarii Academiae Scientiarum Petropolitanae* **4** (1752/53), 1758, S. 140–160 sowie Euler, *Opera omnia*, Reihe 1, Bd. 26, Lausanne 1953, S. 94–108, speziell S. 107.

300) Euler verwendet ebenso wie später noch Gauß für das Quadrat a^2 die auch drucktechnisch weniger aufwendige Schreibweise aa.

301) Für die Berechnung von r, R und, wenn vorhanden, des Radius der Kantenkugel eines Tetraeders siehe z. B. August Leopold Crelle, *Lehrbuch der Elemente der Geometrie und der ebenen und sphärischen Trigonometrie*, Bd. 2, Berlin 1827, S. 648–657 und S. 736 f.; siehe dazu auch Rudolf Fritsch, Kantenkugeln — geometrische Anwendungen der linearen Algebra, *Mathematische Semesterberichte* **32**, 1985,

S. 84–109, der auf die Arbeit von August Leopold Crelle, Kugel, welche die Seiten der Pyramide berührt, in: *Sammlung mathematischer Aufsätze und Bemerkungen*, Bd. 1, Berlin 1821, S. 118–121 verweist.

302) Die Formel findet sich z. B. bei Christian von Staudt, Über einige geometrische Sätze, *Journal für die reine und angewandte Mathematik* **57**, 1860, S. 88 f.

303) *Oeuvres de Descartes* (hrsg. v. Charles Adam und Paul Tannery) Bd. 10, Paris 1908, S. 246 f.; der Satz des Pythagoras gilt allgemein im R^n; siehe z. B. G. Baley Price, On the Pythagorean theorem and the triangle inequality, *Pliska Studia mathematica bulgarica* **11**, 1991, S. 62–70.

304) Ibidem, S. 247 f.

305) Ibidem, S. 246.

306) *Newer Arithmetischer Wegweyser. Zu der Hochnutzlichen freyen Rechenkunst, mit Newen Inventionibus geziert*, 2. Auflage, Ulm 1617, S. 89 (erste Auflage, Ulm 1614).

307) Donald E. Knuth hat mich brieflich darauf aufmerksam gemacht, daß allgemein für beliebige Folgen a_n gilt:

$$^{t+1}\sum a_n = \frac{1}{t}\left[(n+t)\cdot {}^{t}\sum a_n - {}^{t}\sum n a_n\right].$$

308) Sie findet sich explizit in *Newer Arithmetischer Wegweyser*, 2. Auflage, Ulm 1617, S. 87 f.

309) Die entsprechende Formel findet sich in *Newer Arithmetischer Wegweyser*, 2. Auflage, Ulm 1617, S. 88 f.

310) *Newer Arithmetischer Wegweyser*, 2. Auflage, Ulm 1617, S. 87–92.

311) *Oeuvres de Descartes* (hrsg. v. Charles Adam und Paul Tannery), Bd. 10, Paris 1908, S. 241.

312) Siehe Ivo Schneider, Potenzsummenformeln im 17. Jahrhundert, *Historia Mathematica* **10**, 1983, S. 286–296, speziell S. 289 f.

313) Dieses Verfahren entspricht dem Gedanken nach, wenn auch mit Modifikationen, dem von Anthony W. F. Edwards, A quick route to sums of powers, *American Mathematical Monthly* **93**, 1986, S. 451–455 referierten Verfahren für die Potenzsummen ungerader Exponenten, das auf L. Tits, Sur la sommation des puissances numériques, *Mathesis* **37**, 1923, S. 353–355 und letztlich auf eine von Blaise Pascal benutzte Beziehung zurückgeht.

314) *Academia Algebrae*, f. C III v.

315) *Academia Algebrae*, f. C IV v.–D II r.

316) *Academia Algebrae*, f. C IV r.

317) *Academia Algebrae*, f. D I.

318) *Academia Algebrae*, f. D II r.

319) Für eine moderne Ableitung all dieser Ergebnisse im Rahmen eines Matrizenkalküls siehe A. W. F. Edwards, A quick route to sums of powers, *American Mathematical Monthly* **93**, 1986, S. 451–455; Edwards

hat außerdem in seinen Sums of powers of integers, *Mathematical Gazette* **66**, 1982, S. 22–28 die Geschichte der Potenzsummenformeln von Faulhaber über Blaise Pascal, Jakob Bernoulli, Leonhard Euler, Carl Gustav Jacob Jacobi bis in die zweite Hälfte des 19. Jahrhunderts beleuchtet.

320) Matthias Bernegger, *Manuale Mathematicum*, Straßburg 1612, 2. Auflage Straßburg 1619; in beiden Auflagen findet sich ein mit gesondertem Titelblatt versehener Abschnitt *Cubic Tafeln/ Sambt kurtzem vnterricht/ wie durch hülff derselben/ auß einer vorgegebenen Cubischen zahl/ die Wurtzel behend außzuziehen seye*, in dem die nachfolgenden Überlegungen Berneggers enthalten sind.

321) *Academia Algebrae*, f. D II r.

322) Matthias Bernegger, *Manuale Mathematicum*, Straßburg 1619, f. T[I] r.

323) Matthias Bernegger, *Manuale Mathematicum*, Straßburg 1619, f. T[I] v.–T II r.

324) Isaac Newton, *Methodus Differentialis* veröffentlicht in der von William Jones herausgegebenen *Analysis per Quantitatum Series, Fluxiones ac Differentias: cum Enumeratione Linearum Tertii Ordinis*, London 1711, S. 93–101.

325) *Academia Algebrae*, f. D III r.

326) Siehe Ivo Schneider, Jakob Bernoulli und Johannes Faulhaber über arithmetische Reihen höherer Ordnung, in: *Jahrbuch 1982 der Technischen Universität München*, München 1982, S. 132–140, speziell S. 137 f.

327) *Academia Algebrae*, f. D III v.

328) *Academia Algebrae*, f. D IV r.

329) *Academia Algebrae*, f. D IV v.

330) *Academia Algebrae*, f. D IV v.–E I r.

331) Selbstverständlich war das numerisch-empirisches Vorgehen bei der Entdeckung solcher Formeln und deren an Einzelfällen überprüfte Gültigkeit für Faulhaber vollkommen ausreichend, um nicht nur die Existenz, sondern auch die Richtigkeit einer solchen Darstellung zu sichern. Donald E. Knuth hat mir in einem Preprint von 1992 einen elementaren Beweis für die Darstellungsmöglichkeit höheren Potenzsummen in der von Faulhaber angegebenen Form mitgeteilt, der von meinem abweicht. Ich denke allerdings, daß das von mir vorgeschlagene Verfahren der Vorstellungswelt und den bei Faulhaber als bekannt nachgewiesenen Methoden besser angepaßt ist als das von Knuth.

332) *Academia Algebrae*, f. E IV v. und F I r.

333) Donald E. Knuth hat die Koeffizienten der Polynome in Summe der natürlichen Zahlen bzw. in n für diese Summen auf einer Rechenanlage nachgerechnet und nach einer brieflichen Mitteilung vom 6.04.1992 einen systematischen Fehler von Faulhaber bei der Ermittlung der $\sum n^{23}$ festgestellt.

334) Ismael Boullialdus (Boulliau), *Opus novum ad arithmeticam infinitorum Libris sex comprehensum*, Paris 1682, S. 221.

335) Johannes Faulhaber, *Newe Geometrische vnd Perspectiuische Inuentiones*, Frankfurt/Main 1610.

336) Johannes Faulhaber, *Newerfundener Gebrauch eines Niderländischen Instruments*, Augsburg 1610.

337) *Newe Geometrische vnd Perspectiuische Inuentiones*, S. 9.

338) Für die Entwicklung des Proportionalzirkels vor und nach Galilei siehe Ivo Schneider, Der Proportionalzirkel — Ein universelles Analogrechengerät der Vergangenheit, *Abhandlungen und Berichte des Deutschen Museums* Jg. **38**, Heft 2, 1970.

339) Galileo Galilei, *Le operazioni del compasso geometrico, et militare*, Padua 1606.

340) Matthias Bernegger, *D. Galilaei de Galilaeis, Patricii Florentini Mathematum in Gymnasio Patavino Doctoris excellentissimi, de Proportionum Instrumento a se invento quod meritò Compendium dixeris universae Geometriae, Tractatus*, Straßburg 1612; 2. Auflage Straßburg 1635.

341) Johannes Faulhaber, *Newer Mathematischer Kunstspiegel*, Ulm 1612.

342) Für die Konstruktion und die Funktionen des Bürgischen Reduktionszirkels siehe Ivo Schneider, Der Proportionalzirkel — Ein universelles Analogrechengerät der Vergangenheit, *Abhandlungen und Berichte des Deutschen Museums* Jg. **38**, Heft 2, 1970, S. 13–15 und 22–24.

343) *New erfundner Gebrauch deß Proportional Circkels zur Fortification*, Ulm 1617.

344) *Fama siderea nova*, f. C I v.

345) Die Titel dieser beiden nie erschienenen Traktate sind:
Ein Geometrische Newe Invention, Darmit man ohne allen Magnet, die Gehültz vnnd Felder/ inn Grundlegen/ Proportioniert/ vffreissen/ vnd hernach derselben Innhalt demonstratiuè Außrechnen soll, Ulm 1617;
Wunderliche Erfindung auß Albrecht Dürers seeligen Alten Invention Vom Gläßern Perspectiv Tisch/ mit einem Proportional Instrument verbessert, Ulm 1617.

346) *Der ander Theil der Ingenieurs-Schul*, Ulm 1633, f. 111–117.

347) *Warhafftige vnd Gründliche* Solution *oder Aufflößung einer Hochwichtigen Frag*, Ulm 1618.

348) Siehe Johannes Faulhaber, *Newer Arithmetischer Wegweyser*, 2. Auflage, Ulm 1617, S. 3 f.

349) Simon Jacob, *Ein New vnd Wolgegründt Rechenbuch/ auff den Linien vnd Ziffern*, Frankfurt/Main 1560; dieses große Rechenbuch im Quartformat erlebte Auflagen bis ins 17. Jahrhundert. Von dem kleinen *Rechenbüchlein auf den Linien und mit Ziffern*, Frankfurt/Main 1556 im Duodezformat sind Auflagen bis 1599 nachgewiesen.

350) Von Johann Weber ist nur das *Gerechnet Rechenbüchlein auf Erfurtischen Wein- und Tranks-Kauff*, Erfurt 1570 und 1583 bekannt.

351) Wilhelm Schey, *Aritmetica oder die Kunst zurechnen*, Basel 1600.

352) In Abraham Gotthelf Kästner, *Geschichte der Mathematik*, Bd. 3, Göttingen 1799 findet sich S. 129 der Hinweis auf eine Wortrechnung «von Mauritius Zons in seines Octavbüchleins 323 Blatt, 1602 edirt».

353) Peter Apian, *Eyn Newe vnnd wolgegründte vnderweysung aller Kauffmanß Rechnung in dreyen Büchern*, Ingolstadt 1527 mit weiteren bis mindestens 1580 nachweisbaren Auflagen in Frankfurt/Main.

354) Faulhaber verweist hier auf Beispiel 14 der *Coß Christoffs Rudolffs*, die Stifel 1554 in Königsberg herausgegeben hatte.

355) Anton Neudörfer, *Künstliche vnd Ordentliche Anweyßung der gantzen Practic*, Nürnberg 1599 mit weiteren Auflagen bis mindestens 1634.

356) Es muß sich dabei um ein Rechenbuch von Kurz handeln, das Doppelmayr, *Historische Nachricht von den Nürnbergischen Mathematicis und Künstlern*, S. 169 als 1600 zum ersten Mal erschienenes «arithmetisches *Compendium* in 8vo» bezeichnet.

357) Anton Schultze, *Rechenbuch auff Muentz vnd gewicht in Schlesien*, Frankfurt/Oder 1584 mit zwei Auflagen von 1600.

358) Wildsau, mit dem Faulhaber einen Briefwechsel unterhielt (drei Briefe von Faulhaber an Wildsau vom 8.06.1613, vom 18.07.1620 und vom 15.08.1620 liegen in der BN Paris) und auf den er verschiedentlich in seinen Briefen an Sebastian Kurz verwies, hatte offenbar ein Rechenbuch veröffentlicht, das auch eine Zinsrechnung enthielt. Wildsau wird aber weder von Doppelmayr noch von David Eugene Smith, *Rara Arithmetica*, 4. Auflage, NY 1970 erwähnt.

359) Verweis auf *Arithmetica Philosophica*, f. 99.

360) Simon Stevin, *Tafelen van Interest*, Antwerpen 1582 und *L'Arithmetique*, Leiden 1585 mit veränderten Auflagen bis weit ins 17. Jahrhundert hinein; diese Ausgaben enthalten Zinstabellen und deren Anwendung.

361) Nicolaus Petri, *Practicque Om te leeren Reeckenen/ Cypheren ende Boeckhouden/ met die regel Coss/ ende Geometrie/ seer profijtlijcken voor allen koop-luyden*, Amsterdam 1567, mit nachfolgenden Auflagen bis mindestens 1635.

362) *Warhafftige vnd Gründliche* Solution *oder Aufflößung einer Hochwichtigen Frag*, S. 19.

363) Wahrscheinlich handelt es sich um folgendes Werk: Passchier Goessens, *BUCHHALTEN fein kurtz zusammen gefaßt vnd begriffen*, Hamburg 1594; auf dem Titelblatt stellt sich Goessens als aus Brüssel stammender Schulmeister der französischen Sprache in Hamburg vor.

364) Über Weber, Beckmann, J. J. Roth und Katten konnte ich weder in Smith, *Rara Arithmetica* noch in anderen einschlägigen Bibliographien etwas finden.

365) Osswald Ulman und Caspar Thierfelder, *Neues Kunst-Rechenbuch auf der Linie und Feder*, Freiburg 1564; siehe Smith, *Rara Arithmetica*, NY 1970, S. 391.

366) Adriaan Vlacq (Vlack, Vlaccus), *Arithmetica logarithmica*, Gouda 1628.

367) Henry Briggs (Briggius), *Arithmetica logarithmica, sive logarithmorum chiliades triginta, pro numeris naturali serie crescentibus ab unitate ad 20 000 et a 90 000 ad 100 000*, London 1624.

368) John Napier (Neper), *Mirifici logarithmorum canonis descriptio*, Edinburgh 1614 und *Mirifici logarithmorum canonis constructio*, Leiden 1620.

369) Bartholomaeus Pitiscus, *Trigonometriae, Siue De dimensione Triangulorum Libri qvinqve*, 2. Auflage Frankfurt 1612 und *Thesaurus mathematicus sive Canon Sinuum ad radium 1.00000.00000.00000*, Frankfurt 1613.

370) Matthias Bernegger, *Manuale Mathematicum: darinnen begriffen die tabulae sinuum, tangentium, secantium, sowohl die Quadrat- und Cubictafel, sambt gründlichem Unterricht wie solche nützlich zu gebrauchen*, Straßburg 1612, 2. Auflage Straßburg 1619.

371) *Ingenieurs-Schul* Teil 1, 6. Regel, S. 39–45.

372) *Ingenieurs-Schul* Teil 1, S. 17 f.

373) Für diese Methoden siehe Ivo Schneider, Der Einfluß der Praxis auf die Entwicklung der Mathematik vom 17. bis zum 19. Jahrhundert, *Zentralblatt für Didaktik der Mathematik* **9**, 1977, S. 195–205, speziell S. 198 f., Derek T. Whiteside, Henry Briggs: The binomial theorem anticipated, *Mathematical Gazette* **45**, 1961, S. 9–12 sowie Charles Naux, *Histoire des Logarithmes*, Band 1, *La découverte des logarithmes et le calcul des premières tables*, Paris 1964, Band 2, *La promotion des logarithmes au rang de valeur analytique*, Paris 1971, speziell Bd. 1, S. 110–114.

374) Tatsächlich handelt es sich eindeutig um den von Marino Ghetaldi 1600 in Paris herausgegebenen *De Nvmerosa Postestatvm Pvrarum, atque Adfectarum Ad Exegesin Resolutione Tractatus* von François Viète.

375) Otto Wesselow, *Arithmetica Francisci Brasseri ... ab Ottone Wesselow ex Germanico in Latinum sermonem versa, atque in lucem edita*, Hamburg 1620; vergl. Smith, *Rara Arithmetica*, NY 1970, S. 615.

376) Damit ist wohl die mit einer Einleitung von Daniel Schwenter 1628 in Nürnberg unter dem Titel *Kurzer, doch gründlicher Bericht von Calculation der Tabularum Sinuum, Tangentium, Secantium* erschienene deutsche Übersetzung von Simon Stevins Sinustafeln gemeint. Siehe Alexander von Braunmühl, *Vorlesungen über Geschichte der Trigonometrie*, in 2 Bänden, Leipzig 1900/1903, Bd. 1, S. 236.

377) Eine Angabe über Jakob Müller gibt Faulhaber etwas später in der *Ingenieurs-Schul* Teil 1, S. 106, wo er auf dessen *Praxis Geometrica Vniuersalis* verweist.

378) Mutmaßlich Simon Stevin, *Wisconstighe Ghedachtenissen*, in zwei Bänden, Leiden 1608, wobei von dieser Werksausgabe fast zur selben Zeit eine französische und eine lateinische Übersetzung erschienen.

379) Außer der schon früher erwähnten *Practicque Om te leeren Reeckenen* konnte ich hier nichts finden.

380) Siehe *Ingenieurs-Schul* Teil 1, S. 88 f. mit dem Verweis auf Johann Ardüser, *Geometriae theoricae et practicae XII libri*, Zürich 1627 bzw. die Arithmetik von «Johann Lantzen», die ich aber bibliographisch nicht nachweisen konnte.

381) Samuel Maroloys, ... *Fortification, wie ein Ort nach der wahren und Fundamenthal-Kunst zubefestigen, anzugreiffen, zubestürmen, oder auch wider allen feindlichen Gewalt und Anlauff zubeschirmen* (vermehret, gebessert und erläutert durch Albert Gerhardt), Amsterdam 1627; es handelt sich dabei um eine deutsche Übersetzung der *Fortification, ou Architecture militaire, tant offensive que défensive* von Samuel Marolois, die als Teil seiner verschiedentlich (z. B. den Haag 1615) aufgelegten *Opera mathematica* erschienen.

382) Siehe *Ingenieurs-Schul* Teil 1, S. 93 f.

383) Nach Doppelmayr, *Historische Nachricht ...*, S. 168 lautet der Titel dieser 1623 in Nürnberg erschienenen Perspektive von Andreas Albrecht, *Zwey Bücher/ das erste von der ohne und durch die Arithmetica gefundene Perspectiva, das andere von dem dazu gehörigen Schatten.*

384) Siehe *Ingenieurs-Schul* Teil 1, S. 120.

385) Mit der durchaus nicht trivialen Berechnung des Radius für den Umkreis hat sich Johann Melder in einem Brief an Faulhaber vom 16.08. 1629 (Stadtarchiv Ulm) und im 19. Jahrhundert August Ferdinand Möbius (Ueber die Gleichungen, mittelst welcher aus den Seiten eines in einen Kreis zu beschreibenden Vielecks der Halbmesser des Kreises und die Fläche des Vielecks gefunden werden, in: *Crelle's Journal für die reine und angewandte Mathematik* **3**, 1828, S. 5–34) sowie Siegmund Günther (Über das irreguläre Siebeneck Faulhabers, in: *Sitzungs-Berichte der physikalisch-medizinischen Societät in Erlangen*, 1874, Heft 6) beschäftigt. Faulhaber gab nur das Ergebnis seiner von Melder geringfügig abweichenden Berechnung an, nicht aber den Weg, auf dem er zu seinem Wert gelangt war.

386) Für die Rolle der verschiedenen Formen des Festungsbaus in der mathematischen Praxis siehe Ivo Schneider, Die mathematischen Praktiker im See-, Vermessungs- und Wehrwesen vom 15. bis zum 19. Jahrhundert, *Technikgeschichte* **37**, 1970, S. 210–242, speziell S. 223–227.

387) *Dritter Theil der Ingenieurs-Schul*, Ulm 1633, Kapitel 7 und 10.

388) Anonym unter dem Titel *Discours de la méthode pour bien conduire sa raison et chercher la vérité dans les sciences* mit den drei Anhängen *La dioptrique*, *Les météores* und *La géométrie* in Leiden 1637 veröffentlicht.

389) Adrien Baillet, *La vie de Monsieur Descartes*, in zwei Bänden Paris 1691, Bd. 1, S. 80–86.

390) [Adrien Baillet], *La Vie de Mr. Des-Cartes. Réduite en abregé*, Paris 1693.

391) Ebenda, S. 32.

392) Ebenda, S. 42 f.

393) Baillet, Bd. 1, S. 67.

394) Gottfried Wilhelm Leibniz, Notata quaedam G. G. L. circa vitam et doctrinam Cartesii, in Christian Thomasius (Hrsg.), *Historia sapientiae et stultitiae*, Halle o. J., S. 113; wieder abgedruckt in: *Die Philosophischen Schriften von Gottfried Wilhelm Leibniz* (hrsg. v. C. J. Gerhardt), Bd. 4, Berlin 1880, S. 310–314 und in Ludovicus Dutens, *Gothofredi Guillelmi Leibnitii Opera Omnia*, Bd. 5, Genf 1768, S. 393–396.

395) *Francisci Vietae Opera Mathematica* (hrsg. v. Frans van Schooten), Leiden 1646 und *Geometria a Renato Descartes anno 1637 gallice edita, nunc autem ... in linguam latinam versa* (hrsg. v. Frans van Schooten), Leiden 1649, 2. Auflage mit Anhängen und Kommentaren in zwei Bänden Amsterdam 1659/61.

396) *Specimina*, S. 78 f.

397) *Miracula Arithmetica*, S. 60.

398) Siehe Johannes Kepler, *Gesammelte Werke*, Bd. 17, München 1955, Brief Nr. 865, S. 416.

399) Johannes Kepler, *Gesammelte Werke*, Bd. 17, München 1955, Brief Nr. 878, S. 432–434.

400) Johannes Kepler, *Gesammelte Werke*, Bd. 5, München 1953, mit einer Entstehungsgeschichte und einer Inhaltsangabe im Nachbericht S. 422–425.

401) *Oeuvres de Descartes* (hrsg. v. Charles Adam und Paul Tannery), Bd. 10, Paris 1908, S. 242.

402) *Warhafftige vnd Gründliche* Solution *oder Aufflößung einer Hochwichtigen Frag*, Ulm 1618, S. 26.

403) Lambertus A. Schenkelius Disulvius ist der Autor eines Werks über Gedächtniskunst, *De Memoria liber secundus: in quo est Ars Memoriae, ex ipso D. Thoma Aquinate, Doctore Angelico, Aristotele, M. T. Cicerone, F. Quinctiliano, Philosophorum et Oratorum Principibus, ac hujus etiam artis fontibus, aliisque, compendiose absoluteque et collecta, et latiore explicatione explicata*, Leodii 1595, das offenbar auch von Descartes gelesen und als völlig nutzlos verworfen wurde; siehe *Oeuvres de Descartes* (hrsg. v. Charles Adam und Paul Tannery) Bd. 10, Paris 1908, S. 230.

404) Diese Episode findet sich bei Baillet, Bd. 1, S. 102 f.

405) Lipstorp, *Specimina*, S. 77.

406) Kurt Hawlitschek hat in einem mir übersandten unveröffentlichten Manuskript *Descartes begegnete Faulhaber in Ulm* die von mir in einem ihm zugesandten Manuskript aufgeworfene Frage nach der Identität des von Faulhaber in den *Miracula Arithmetica* erwähnten Zolindius

alias Polybius durch eine Gleichsetzung von Polybius und Descartes beantwortet, ohne allerdings von der in der französischsprachigen Descartes-Literatur seit langem diskutierten Verwendung des Pseudonyms Polybius Cosmopolitanus durch Descartes nach der zitierten Stelle aus den *Cogitationes privatae* Notiz zu nehmen. Hawlitschek glaubt Polybius im Sinn von viele oder wiederholte Leben als ein griechisches Synonym für den Vornamen Renatus, der Wiedergeborene, von Descartes deuten zu können. Allerdings widerspricht eine solche Spekulation vollkommen der Bedeutung von $\Pi O \Lambda \Upsilon B I O \Sigma$, die dem Singular des Adjektivs $\pi o \lambda \acute{v}$ und des Substantivs $\beta \acute{\iota} o \varsigma$ entsprechend «langes Leben» und nicht «viele Leben» ist. Gewichtiger für die von Hawlitschek vorgeschlagene Identifikation scheint mir der Hinweis auf die von dem Faulhaberschen Zolindius alias Polybius geplante Veröffentlichung in Venedig oder Paris zu sein.

407) Übersetzt nach der Wiedergabe des lateinischen Originals in den *Oeuvres de Descartes* (hrsg. v. Charles Adam und Paul Tannery), Bd. 10, Paris 1908, S. 213 f.

408) Im lateinischen Original steht hier nur «in G. F. R. C.» was von den Herausgebern der Werke Descartes' offenbar als Abkürzung für «in Germania Fratribus Roseae Crucis» verstanden wurde.

409) Siehe *Oeuvres de Descartes* (hrsg. v. Charles Adam und Paul Tannery) Bd. 10, Paris 1908, S. 216.

410) Henri Gouhier, *Les premières pensées de Descartes — Contributions a l'histoire de l'anti-renaissance*, Paris 1958, S. 66–71.

411) Ibidem, S. 66 u. 71.

412) Ibidem, S. 109 f.

413) Ibidem, S. 110–116.

414) Siehe Abschnitt 1.2.

415) Amsterdam 1701.

416) *Oeuvres de Descartes* Bd. 10, S. 297.

417) Siehe dafür Abschnitt 1.3.

418) Dieses zusätzliche Argument für eine Identifizierung von Polybius und Descartes findet sich ebenfalls in dem unveröffentlichten Manuskript von Kurt Hawlitschek, *Descartes begegnete Faulhaber in Ulm.*

419) Siehe René Descartes, *Exercices pour les éléments des solides*, (hrsg. v. Pierre Costabel) Paris 1987, S. 54 und 105.

420) *Oeuvres de Descartes* Bd. 10, S. 218.

421) Ibidem; der im Original nicht mehr auffindbare Text der *Cogitationes privatae* wurde von Foucher de Careil, *Oeuvres inédites de Descartes*, in zwei Bänden, Paris 1859/60 (Bd. 1, S. 13) mit dem Datum 23.09.1620 übertragen, während Baillet (Bd. 1, S. 86), der sich auf dieselbe Aussage zu beziehen scheint, ausdrücklich auf den 23.02.1620 verweist.

422) Auch diese Stelle ist strittig zwischen Foucher de Careil und Baillet. Der lateinische Text des Originals wurde entweder mit «si librorum mihi sit copia» oder mit «si librariorum mihi sit copia» wiedergegeben und hat zu sehr verschiedenen Übersetzungen Anlaß gegeben, die aber mein Argument nicht beeinflussen. Siehe Henri Gouhier, *Les premières pensées de Descartes*, Paris 1958, S. 104 f.

423) Henri Gouhier, *Les premières pensées de Descartes*, Paris 1958, S. 107 f.

424) Johann Ephraim Scheibel, *Einleitung zur mathematischen Bücherkenntnis*, Bd. 2, Breslau 1769, S. 42.

425) Brief Faulhaber an Kurz vom 6.10.1609 (BN Paris).

426) Michael S. Mahoney, Descartes, Mathematics and Physics, in: *Dictionary of Scientific Biography* (hrsg. v. Charles Coulston Gillispie) Bd. 4, NY 1971, S. 55.

427) Ein berühmtes Beispiel eines Liebhabers der Mathematik, der für sein Land durch die Lösung eines mathematischen Problems Ehre einzulegen wußte, bietet François Viète; Viète hatte durch die Lösung einer von Adriaan van Roomen vorgelegten Gleichung 45ten Grades die Ehre Frankreichs gerettet; Mario Biaggioli hat mich mündlich darauf hingewiesen, daß es der Arzt und Universalgelehrte Geronimo Cardano, ebenfalls ein wirtschaftlich desinteressierter Liebhaber der Mathematik, als es nach der Veröffentlichung der Lösungen für bestimmte Typen kubischer Gleichungen zu einem Streit mit dem Rechenmeister und Praktiker der Mathematik Niccolò Tartaglia kam, als unter seiner (sozialen) Würde ansah, sich persönlich mit Tartaglia auseinanderzusetzen und das Feld seinem Schüler Ludovico Ferrari überließ. Für die bei diesem mathematischen «Duell» zu beachtenden Regeln wurde vorher ein Fechtmeister konsultiert.

428) Lambertus A. Schenkelius Disulvius, *De Memoria*, Leodii 1595 und *Gazophylacium*, Straßburg 1610.

429) Frances A. Yates, *Gedächtnis und Erinnern — Mnemonik von Aristoteles bis Shakespeare*, VCH Verlag Weinheim 1991, S. 275.

430) Siehe das in Johannes Faulhaber, *Warhafftige vnd Gründliche* Solution *oder Aufflößung einer Hochwichtigen Frag*, Ulm 1618, S. 26 abgedruckte Zeugnis von Schenkel.

431) Übersetzt nach dem Text der *Cogitationes privatae* in: *Oeuvres de Descartes* (hrsg. v. Charles Adam und Paul Tannery), Bd. 10, Paris 1908, S. 230.

432) Henk J. M. Bos, The structure of Descartes' Géométrie, in: Giulia Belgioiosa u. a. (Hrsg.), *Descartes: il Metodo e i Saggi (= Atti del Convegno per il 350° anniversario della pubblicazione del Discours de la Méthode e degli Essais*, Bd. 2), Rom 1990, S. 349–369.

433) Übersetzt nach Descartes, *La Géométrie*, 1637, S. 383.

434) Johann Ephraim Scheibel, *Einleitung zur mathematischen Bücherkenntnis*, Bd. 2, Breslau 1775/81, S. 43 f.

435) Margaret E. Baron, *The Origins of the Infinitesimal Calculus*, Oxford/ London usw. 1969 würdigt z. B. Faulhaber S. 151 mit dem einzigen Satz «Faulhaber, visited at Ulm by Descartes in 1620, found expressions for the sums of the powers of the natural numbers up to 13», der unter Berücksichtigung auf den in einer Fußnote gegebenen Hinweis auf die *Academia algebrae* von 1631 zusätzliches Erstaunen auslösen dürfte, weil Faulhaber gerade dort die Potenzsummen für die Exponenten 14 bis 17 bekannt machte.

436) Daniel Lipstorp, *Specimina Philosophiae Cartesianae*, Leiden 1653, S. 76 f.

437) Ibidem, S. 77.

438) Für Viètes nicht «professionelle» neue Auffassung von Mathematik siehe Ivo Schneider, François Viète, in: *Exempla historica — Epochen der Weltgeschichte in Biographien*, Bd. 27, *Die Konstituierung der neuzeitlichen Welt — Naturwissenschaftler und Mathematiker*, Frankfurt/Main 1984, S. 57–84.

439) Adriaan van Roomen, *Ideae mathematicae pars prima, sive methodvs polygonorvm*, Löwen 1593.

440) François Viète, *Ad problema, quod omnibus mathematicis totius orbis construendum proposuit Adrianus Romanus responsum*, Paris 1595.

441) François Viète, *Apollonius Gallus. Seu, Exsuscitata Apollonii Pergaei περι επαφῶν Geometria. Ad V. C. Adrianum Romanum Belgam*, Paris 1600.

442) *Oeuvres de Descartes* (hrsg. v. Charles Adam und Paul Tannery) Bd.10, Paris 1908, S. 48–51.

Quellenmaterial über Johannes Faulhaber

a) Veröffentlichungen von Johannes Faulhaber

Vorbemerkung: Der Umfang der aufgelisteten veröffentlichten Arbeiten Faulhabers reicht von Einblattdrucken bis zu mehrere hundert Seiten umfassenden Büchern. Da die Titel i. a. keinen Hinweis auf den Umfang geben, sind Umfangsangaben hinzugefügt. Die Angaben entsprechen der von Faulhaber bzw. seinem Drucker verwendeten Zählung nach Blättern und/oder Seiten. Die Drukker werden, soweit bekannt, jeweils nach dem Druckjahr genannt.

- *Arithmetischer Cubicossischer Lustgarten. Darinnen Hundert vnd Sechtzig Blümlein/ das ist/ außerlesner schöner künstlicher Exempel mit Newen Inventionibus gepflantzet werden. Welche theils auß Hieronymo Cardano/ vnnd andern Lateinischen Scribenten versetzt vnnd gezogen: Theils aber insonderheit die liebliche Polygonalische Röslin/ von newen zum Lust erzogen worden.*
Tübingen 1604 bei Erhard Cellius (43 Blätter)

- *Newerfundener Gebrauch eines Niderländischen Instruments zum abmessen vnd Grundlegen mit sehr geschwindem vortheil zu Practiciern.*
Augsburg 1610 bei David Franck (3 Blätter und eine Tafel)

- *Ein sehr nützlicher New erfundener Gebrauch eines Niderländischen Instruments zum Abmessen vnnd Grundtlegen mit sehr geschwindem Vortheil zu Practiciren.*
Frankfurt/M. 1610 bei Wolffgang Richter (Text wie bei dem Vorigen)

- *Newe Geometrische vnd Perspectiuische* Inuentiones *Etlicher sonderbahrer Instrument/ die zum Perspectiuischen Grundreissen der Pasteyen vnnd Vestungen/ wie auch zum Planimetrischen Grundlegen der Stätt/ Feldläger vnd Landtschafften/ deß-*

gleichen zur Büchsenmeisterey sehr nützlich vnnd gebrauchsam seynd.
Frankfurt/Main 1610 bei Wolffgang Richter (38 Seiten und 2 Tafeln)

• *Newer Mathematischer Kunstspiegel. Darinnen fürnemblich dreyerley Stuck zu sehen. Als erstlich/ ein gründtliche Verzeichnuß/ der wunderbarlichen Natur vnnd Eigenschafften/ etlicher Zahlen/ Danielis/ vnd der Offenbahrung Sanct Johannis.*
Zum andern/ ein newerfundner gebrauch/ Daniel Specklins Instruments/ zu abmessung der höhe/ tiefe/ weite vnd breyte/ wie auch zum Planimetrischen Grundlegen.
Zum driten/ ein Kurtzer doch klärlicher Bericht/ vonn einem sechsspitzigen Proportional Zirckel/ warzu derselbig fruchtbarlich zu gebrauchen seye.
Ulm 1612 bei Johann Meder (4 Blätter und 19 Seiten)

Eine von Johannes Remmelin besorgte lateinische Übersetzung dieses Traktats erschien unter dem Titel

• *Speculum Polytechnum Mathematicum nouum, tribus visionibus illustre, quarum extat una, fundamentalis aliquot numerorum Danielis et Apocalypseos naturae et proprietatis configuratio, altera, usus hactenus incognitus instrumenti Danielis Speccelii, ad altitudinum, profunditatum, longitudinum, latitudinumque dimensiones, nec non planimetricas delineationes accommodatio, postrema, brevis ac luculenta sexies acuminati proportionum circini, quibus fructuose iste adhibeatur, enarratio in omnium Mathesin adamantium emolumentum, prius germanice aeditum Authore Io. Faulhabero — latine conversum per Io. Remmelinum, Ph. et Med. Doctorem.* Ulm 1612

• *Andeutung/ Einer vnerhörten newen Wunderkunst. Welche der Geist Gottes/ in etlichen Prophetischen/ vnd Biblischen Geheimnuß Zahlen/ biß auff die letzte Zeit hat wöllen versigelt und verborgen halten.*
Darauß dann abzunehmen/ das Gott zu allen zeiten die Ordnung gehalten/ Daß er in den fürnembsten General Propheceyungen/ über die Hauptverenderungen/ sich der Piramidal Zahlen gebraucht/ wann er eine gewisse Zeit bestimmet.
Welches alles den Gelehrten/ in allerhand Faculteten / zu wolmeinender Auffmunterung vnd Vermanung dienen kan/ das sie

nach dem außgedruckten vnd klaren Befelch Gottes/ solche hochwichtige Zalen/ gründtlich zuerforschen/ keinen Fleiß sparen/ darmit der eygentliche Verstandt nach dem Beschluß der Göttlichen Mayestet/ endtlich recht an Tag kommen möchte.
Nürnberg 1613 bei Abraham Wagemann (12 Blätter)

Eine von Johannes Remmelin besorgte lateinische Übersetzung dieses Traktats erschien unter dem Titel

- *Ansa inauditae et admirabilis novae artis, quam Spiritus Dei arcanis aliquot propheticis et biblicis numeris ad ultima haec tempora obsignare et operire voluit.* Frankfurt/Main 1613

- *Himlische gehaime* Magia *Oder Newe Cabalistische Kunst/ vnd Wunderrechnung/ Vom Gog vnd Magog.*
Darauß die Weisen/ Verständigen vnd Gelerten/ so diser Göttlichen Kunst genugsam erfahren/ heimlich observieren *vnd fleissig außrechnen mögen/ die Beschaffenheit deß grossen Christenfeindts Gog vnd Magogs.*
Auß Teutschem/ Lateinischem/ Griechischem vnnd Hebraischem/ Kunst vnd wunder Alphabeth/ in verborgene Retzel eingewickelt/ vnd in den Truck gegeben.
gedruckt in Nürnberg 1613 bei Abraham Wagemann und verlegt von Remmelin in Ulm (16 Blätter)

Eine von Johannes Remmelin besorgte lateinische Übersetzung dieses Traktats erschien unter dem Titel

- *Magia arcana coelestis sive Cabalisticus, Novus, Artificiosus, et Admirandus computus, de Gog et Magog, ex quo sapientes, prudentes et eruditi hac divina arte sufficienter imbuti, proprietates maximi Christionorum hostis Gog et Magog observare secreto et curiose calculare poterunt; per Iohannem Faulhaberum, latine versum per Io. Remmelinum, Ph. et Med. Doctor.* Nürnberg 1613

- *Newer Arithmetischer Wegweyser. Zu der Hochnutzlichen freyen Rechenkunst, mit Newen* Inventionibus *geziert.*
Daraus ein fleissiger Praeceptor, *mit Göttlicher Hülff/ auch die harten* Ingenia *der Jugent (vermittelst der* didactica*) von einer Staffel zu der andern/ fruchtbarlich laiten vnd füren kan/ biß sie die* Species *vnd* Exempla, *in ganzen vnd gebrochnen Zahlen gründlich erlernen mögen.*
Auß den Aller erfahrnesten/ bewehrtesten vnnd Kunstreichsten

Authorn *diser Kunst/ mit fleiß* extrahirt, *vnd zusamen getragen.* Ulm 1614, 2. Auflage Ulm 1617 bei Johann Meder (1 Blatt und 93 Seiten)

- *Gemein offen Auß-Schreiben/ Deß Ehrnvösten/ Weitberümbten vnd Sinnreichen Herren Johann: Faulhabers/ Burgers vnd bestellten* Mathematici *in Vlm/ etc.*
Vor disem Schrifftlich beschehen: An alle Philosophos, Mathematicos, *sonderlich* Arithmeticos *vnd Künstler/ so auff allen* Vniversiteten *vnd Schulen/ oder anderer Orthen in Europa sein möchten.* (hrsg. v. Friedrich Schwedler)
Augsburg 1615 bei David Franck (2 Blätter und 4 Seiten)

- *New erfundner Gebrauch deß Proportional Circkels zur* Fortification.
Wie Nämblich von dem Regulierten vier Eck an/ biß vff das zwölff eck/ die Flügel/ Cordinen Gesichter vnd streichen/ etc. vff den Proportional Circkel zu tragen/ vnd Geometrisch zu verzeichnen. Deßgleichen wie mann solche Verzeichnuß hernach gebrauchen/ vnd im auffreißen Pasteyen vnd Vöstungen nützlich zu werck richten solle.
Ulm 1617 bei Johann Meder (Einblattdruck)

- *Ein* Geometrische *Newe* Invention, *Darmit man ohne allen* Magnet, *die Gehültz vnnd Felder/ inn Grundlegen/ Proportioniert/ vffreissen/ vnd hernach derselben Innhalt* demonstratiuè *Außrechnen soll.*
Sampt gründtlicher wiederlegung deß Groben vnd hochschädlichen jrrthumbs/ etlicher geschwornen Feldmässer/ welche offtermals bey abmässung/ inn einem Stuck vmb viel Jauchart gefehlt.
Darbey auch ein bedencken Angehenckt/ ob den vermeinten Grundlegern (welche etwann die Kunst/ im flug von andern abgesehen/ vnd doch die Euclidische Fundament/ nicht genugsamb durch die Erfahrung Practiciert.) In wichtigen fällen Allerdings zu trawen seye.
Allen Regenten vnnd Obrigkeiten/ zu wolmeinender Erinnerung vnd warnung/ darmit ins künfftig grösserer Schaden verhütet vnd niemandt im Abmässen vernachtheilt werden möchte.
Ulm 1617 bei Johann Meder (Einblattdruck)

- *Wunderliche Erfindung auß Albrecht Dürers seeligen Alten* Invention *Vom Gläßern Perspectiv Tisch/ mit einem Proportional Instrument verbessert.*
Dardurch die Stätt/ Vöstungen/ Landtschafften/ Auch andere Corpora Irregularia, *Perspectivisch auff gewisse Maß abgerissen/ vnd in Ihrer verjüngter Proportion Geometrisch für Augen gestelt werden könden.*
Beneben würd auch eine anleitung gegeben/ zu einem Glässern Pult Instrument/ dardurch man vermitelst eines Liechts/ die Figuren/ Gemäld/ Bilder/ vnnd Schöne Buchstaben/ leichtlich abzeichnen mag.
Allen Kriegs officirn, Ingenirn, *Bawmeistern/ Modisten/ Schreibern/ auch alenn Werckleutten/ Als Goldtschmiden/ Mahlern/ Bildhawern/ Zimmerleutten/ Schreinern/ Steinmetzen vnd andern künstlern Nützlich zu wissen.*
Ulm 1617 bei Johann Meder (Einblattdruck)

- *Ein Mathematisch newe* Invention, *einer sehr nutzlichen vnd geschmeidigen Hauß- oder Handmühlen.*
Augsburg 1617

- Continuatio, *Seiner neuen Wunderkünsten/ oder (wie es die berümbtesten Titulieren) Arithmetischen wunderwercken.*
Welche biß vff die letzte zeit versigelt vnnd verborgen blieben/ aber vor wenig Jahren den gelehrten vff allen Universiteten, *in gantzem* Europa proponirt.
Vnd von dem Authore, *etlichen Liebhabern/ dieser Kunst geoffenbahrt/ auch in gutem vertrauen schrifftlich* Communicirt.
Jetzo aber dem gemeinen nutzen zu gutem/ Autoris manu propria *außgezeichnet.* (hrsg. von Conrad Holtzhabius)
Nürnberg 1617 bei Ludwig Lochner (7 Blätter)

- *Warhafftige vnd Gründliche* Solution *oder Aufflößung einer Hochwichtigen Frag. Wie mann die Fristen/ welche ohne Interesse/ auff gewisse Ziel vnd Zeit hinauß zubezahlen verfallen/ wann manns auff einmahl vorher mit Abzug eines gewissen* percento, *einfachen Interesse deß Jars* anticipirt *oder Baar vor ein bezahlt/ Abrechnen solle/ das nit Interesse auff Interesse vnvermerckt darunder einschleiche.*
Ulm 1618 bei Johann Meder (1 Blatt und 26 Seiten)

• *Newe Arithmetische* Proportiones. *Der ZenßdeZenß Cossischen* Quantiteten, *gegen den Cörperlichen* Numeris Columnarum *von* Polygonalibus.
Neben einem Leichten Rätzel. Uff den Hochzeittlichen Ehrentag. Deß Ehrngeachten/ Jodoci Müllern Buchbinders vnnd Burgers alhie zu Vlm/ deß Ehrnhafften vnd Fürnemmen Herrn Onophrij Müllers/ Eines Ehrsamen Raths besagter Statt Vlm/ Zollers zu Geißlingen Ehelichen Ehrn Sohn.
Vnd dann auch Der Ern- vnd Tugentsamen Jungfrawen Catharinæ Wagnerin/ weylund deß Ernhafften vnd Fürnemmen/ Martin Wagners Burgers vnd Gastgebens zum Gulden Adler/ alhie/ seeligen hinderlassenen Ehelichen Ehrn Dochter/ Als Hochzeiterin. So den 28. Julij Anno *1618. gehalten Zur Hochzeitlichen verehrung* Praesentiert *vnd* Calculiert.
Ulm 1618 bei Johann Meder (3 Blätter)

• FAMA SIDEREA NOVA. *Gemein offentliches Außschreiben/ Deß Ehrnvesten/ Weitberühmbten vnd Sinnreichen Herrn Johanni Faulhabers/ etc. bestellten Mathematici vnd Rechenmeisters in Vlm/ etc. Anlangend Den Neuen: vnd durch ein sonderbare Invention lang zuvor prognosticirten Cometstern/ So den 6. Monatstag Decembr. deß ablaufenden 1618. Jahrs/ An alle Philosophos, Mathematicos, Sonderlich Astronomos vnd Gelehrte deß gantzen Teutschlands/ Authoris manu propria Schrifftlichen verfaßt und abgangen; Nun aber allen Gottliebenden Hertzen zu fernerer Nachrichtung/ den Sündlichen Weltburgern/ zur ernstlichen warnung/ vnd dann menniglich zum besten/ in offenen Truck publiciert.* (hrsg. von Julius Gerhardinus Goldtbeeg)
Nürnberg [1619] keine Druckerangabe (12 Blätter)

• *Zwey vnd Viertzig* SECRETA/ *welche er in deß H. Reichs Statt Augspurg offentlich zu* Affigieren/ *vnd männigklich zulehren von dem Löblichen* Magistrat *Gnädige Bewilligung erlangt hat.*
Augsburg 1621 bei David Franck (5 Blätter)

• *Erste Teutsche Lection/ so er im löblichen Fürstenthumb Württemberg offentlich angeschlagen vnd gehalten. Welche begreifft das* Prognosticon *vom Gog vnd Magog. So auff dem* Vnions *tag inn Vlm vbergeben worden. Da dann die Weissagungen von den letsten Zeytten dermassen auff ein ander geordnet/ das*

ein Prophetey die andere/ ohne vmbschwaiffenden Zusatz/ selber richtig erkläret vnd außleget.
Augsburg 1621 bei David Franck (1 Blatt und 12 Seiten)

- Appendix *Oder ANHANG Der* CONTINUATION *deß Newen Mathematischen Kunstspiegels/ etc.*
Augsburg 1621 bei David Franck (4 Blätter)

- Miracula Arithmetica. *Zu der* Continuation *seines Arithmetischen Wegweisers gehörig.*
Augsburg 1622 bei David Franck (5 Blätter und 94 Seiten)

- *Mechanische Verbesserung einer alten Roßmühlen, welche vor diesen der kön. Ingen. Damellus ... an Tag geben*
Ulm 1625 (4 Kupfertafeln)

- *Vlmische Tariffa. vber das kurtz: vnd lange Brennholz.*
Ulm 1626 bei Johann Meder (158 Seiten)

- *Mechanische Verbesserung einer Alten Roßmühlen/ welche vor diesem der Könighliche* Ingenieur Augustinus Ramellus, *etc. an tag geben.*
Da dann solche mühlen auff 6. gäng gerichtet/ vnd derselben ein solcher schwung beygefüget wirdt/ dardurch die gantze Mühlen viel leichter getrieben werden kan/ etc.
Ulm 1625 bei Jonas Saur (4 Blätter)

- *Weitere* Continuation *deß Privilegirten Mathematischen Kunstspiegels/ darinnen alle* Ingenieur *Bawmeister/ vnd andere Künstler newe* Inventiones, *so bißhero für vnmüglich gehalten worden/ Augenscheinlich sehen könden.*
Als Nämlich/ Welcher Gestalt man auff einem Stand vnverruckt der Instrument/ so wol planimetrisch *als* perspectivisch *etwas in grund legen/ vnd in wahrer verjüngter* proportion *auffreissen könde/ mit zweyerley vnderschiedlichen Instrumenten demonstrirt vnd gezeigt.*
Darnach welcher massen es müglich/ daß bey Nacht das Geschütz ohne den Magnet zurichten/ wie es beym Tag geslanden.
Vnd dann ein Abriß von einer Roß- vnd Handmühlin/ da dergleichen Werck/ ettliche Schweitzer vor diesem vmb 2000. Cronen taxiert vnd angeschlagen.
Ulm 1626 bei Jonas Saur (24 Seiten mit 2 Kupfertafeln)

- *Geheime Kunstkammer: Darinnen hundert allerhand Kriegs* Stratagemata, *auch andere Vnerhörte* Secreta, *vnd* Machinae mirabiles *zusehen/ dergleichen in Europa* (respective) *wenig zu finden.*
Ulm 1628 bei Jonas Saur (28 Seiten)

- *Ingenieurs-Schul/ Erster Theyl: Darinnen durch den* Canonem Logarithmicvm *alle Planische Triangel zur* fortification, *oder* Architectura Militari, Optica, Geodaesia, Geometria, *etc. gar leichtlich und behänd zu* solviren, *gelährt wird/ darneben die* Doctrina Triangulorum Sphaericorum *zur* Geographia, Gnomonica Astronomia *gehörig auch zu sehen.*
Auß Adriano Vlacq/ Henrico Briggio/ Nepero/ Pitisco/ Berneckhero vnd andern hochberümbten Authorn gezogen/ *vnd als den besten Safft vnd Kerrn in ein kurtz* Compendium *gebracht.*
Mit angehenckten Miraculosischen Kunst Quaestionen, *dergleichen hiebevor nie gesehen.*
Frankfurt/M. 1630 bei Johann Nikolaus Stoltzenberger (170 Seiten)

dazu kommt ein:

- APPENDIX *Oder Anhang deß Ersten Theils der Ingenieur-Schul Johann Faulhabers/ etc.*
Darinnen das gantze Fundament vnd rechte grund der Logarithmorum, *darauß sie entspringen vnd gemacht werden/ kürtzlich angedeutet vnd erleutert wird.* (7 Blätter)

- *Mathematische Andeutung der Ewigkeit/ Das ist: Avßrechnung deß in grösse Himmel vnd Erdens* Imaginierten *Sandbergs/ dardurch etliche auß den Alt Vättern die ewige Pein der Verdampten vorgestelt.*
Auch wieviel Jahr ein Vögelein/ so in tausendmal tausend Jahren ein Sandkörnlein abholte/ solchen Berg wegzutragen brauchte/ Auff zweyerley Weiß Calculirt *vnd auß dem Euclide* demonstrirt.
Sampt beygefügten einer andern erschröcklichen Betrachtung der Ewigkeit/ welche kein Sterblicher Mensch/ sondern der Ewige GOTT außrechnen mag.
Ulm 1631 bei Jonas Saur (8 Blätter)

• Academia Algebrae. *Darinnen die miraculossiche Inventiones/ zu den höchsten Cossen weiters* continuiert *vnd* profitiert *werden.*
Dergleichen zwar vor 15. Jahren den Gelehrten auff allen Vniversiteten *in gantzem Europa* proponiert, *darauff* continuiert, *auch allen* Mathematicis *inn der gantzen weiten Welt* dediciert, *aber bißhero/ noch nie so hoch/ biß auff die regulierte/* Zensicubiccubic *Coß/ durch offnen Truck* publiciert *worden.*
Welcher vorgesetzet ein kurtz Bedencken/ Was einer für Authores nach ordnung gebrauchen solle/ welcher die Coß fruchtbarlich/ bald/ auch fundamentaliter lehrnen vnd ergreiffen will.
Augsburg 1631 bei Johann Ulrich Schönigk (22 Blätter)

• *Magdenburgischer* Phoenix *Das ist: Ein hochnutzliche Newe Erfindung einer* Retirada, *für junge Kinder vnd Säugling/ auch andere vnschuldige Personen/ welche man in Zerstörung vnd abbrennung grosser Stätt/ begert zu saluieren/ vn bey dem Leben zu erhalten.*
Auß dem Erschröcklichen Exempel Magdeburg Inuentiert, *weil allda in den Kellern so vil Leut erstickt/ aber allhie gelehrt wird/ wie dieselbige jetzo zu bawen vnd zumachen seyn/ daß man gnugsamen Lufft darinnen haben möge.*
Allen Partheyen/ welche nach möglichkeit verhüten köndten/ daß nie vnschuldig Blut vergossen werde/ zum besten/ jetzo erstmahls vffs Papier gebracht.
Augsburg 1632 bei Andreas Aperger (4 Blätter und 15 Seiten)

• *Publicirte neue Inventiones,*
Augsburg 1632

• *Vernünfftiger Creaturen Weissagungen/ Das ist: Beschreibung eines Wunder Hirschs/ auch etlicher Heringen vnd Fisch/ vngewohlicher* Signaturen *vnd* Characteren, *so vnderschidlicher Orten gefangen/ worden.*
Auß den gehaimen Zahlen deß Propheten Danielis/ vnd der Offenbarung S. Johannis erklärt/ vnd was sie bedeuten möchten/ vermuthlich angezaigt.
Augsburg 1632 bei Johann Schultes (15 Blätter)

• *Anderer Theil der* Ingenieurs *Schul. Darinnen die* Regular Fortification, *sampt den Aussenwercken/ durch vnd ohne Rechnung mit newen* Inventionibus *gelehrt werden.*

Welches nicht allein durch den Canonem Logarithmicum, *sondern auch durch new* Inventierte Instrument, *so deutlich vnd klar für die Augen gestelt wird/ daß auch einer gleichsamb ohne Mundlichen Bericht/ solche* Fortifications *Kunst leichtlich begreiffen kan.*
Ulm 1633 bei Jonas Saur

- Ingenieurs *Schul Dritter Theil. Darinnen Die* Irregular Figuren *zu* Fortificirn, *durch vnnd ohne Rechnung mit vnderschidlichen Newen* Inventionibus *gelehrt werden.*
Insonderheit etliche Secreta, *wie theils durch die* Algebram *die subtileste* Questiones, *so in der* Fortification *für fallen mögen/ zu solviren/ vnd theils durch new* Inventi*erte* Instrument *vnderschidliche* Irregulares Figuras Royal *zubezaychnen/ auch wie man sonsten im Bawen grossen Vnkosten ersparen/ vnd dannocht alles zum bestand richten könde.*
Auß aygner Erfahrung/ in grosser berümpter Stätten Fortifications *Gebäwen* practicirt, *vnd jetzo vff vielfaltiges begeren an den Tag gegeben.*
Ulm 1633 bei Jonas Saur

- Ingenieurs *Schul/ Vierdter Teil. Von Fortificatione Practica Offensiva et Defensiva.*
Da Gelehrt würdt/ wie deß Feindes Vöstungen zu belägern/ sich darvor Zubeschantzen/ solche zu Vmbzinglen/ Zubeschiessen/ Zubestürmen vnnd Zuerobern: Entgegen wie ein jede Statt/ wann sie vom Feind Belägert/ mit vnderschidlichen Fortifications Wercken/ vnd gegenwehren/ wider allen Gewalle/ mit Göttlicher Hülff defendiert vnd Beschirmbt werden möchte.
Mit etlichen Newen Mechanischen Inventionibus vnd Stratagematibus fürgestelt/ dergleichen bißhero im Truck nit gesehen.
Ulm 1633 bei Jonas Saur

b) Briefe und andere Quellen zum Leben von Johannes Faulhaber

1 Briefe in der Bibliothèque Nationale in Paris.

In der Handschriftenabteilung der Bibliothèque Nationale in Paris liegt ein Konvolut von fast 400 Briefen, das die größte Sammlung der bis heute bekannt gewordenen Faulhaberbriefe enthält. Es handelt sich dabei, von einem undatierten Brief von Kurz an Faulhaber abgesehen, ausschließlich um Briefe an den Nürnberger Rechenmeister Sebastian Kurz.

Die in Paris liegenden 266 Briefe Faulhabers an Kurz beginnen mit dem 17.04.1604 und enden mit dem 23.11.1633; viele dieser Briefe bestehen nur aus kurzen Mitteilungen, einige sind ziemlich ausführlich.

Das Konvolut der an Kurz geschriebenen Briefe in Paris enthält neben den Faulhaberbriefen

- 91 Briefe von Onophrius Miller an Sebastian Kurz beginnend mit dem 13.12.1606 und endend mit dem 9.07.1621;
- 25 Briefe von Johannes Remmelin an Sebastian Kurz beginnend mit dem 22.03.1614 und endend mit dem 20.06.1632.

Sowohl der Gegenschreiber in Geislingen Onophrius Miller als auch der Arzt Johannes Remmelin waren mit Faulhaber gut bekannt bzw. befreundet; insbesondere die Briefe von Miller nehmen sehr oft auf Faulhaber Bezug, u. a. weil dieser in seinen späteren Jahren in Zeiten starker Arbeitsbelastung seine Anliegen an Kurz über Miller mitteilen ließ.
Außerdem enthält das Konvolut die folgenden 11 weiteren Briefe:

- Faulhaber an den Nürnberger Rechenmeister Augustin Wildsau oder Wildtsaw vom 8.06.1613, vom 18.07.1620 und vom 15.08.1620;
- Faulhaber an den Nürnberger Baumeister, Ingenieur und späteren Zeugmeister Hans Carl vom 22.12.1619;
- Faulhaber an den Nürnberger Bernhart Rohner, einen ehemaligen Schüler Faulhabers, vom 3.12.1609;
- Faulhaber an den Nürnberger Matthäus Beck vom 16.03.1619;
- Abraham Hering, ein Ulmer Rechenmeister, an Kurz vom 16.12.1604;

- Onophrius Miller junior an Kurz vom 19.08.1617 und vom 2.09.1617;
- Johann Matthäus Faulhaber an Kurz vom 16.07.1626 und vom 15.02.1630.

Hinzukommt eine für Faulhaber bestimmte Sammlung von 12 Aufgaben von Abraham Hering vom 11.09.1608.

2 Bestände des Stadtarchivs Ulm.

Die folgenden 30 Briefe von und an Faulhaber sowie ein für Faulhaber gedachter Brief des Steinmetzes Peter Half an den Sohn Johann Matthäus Faulhaber vom 3.05.1629 liegen heute im Stadtarchiv Ulm:

- Faulhaber vermutlich an Remmelin vom 26.09.1629 (Brieffragment);
- Faulhaber an den Rat der Stadt Schaffhausen vom 31.12.1628 und ein Gutachten ebenfalls an den Rat der Stadt Schaffhausen vom 19.02.1629;
- Matthäus Beger, Tuchscherer und Liebhaber der Mathematik in Reutlingen, an Faulhaber vom 13.06.1626;
- Rudolph von Bunau, ein an den Rosenkreuzern interessierter, mutmaßlich aus Sachsen stammender Adliger, an Faulhaber vom 16.02.1618;
- Joseph von Furttenbach, ein lange in Ulm tätiger Baumeister und Liebhaber der Mathematik, an Faulhaber vom 23.11. 1630;
- Hans Ulrich Krafft, Herrschaftspfleger zu Geislingen, an Faulhaber vom 25.08.1618;
- ein Mitglied der Familie Krafft von Delmensingen an Faulhaber vom 10(?).08.1623;
- Sebastian Kurz an Faulhaber vom 3.10.1609, vom 14.05.1615 und vom 5.08.1633;
- Johann Melder, ein Liebhaber der Mathematik, an Faulhaber vom 16.08.1629;
- Daniel Mögling, der mit der Rosenkreuzerbewegung in Verbindung gebrachte Leibarzt und «Mathematicus» des Landgrafen Philipp von Hessen-Butzbach, an Faulhaber vom 1.02. 1619(?), vom 22.10.1625 und undatiert, mutmaßlich um 1627;
- Johannes Remmelin an Faulhaber vom 1.01.1630;

- Christoph Roll, ein Rechenmeister und Modist in Isny, an Faulhaber vom 10.07.1621;
- Hans Schad an Faulhaber vom 16.10.1620;
- ein Mitglied der Ulmer Patrizierfamilie Schad an Faulhaber (Brieffragment) vom 6.03.1632;
- Heinrich Schikhardt aus Stuttgart an Faulhaber vom 4.05. 1631;
- Wilhelm Schickhard auch Schickhardt, der bekannte Geograph, Erfinder einer Rechenmaschine und Professor des Hebräischen und der Mathematik in Tübingen, an Faulhaber vom 5.01.1629 und vom 12.04.1629;
- Eberhardt Schulltheiß, ein ehemaliger Professor in Tübingen, an Faulhaber vom 1.03.1630;
- Sebastian Spörlin, Altbürgermeister von Basel, an Faulhaber vom 25.09.1632;
- David Verbecius, der ehemalige Ulmer Stadtarzt, an Faulhaber vom 16.03.1627 und
- Philibert Vernatt, ein Glücksritter und ehemaliger Schüler Faulhabers, an Faulhaber vom 10.03.1616 und vom 14.04.1619.

Außerdem gibt es das nicht datierte Fragment eines Briefes mit der Berechnung einer Aufgabe des Ingenieurs Andreas Hörr an Faulhaber, eine von einem Unbekannten an Faulhaber geschickte Berechnung einer Aufgabe ohne Datum sowie ein ebenfalls undatiertes Alphabet frommer Bibelsprüche von Ulrich Baldinger.

Wichtige Materialien zum Leben von Johannes Faulhaber enthalten die Protokolle des Rats und des Pfarrkirchenbaupflegamtes von Ulm, von denen Filmkopien im Stadtarchiv Ulm aufbewahrt werden. Transskriptionen dieser Materialien sind von Kurt Hawlitschek angefertigt worden. Gesondert davon finden sich im Stadtarchiv Ulm die Unterlagen, die zum Verhör Faulhabers durch den Ulmer Rektor Hebenstreit führten, sowie das ebenfalls von Kurt Hawlitschek transskribierte Protokoll dieses «Deutschen Colloquiums» unter der Nr. U 5983.

3 Bestände der Landes-Bibliothek Stuttgart.

In der Landes-Bibliothek Stuttgart finden sich unter den Signaturen Cod. math. 2° 36 und Cod. math. 2° 36a die folgenden zwei Briefe von und 15 Briefe an Faulhaber:

- Faulhaber an den Nürnberger Rechenmeister Sebastian Kurz vom 10.12.1606;
- Faulhaber an den Pfarrer von St. Jakob in Augsburg Leonhard Lutz vom 23.03.1634;
- Anonymus an Faulhaber vom 30.03.1632;
- Matthäus Beger, Tuchscherer und Liebhaber der Mathematik in Reutlingen, an Faulhaber vom 26.01.1619;
- Johann Georg Brengger aus Kaufbeuren an Faulhaber vom 17.06.1617, vom 21.02.1619, vom 2.09.1625, vom 7.04.1626 und vom 3.12.1629;
- Ludolph van Ceulen (Cölln), durch seine Berechnung der Kreiszahl bekannt gewordenener Fechtmeister und Mathematiker in den Niederlanden, an Faulhaber vom 7.06.1609;
- Ursula Faulhaberin an Faulhaber, ihren Mann, vom 20.06. 1617;
- Leonhard Lutz, Pfarrer von St. Jakob in Augsburg, an Faulhaber vom 5.03.1634 und vom 19.08.1635;
- Daniel Mögling, der mit der Rosenkreuzerbewegung in Verbindung gebrachte Leibarzt und «Mathematicus» des Landgrafen Philipp von Hessen-Butzbach, an Faulhaber vom 2.01. 1619, vom 8.05.1634 und vom 15.08.1634 und
- Johannes Murhart, Arzt in St. Gallen, an Faulhaber vom 9.10.1613.

Außerdem gibt es in der Landes-Bibliothek Stuttgart die folgenden Manuskripte, die mit Faulhaber in Beziehung stehen:

- eine deutsche Übersetzung der lateinischen Beschreibung eines Heronischen Automaten (*Theorema Spiritualium Heronis*), die Matthäus Beger am 4.12.1620 an Faulhaber schickte;
- Manuskript unbekannter Hand mit der Beschreibung eines einem Pantographen ähnlichen Instruments, wobei an einer Stelle das Datum 15.11.1612 angegeben ist;
- Manuskript mit der Lösung eines Zinseszinsproblems, geschickt an Faulhaber und von ihm gelöst am 5. bzw. 26.03. 1618;

- achtseitiger Traktat *Numerus locum completivus* (?) von Matthäus Beger in Reutlingen o. Datum;
- in der Handschrift von Matthäus Beger, aber ohne Namen und Datum, ein *Problema Astronomicum*, das eine Faulhaber gewidmete Übersetzung von Teilen der *Institutiones astronomiae et geographicae* des Adriaen Metius, wahrscheinlich der in Franeker 1614 erschienenen Ausgabe enthält, wozu noch ein *Problema Geometricum Universale* und ein *Problema Universale Sphaericum* kommt; insgesamt acht Seiten (Dies wie der vorhergehende Traktat *Numerus locum completivus* (?) könnten dem Brief Begers an Faulhaber vom 26.01.1619 beigelegen haben);
- sogenanntes Turmexempel von Johann Georg Brengger, ohne Datum;
- von Faulhabers Hand auf der Rückseite des letzten Briefes von Mögling ohne Datum unter dem Titel *Problemata*, Gefäß- bzw. Röhrenaufgaben;
- Manuskript *Herrn M. Lutzii Zerlegung deß ZZ, Sursolidi* ohne Datum;
- *Problema Geodeticum* ohne Namen, Ort oder Datum, wobei auf einem beiliegenden Blatt in einer ganz anderen Schrift steht «Georg Christoph Hurters Exampel».

4 Bestände des Hessischen Staatsarchivs Darmstadt.

Unter der Signatur D 4, 72/9 ist dort der Briefwechsel Faulhabers mit dem Landgrafen Philipp von Hessen-Butzbach aufbewahrt, der die folgenden 14 Briefe enthält:

- Faulhaber an den Landgrafen Philipp vom 19.05.1618;
- Faulhaber an den Landgrafen Philipp vom 13.07.1618;
- Landgraf Philipp an Faulhaber vom 13.08.1618;
- Faulhaber an den Landgrafen Philipp vom 9.09.1618;
- Landgraf Philipp an Faulhaber vom 5.10.1618;
- Faulhaber an den Landgrafen Philipp vom 20.10.1618;
- Landgraf Philipp an Faulhaber vom 23.11.1618;
- Faulhaber an den Landgrafen Philipp vom 29.11.1618; als Beilagen zu dem Brief vom 29.11.1618 ein Gebet Faulhabers, ein Auszug aus dem Brief von Sebastian Kurz an Faulhaber vom 8.10.1618 sowie vier Bestätigungen von Onophrius Miller junior (1.11.1618), Jonas Gaismayer (27.11.1618), Johann

Petrus a Sonvigo Rheticus (27.11.1618) und einem Unbekannten, daß Faulhaber den Kometen von 1618 vorhergesagt und beobachtet habe;
- Faulhaber an den Landgrafen Philipp vom 22.02.1619;
- Landgraf Philipp an Faulhaber vom 24.02.1619;
- Faulhaber an den Landgrafen Philipp vom 24.03.1619;
- Landgraf Philipp an Faulhaber vom 12.04.1619;
- Faulhaber an den Landgrafen Philipp vom 8.05.1619;
- ein Gegner von Faulhaber in Ulm an den Landgrafen Philipp vom 11. 09.1619.

5 Kleinere Bestände von Faulhaberiana finden sich in den folgenden Bibliotheken und Archiven.

Stadt- und Universitätsbibliothek Frankfurt/Main:
Je ein Brief von

- Faulhaber an den Frankfurter Johann Hartmann Bayer (oder Beyer) vom 8(?).10.1617 (Signatur: Ms. Ff. J. H. Beyer A 46) und von
- Josephus del Medico an Faulhaber aus dem Jahr 1630 (?) (Signatur: Autogr. J. del Medico);

außerdem drei Briefe von

- Sebastian Kurz an Johann Hartmann Bayer vom 10.09.1610, vom 4.12.1620 und vom 2.04.1622 (Signaturen: Ms. Ff. J. H. Beyer A 32–34), die sich auch auf Faulhaber beziehen.

Sondersammlungen des Deutschen Museums München:
Je ein Brief von

- Faulhaber an den Ulmer Rechenmeister Abraham Hering aus dem Jahr 1596 (Signatur: 3355) und von dem
- Tübinger Professor des Hebräischen und der Mathematik Wilhelm Schickart an Faulhaber vom 14(12?).04.1629 (Signatur: 3324)

Germanisches Nationalmuseum Nürnberg (Archiv Autographen):
zwei Briefe von

- Faulhaber an Sebastian Kurz vom 16.12.1616 und
- Faulhaber an seine Frau Ursula Faulhaberin vom 18.06.1617

Stadtbibliothek Nürnberg:

- drei Briefe des Professors der Mathematik an der Universität Altdorf bei Nürnberg Daniel Schwenter an Faulhaber vom 22.12.1630, vom 20.02.1631 und vom 3.09.1631 (Signatur: Autogr. 845–847)

Universitätsbibliothek Tübingen:

- ein Brief des Tübinger Professors der Mathematik und Astronomie Michael Maestlin an Faulhaber vom 18. Januar 1619 (Signatur: Mi XII 27 b)

Stadtarchiv Augsburg:

- ein Brief von Faulhaber an den Rat der Stadt Augsburg vom 30.09.1621 (Handwerkerakten)

Staatsarchiv Schaffhausen:

- ein «Bedenckhen» von Faulhaber für den Rat der Stadt Schaffhausen vom 31.12.1628 (Militaria F 1, 23); diesem Gutachten ging am 29.12.1628 eine Ortsbesichtigung durch Faulhaber zusammen mit dem württembergischen Hauptmann Johann Friedrich Loscher voraus, zu der der Bürgermeister, die Mitglieder des Rats sowie weitere Personen, darunter einige Zunftmeister am 24.12.1628 geladen wurden (Ratsprotokolle 88, 257)

Staatsarchiv des Kantons Basel-Stadt:

- Unterlagen über die Tätigkeit Faulhabers in Basel von 1622 bis 1624 sind nach Auskunft des Archivs in den Bauakten Z, den Finanzakten H und eventuell G, und in den Protokollen des Basler Rates zu finden. In diesen Akten befindet sich auch der Briefwechsel Faulhabers mit Bürgermeister und Rat aus dem Jahr 1628.

Der weitaus größte Teil des in diesem Abschnitt aufgelisteten Materials ist transskribiert; eine Veröffentlichung zumindest der wichtigen Briefe aus dem Briefwechsel von Faulhaber war geplant.

Originalliteratur von anderen Autoren

Niels Henrik Abel, *Mémoire sur les équations algébriques où on démontre l'impossibilité de la résolution de l'équation générale du cinquième degré.* Erschienen im Selbstverlag in Oslo 1824

Andreas Albrecht, *Richtige Anweisung und Vorstellung eines sonderbahrn Instrument zur Architectur, damit die fünff Seülen auch aller sorten Stück und Morsser, sowohl allerley Bilder und dergleichen sachen leicht und recht proportionirt zu vergrössern oder zu verkleinern seyndt.* Nürnberg 1622

Andreas Albrecht, *Zwey Bücher, das erste von der ohne und durch die Arithmetica gefundenen Perspektiva, das andere von dem dartzu gehörigen Schatten.* Nürnberg 1623

Andreas Albrecht, *Eygentliche Beschreibung und Abriß eines sonderbaren nutzlich und nothwendigen mechanischen Instruments, so auff ein Schreibtafel gerichtet, welches zum Feldmessen, Vestung außstecken, zum höh und tiefen messen, zum Land und Wasser abwegen, deßgleichen zur Perspectiv gar füglich zu gebrauchen ist.* [Nürnberg] 1625

[Anonymus], *Fama Fraternitatis, Oder Brüderschafft/ des Hochlöblichen Ordens des R. C. An die Häupter/ Stände und Gelehrten Europae. In: Allgemeine vnd General Reformation der gantzen weiten Welt. Beneben der Fama Fraternitatis, Deß Löblichen Ordens des Rosenkreutzes/ an alle Gelehrte und Häupter Europae geschrieben: Auch einer kurtzen Responsion, von dem Herrn Haselmeyer gestellet/ welcher deßwegen von den Jesuitern ist gefänglich eingezogen/ und auff eine Galleren geschmiedet: Itzo öffentlich in Druck verfertiget/ und allen trewen Hertzen communiciret worden.* Kassel 1614, S. 91–128

[Anonymus], *Assertio Fraternitatis R. C. Qvam Roseae Crvcis vocant, à quodam Fraternitatis eius Socio Carmine expressa.* Frankfurt/M. 1614

[Anonymus], *Phantasmata quae Joh. Favlhaber de ansa inauditae et admirabilis artis, etc. & de magia arcana coelesti, etc. somniavit; explicata, discussa.* o. O. 1614

[Anonymus], *Confessio Fraternitatis, Oder Bekanntnuß der löblichen Bruderschafft deß hochgeehrten Rosen-Creutzes/ an die Gelehrten Europae geschrieben.* In: *Fama Fraternitatis, Oder Entdeckung der Bruderschafft deß löblichen Ordens deß Rosen-Creutzes/ Beneben der Confession Oder Bekanntnuß derselben Fraternitet/ an alle Gelehrte und Häupter in Europa geschrieben. Auch etlichen Responsionen und Antwortungen/ von Herrn Haselmeyern und andern gelerten Leuten auff die Famam gestellet/ Sampt einem Discurs von allgemeiner Reformation der gantzen Welt. Itzo von vielen Erraten entlediget/ verbessert/ vnd allen Trewhertzigen zu gut in offentlichen Druck mit Gott allein gefertiget.* Frankfurt/Main 1615, S. 54–82; dies ist die deutsche Übersetzung der im selben Jahr in Kassel veröffentlichten lateinischen Erstausgabe.

[Anonymus], *Chymische Hochzeit: Christiani Rosencreutz. Anno 1459. Arcana publicata vilescunt; et gratiam prophanata amittunt. Ergo: ne Margaritas obijce porcis, seu Asino substerne rosas.* Straßburg 1616

[Anonymus], *Epistola ad D. D. fratres de Rosea Crvce, Quid Rosa rubra notat; quid Crvx nigra signat in ipsa? Illa docet Fragiles; haec iubet esse Pios, Sic Pietas quamuis sit Fratribus optima Gaza; Hanc tamen in fragili, sub cruce, vase gerunt. Caetera, quae Bona Mundus amat, sunt stercora tantis Foeda viris: Sapiens haec putat esse Nihil.* Frankfurt/M. 1617

[Anonymus], *Gründliche Warhaffte Erzehlung Was in den Etlich Jahr wehrenden aber noch nit zu End gebrachten Stritten zwischen Johann Faulhaber und Gegentheil sich verloffen, von einer eifrigen Christlichen Persohn getreulich an Tag geben.* o. O. 1621

Peter Apian, *Eyn Newe vnnd wolgegründte vnderweysung aller Kauffmanß Rechnung in dreyen Büchern.* Ingolstadt 1527 mit weiteren bis mindestens 1580 nachweisbaren Auflagen in Frankfurt/Main

Johann Ardüser, *Geometriae theoricae et practicae XII libri.* Zürich 1627

Adrien Baillet, *La vie de Monsieur Descartes.* In zwei Bänden Paris 1691

[Adrien Baillet], *La Vie de Mr. Des-Cartes. Contenant l'histoire de sa Philosophie et de ses autres Ouvrages. Et aussi ce qui luy est arrivé de plus remarquable pendant le cours de sa Vie. Réduite en abregé.* Paris 1693

Matthäus Beger, *Problema Astronomicum: Die Situs Der Sternen Planetarum oder Cometarum zu observirn ohne Instrumenta, allein mit einem geraden Lineal oder Faden. Welcher Modus fast gebraucht wirdt von dem fürtrefflichen Mathematico vnd Astronomo M: Michaeli Maestlino, Mathematum, Professori der hohen Schul zu Tübingen. Vnd jetzund auß dem Latein ex Tomo I. Lib. 3. cap. 7/. Instit: Astron: D. Adriani Metij, & Tomo 3. cap. 5. ejusdem, in einfaltig Teutsch vertirt, vnd freundlicher wolmeynung verehrt vnd dedicirt Dem Ehrnvesten/ Wolgeachten vnd Fürnehmen Herrn Johanni Faulhabern/ bestellten Mathematico etc. zu Vlm. Seinem sondern guten Herrn vnd Freund.* o. O. 1619

Johannes Benz, *Remora triumphi de sphyngis victore, splendide adornati, sublata, Das ist: Gründliche Aufflösung der scharpffsinnigen Wortrechnung/ welche Herr Doctor Johann Remmelin/ vnlangsten in seiner Remora allen Kunstliebenden zu jhrer Wolfahrt verehret/ vnd vorgeben/ Dem Authori zu danckbarer Widergeltung/ zur Erweiterung der Kunst/ vnd aller Kunstliebenden Wolgefallen/ gestellet.* Ulm 1619

Johannnes Benz, *Manuductio ad numerum geometricum Kurtze wol gegründte Anführung/ zu Erkanndtnuß der Natur vnd Eygenschafften allerhand Arten der Figurierten oder Geometrischen Zahlen; dahero erlernet wird/ wie man allerley Quaestiones, von Linearischen/ superficialischen vnnd Corporalischen Numeris, vnd was sonsten für Formen deren jeglichem vnderworffen/ künstlich vnnd behend vrtheilen vnd aufflösen solle. Allen Kunstliebenden vnnd vbenden zu sonderem gefallen/ auß den besten vnd allerberühmbtesten Autoribus zusammen getragen: dergleichen längst begehrt/ aber in Teutscher Sprach nie verfasset worden.* Gedruckt in Kempten und verlegt in Ulm 1621

Matthias Bernegger, *Manuale Mathematicum: darinnen begriffen die tabulae sinuum, tangentium, secantium, sowohl die Quadrat- und Cubictafel, sambt gründlichem Unterricht wie solche nützlich zu gebrauchen.* Straßburg 1612, 2. Auflage Straßburg 1619; in beiden Auflagen findet sich ein mit gesondertem Titelblatt versehener Abschnitt *Cubic Tafeln/ Sambt kurtzem vnterricht/ wie durch hülff derselben/ auß einer vorgegebenen Cubischen zahl/ die Wurtzel behend außzuziehen seye.*

Matthias Bernegger, *D. Galilaei de Galilaeis, Patricii Florentini Mathematum in Gymnasio Patavino Doctoris excellentissimi, de Proportionum Instrumento a se invento quod meritò Compendium dixeris universae Geometriae, Tractatus.* Straßburg 1612; 2. Auflage Straßburg 1635

Jakob Bernoulli, *Ars conjectandi.* Basel 1713

Henry Briggs (Briggius), *Arithmetica logarithmica, sive logarithmorum chiliades triginta, pro numeris naturali serie crescentibus ab unitate ad 20 000 et a 90 000 ad 100 000.* London 1624

Ismael Boullialdus (Boulliau), *Opus novum ad arithmeticam infinitorum Libris sex comprehensum.* Paris 1682

C. Euthymius de Brusca, *Vindiciarvm Favlhaberianarvm. Continuatio. Das ist Rechtmessige Rettung/ Herrn Johann Faulhabers Mathematici zu Vlm Famae Sidereae, Wider Die Ehrenrüge Teutsche Diffamation-Schrifften/ Expolitio Famae sidereae, etc. vnd Postulatum aequitatis plenissimum, etc. genant/ Welche Zimpertus Wehe Lateinischer Schulen Collaborator zu Vlm. Vnder dem falschen Namen Hisaiae sub Cruce als durch offentlichen Truck spargirt hat.* Moltzheim 1620

Girolamo (Geronimo) Cardano, *Artis magnae, sive de regulis algebraicis liber unus.* Nürnberg 1545

Detlev Cluver, *Nova Crisis temporum oder curiöser philosophischer Zeitvertreiber.* Hamburg 1703

Justus Cornelius, *Vindiciarvm Favlhaberianarvm. Prodromus. Das ist/ Kurtze/ doch eigentlich vnd glaubwürdige Relation, Deren Von M. Johan. Baptista Hebenstreit/ Vlmischer Lateinischer Schulen Rectore, Vnd seinem Collaboratore, M. Zimperto Wehe, der sich Hisaiam sub Cruce genannt/ Wider Deß *weitberümbten/ vnd Sinnreichen/ diß Orts absolutè entschuldigten Herrn/ Johannis Faulhaberi, Rechenmeisters vnd vortrefflichen Mathematici daselbsten/ Ehrlichen Wolhergebrachten Namen/ In vnderschidlichen Ehrenrürigen/ Teutsch vnd Lateinisch publicirten Famoß Charten/ Committirten/ vngegründten/ vnd laut so wol Keis. als anderer wolverordneter Rechten/ vnd Landtssatzungen hochsträfflichen Thättigkeiten. Menniglich zu mehrer nachrichtung/ vnd besserem Verstand bald volgender Defension Schrifften an Tag gegeben.* Ulm 1620

August Leopold Crelle, *Kugel, welche die Seiten der Pyramide berührt. In: Sammlung mathematischer Aufsätze und Bemerkungen*, Bd. 1, Berlin 1821, S. 118–121

August Leopold Crelle, *Lehrbuch der Elemente der Geometrie und der ebenen und sphärischen Trigonometrie.* In zwei Bänden, Berlin 1827/28

René Descartes, *Cogitationes Privatae*, deren Entstehungszeit um 1619 angesetzt wird; siehe *Oeuvres de Descartes* (hrsg. v. Charles Adam und Paul Tannery), Bd. 10. Paris 1908, S. 213–256

René Descartes, *Exercices pour les éléments des solides* (hrsg. v. Pierre Costabel). Paris 1987

[René Descartes], *Discours de la méthode pour bien conduire sa raison et chercher la vérité dans les sciences* mit den drei Anhängen *La dioptrique*, *Les météores* und *La géométrie.* Leiden 1637

Lettres de Mr Descartes (hrsg. von Claude Clerselier) in drei Bänden:

Bd. 1: *Lettres de Mr Descartes, où sont traittées les plus belles questions de la morale, de la physique, de la médecine et des mathématiques.* Paris 1657

Bd. 2: *Lettres de Mr Descartes, où sont expliquées plusieurs belles difficultez touchant ses autres Ouurages.* Paris 1659

Bd. 3: *Lettres de Mr Descartes, où il répond à plusieurs difficultez qui luy ont ésté proposées sur la dioptrique, la géométrie et sur plusieurs autres sujets.* Paris 1667

Geometria a Renato Descartes anno 1637 gallice edita, nunc autem ... in linguam latinam versa (hrsg. v. Frans van Schooten). Leiden 1649, 2. Auflage mit Anhängen und Kommentaren in zwei Bänden, Amsterdam 1659/61

René Des-Cartes, *Opuscula posthuma.* Amsterdam 1701

Diophanti Alexandrini opera omnia (hrsg. v. Paul Tannery). In zwei Bänden, Leipzig 1893/95

Gabriel Doppelmayr, *Historische Nachricht von den Nürnbergischen Mathematicis und Künstlern, welche fast von dreyen Seculis her Durch ihre Schrifften und Kunst-Bemühungen die Mathematic und mehreste Künste in Nürnberg vor andern trefflich befördert/ und sich um solche sehr wohl verdient gemacht/ zu einem guten Exempel, und zur weitern rühmlichen Nachahmung, In zweyen Theilen an das Licht gestellet, Auch mit vielen nützlichen Anmerckungen und verschiedenen Kupffern versehen.* Nürnberg 1730

Elias Ehinger, *Cometen Historia. Das ist: Kurtze Beschreibung der fürnembsten Cometen/ so von der Regierung an deß Römischen Kaysers Augusti/ vnd der gnadenreichen Geburt vnsers Herrn vnd Heylands Jesu Christi/ innerhalb 1618. Jahren sein gesehen worden. Auß den Historicis kurtz vnd Summarischer weiß zusamen getragen vnnd verteutscht.* Augsburg o. J.

Leonhard Euler, Demonstratio nonnullarum insignium proprietatum quibus solida hedris planis inclusa sunt praedita. *Novi Commentarii Academiae Scientiarum Petropolitanae* **4** (1752/53), 1758, S. 140–160 sowie Euler, *Opera omnia*, Reihe 1, Bd. 26. Lausanne 1953, S. 94–108

Galileo Galilei, *Le operazioni del compasso geometrico, et militare.* Padua 1606

Johannes Geyer, *Sendschreiben/ Dem Ehrnvösten Hochgeachten vnd Kunstreichen Herren/ Johann Faulhabern Ingenieurn vnd Burgern in Vlm etc, vberschickt/ Darauß die weiß zusehen/ wie ein gantze Landtschafft oder Territorium, planimetrisch in Grund zulegen/ vnd in ein Mappen/ oder LandCarten zuverzeichnen/ Sampt Am End angedeuten nutzlichen Stucken/ Mathematischer Künsten Liebhabern dienlich zu wissen.* Augsburg 1629

Marino Ghetaldi (Hrsg.), *De Nvmerosa Postestatvm Pvrarum, atque Adfectarum Ad Exegesin Resolutione Tractatus.* Paris 1600

Passchier Goessens, *BUCHHALTEN fein kurtz zusammen gefaßt vnd begriffen.* Hamburg 1594

F. Gr., *Απολόγημα praeparatorium adversus Justum Cornelium ob Commissa qvaedam si non audacia, minus certè considerata in prodromo Vindciarum Faulhaberianarum etc.* o. O. 1620

Isaak Habrecht, *Kurtze vnd Gründliche Beschreibung eines Newen vngewohnlichen Sterns oder Cometen, welcher ... im November vnd December diß 1618. Jahrs erschienen.* Straßburg 1619

Sybrand Hanß, *Tractatvs Geometricvs. Darinnen hundert schöne/ ausserlesene/ liebliche Kunst Quaestiones. Durch welche allerley Longi: Plani: vnde Solidimetrische Messung/ sehr künstlich zu thun vnd zu verrichten seind/ mit beygefuegten aufflösungen/ ausserhalb der Coß oder Algebrae* (ins Deutsche übersetzt von Sebastian Kurz). Amsterdam 1617

Johann Baptist Hebenstreit, *Cometen Fragstuck/ auß der reinen Philosophia, Bey Anschawung, deß in diesem 1618. Jahr/ in dem Obern Lufft schwebenden Cometen, erläutert/ vnd auff etlicher Gelehrten vnd Vngelehrten Gegehren/ an Tag gegeben.* Ulm 1618

Johann Baptist Hebenstreit, *De Cabala Log-Arithmo-Geometro-Mantica, variis nuper artibus spargi coepta, & Orbi Europaeo obtrusa, dissertatiuncula.* Ulm 1619

Simon Jacob, *Rechenbüchlein auf den Linien und mit Ziffern.* Frankfurt/Main 1556; von diesem Rechenbüchlein im Duodezformat sind Auflagen bis 1599 nachgewiesen.

Simon Jacob, *Ein New vnd Wolgegründt Rechenbuch/ auff den Linien vnd Ziffern.* Frankfurt/Main 1560; dieses große Rechenbuch im Quartformat erlebte Auflagen bis ins 17. Jahrhundert.

Johann Jung, *Rechenbuch auff den Ziffern vnd Linien/ darinne allerley Kauffmans handlung/ nach art der Regel de Tri vnd Welschen Practica/ sampt der Regel Falsi/ dardurch die Exempla der acht Regeln Coß auffgelöset werden/ Neben ausziehung der wurtzeln Arithmetischer Progression/ So wol den

Regeln Algebre/ vnd andern aufflösungen Cubicossischer vergleichungen/ so vor niemals am Tage gewesen/ alles ordentlich gestelt durch Johann Jungen Rechenmeister zu Lübeck. Lübeck o. Jahr; die Widmung an den Nürnberger Rechenmeister Johann Neudörffer ist datiert vom 1. März 1578.
Das Buch von Jung ist nur in der Bibliothek des Germanischen Nationalmuseums in Nürnberg unter der Signatur H 2673 kl. 8° nachzuweisen. In David Eugene Smith, *Rara Arithmetica*, 4. Auflage, NY 1970 findet sich nur die Feststellung, daß man das Rechenbuch von Johann Jung nirgendwo nachweisen konnte.

Abraham Gotthelf Kästner, *Geschichte der Mathematik.* In vier Bänden, Göttingen 1796–1800

Johannes Kepler, *Ephemeris Nova Motuum Coelestium ad annum vulgaris aerae M D C XVIII. Ex obseruationibus potissimum Tychonis Brahei, Hypothesibus Physicis, & Tabulis Rvdolphinis; Nova etiam formâ disposita, ut Calendarii Scriptorii usum praebere possit. Ad Meridianum Vranopyrgicum in freto Cimbrico, quem proximè circumstant Pragensis, Lincensis, Venetus, Romanus.* Linz o. J.

Johannes Kepler, *New vnnd Alter Schreib Calender sambt dem Lauff vnd Aspecten der Planeten auff das Jahr Christi M. DC. XVIII. Prognosticum Astrologicum auff das Jahr MDCXVIII. Von natürlicher Influentz der Sternen in diese Nidere Welt.* Linz 1618

Johannes Kepler, *De Cometis Libelli Tres.* Augsburg 1619

Kleopas Herenius (= Pseudonym für Johannes Kepler), *Kanones Pveriles: Id est, Chronologia von Adam biß auff diß jetz lauffende Jahr Christi 1622. In Sechs vnderschidene Glieder außgetheilet/ vnd auß H. Schrifft Alten vnd Newen Testaments bewehret/ mit Zuziehung Heidnischer Antiquiteten vnd Astronomischer Rechnung. Der newlich in Truck außgangenen Chronologiae Pauli Felgenhawers Puschwizensis Bohemis so auch der Anno 1612. zu Hall außgangenen Jacobi Tilneri, welche fast mit der vorigen zutrifft/ entgegen gesetzt. Author Kleopas Herennius, alias, Phalaris von Neesek.* Ulm 1620

Georg Simon Klügel, *Mathematisches Wörterbuch oder Erklärung der Begriffe, Lehrsätze, Aufgaben und Methoden der Mathematik mit den nöthigen Beweisen und litterarischen Nachrichten begleitet in alphabetischer Ordnung*, 1. Abtlg., *Die reine Mathematik*, 3. Teil. Leipzig 1808

Gottfried Wilhelm Leibniz, Notata quaedam G. G. L. circa vitam et doctrinam Cartesii, in Christian Thomasius (Hrsg.), *Historia sapientiae et stultitiae*, Halle o. J., S. 113; wieder abgedruckt in: *Die Philosophischen Schriften von Gottfried Wilhelm Leibniz* (hrsg. v. C. J. Gerhardt), Bd. 4, Berlin 1880, S. 310–314 und in Ludovicus Dutens, *Gothofredi Guillelmi Leibnitii Opera Omnia*, Bd. 5, Genf 1768, S. 393–396.

Daniel Lipstorp, *Specimina Philosophiae Cartesianae. Quibus accedit Ejusdem Authoris Copernicvs Revivvs.* Leyden 1653

Samuel Maroloys, ... *Fortification, wie ein Ort nach der wahren und Fundamenthal-Kunst zubefestigen, anzugreiffen, zubestürmen, oder auch wider allen feindlichen Gewalt und Anlauff zubeschirmen* (vermehret, gebessert und erläutert durch Albert Gerhardt). Amsterdam 1627; es handelt sich dabei um eine deutsche Übersetzung der *Fortification, ou Architecture militaire, tant offensive que défensive* von Samuel Marolois, die als Teil seiner verschiedentlich (z. B. Den Haag 1615) aufgelegten Opera mathematica erschienen.

Francesco Maurolico, *Opuscula Mathematica; Nunc primùm in lucem aedita.* Zusammen mit den gesondert paginierten *Arithmeticorvm libri dvo, nvnc primvm in lvcem editi.* Venedig 1575

Adrianus Metius, *Institutiones Astronomicae et Geographicae. Fondamentale ende grondelycke Onderwysinge van de Sterre-Konst, ende beschryvinghe der Aerden.* Franeker 1614

Jakob Müller, *Compendium geometricum in tres libros digestum.* Giessen 1619

Sebastian Münster, *Cosmographey. Oder beschreibung Aller Länder herrschafften vnd fürnemesten Stetten des gantzen Erdbodens/ sampt jhren Gelegenheiten/ Eygenschafften/ Religion/ Gebreuchen/ Geschichten vnnd Handthierungen/ etc.* Basel 1588; Erstausgabe Basel 1544

John Napier (Neper), *Mirifici logarithmorum canonis descriptio*, Edinburgh 1614 und *Mirifici logarithmorum canonis constructio*. Leiden 1620

Anton Neudörfer, *Künstliche vnd Ordentliche Anweyßung der gantzen Practic*. Nürnberg 1599 mit weiteren Auflagen bis mindestens 1634

Wilhelm Neweheusser, *Consideratio et enarratio brevis de nova stella seu cometa. Das ist/ Sehr wichtige Betrachtung doch in mögeligster kurtze Erklährung über den Newen Stern oder Cometen, welcher vberall inn Deutschen Landen vnd anders wo mehr/ observiert: Von mir aber vom 21. Novembris biß auff den 18. Decembris dieses 1618. Jahrs/ mehrmals ist gesehen worden/ vnd vielwichtiger Vrsachen halben mich/ diß davon zu schreiben/ bewogen*. Friedwegen 1619

Isaac Newton, *Methodus Differentialis*, veröffentlicht in der von William Jones herausgegebenen: *Analysis per Quantitatum Series, Fluxiones ac Differentias: cum Enumeratione Linearum Tertii Ordinis*. London 1711

Johann Caspar Odontius, ΚΟΜΗΤΑΚΡΙΒΟΓΡΑΦΙΑ. *Das ist: Eygentliche/ Gründliche beschreibung deß im November vnd December erschienenen Cometen/ im 1618. Jahr Jesu Christi*. Nürnberg 1619

Nicolaus Petri, *Practicque Om te leeren Reeckenen/ Cypheren ende Boeckhouden/ met die regel Coss/ ende Geometrie/ seer profijtlijcken voor allen koop-luyden*. Amsterdam 1567

Nicolaus Petri, *Practicque, Om te Leeren Rekenen Cypheren ende Boeckhouden/ met die regel Coß ende/ Geometrie seer profijtlijcken voor alle Coopluyden, Van nieus ghecorrigeert ende vermeerdert*. Amsterdam 1598, mit nachfolgenden Auflagen bis mindestens 1635

Bartholomaeus Pitiscus, *Trigonometriae, Siue De dimensione Triangulorum Libri qvinqve*, 2. Auflage Frankfurt 1612 und *Thesaurus mathematicus sive Canon Sinuum ad radium* 1.00000.00000.00000. Frankfurt 1613

Johannes Procopius, *Κομητοδικαιοπροστασια Oder Cometenbutzer/ Das ist: Eine glaubwürdige Copey Articulierter vnd rechtmässiger Klag/ deß guten/ vnschuldigen Cometen/ welcher im abgeflossenen nächst verwichenen 1618. Jahr erschienen. Wider vnd gegen N. N. wegen viel übel beygelegter Vnwarheit vnd Vnbilligkeit den 25. Januarii jetzt lauffenden Jahrs 1619. dem Gott Apollini in Parnasso Durch ermeldtes Cometen wolbestellten Anwalt im Rechten Johanne Procopio übergeben.* Ulm 1619

[Johannes Remmelin], *Numerus Figuratus, sive Arithmetica Analytica Arte Mirabili Jnavdita Nova Constans. Hic Dn. Johannis Favlhaberi Logistae Vlmensis Ars, Qvam ex Biblicis hausit Numeris, detegitur, & simùl in Prooemio ipsius Antagonistae charta famosa refutatur.* o. O. 1614

Eine von Friedrich Schwedler besorgte deutsche Übersetzung des Vorworts dieser Arbeit erschien unter dem Titel:

Rettung / deß guten Ehrlichen Namens. Herrn Johann Faulhabers bestelten Rechenmeisters vnd Mathematici etc. in Vlm. Welchen ein vngenandter durch einen offnen Pasquill zubeschmeissen hatt vnterstanden/ Erstlich durch einen Fürtrefflichen Hochberühmten vnd vnparteyischen Doctorem, in einer Lateinischen Praefation, praefigiert dem Tractatui, Numerus figuratus intituliert, beschehen/ Jetzo aber zu meniglichs wissenschafft in vnser Teutsche Muttersprach versetzt. Nürnberg 1618

[Johannes Remmelin], *Mysterium Arithmeticum Sive, Cabalistica & Philosophica Inventio, nova admiranda & ardua, qua Numeri Ratione et Methodo computentur, Mortalibus à Mundi Primordio Abdita, et ad Finem non sine singulari omnipotentis Dei provisione revelata. Cum Illuminatissimis laudatissimisque Fraternitatis Roseae crucis Famae Viris humiliter & syncerè dicata.* o. O. 1615

Johann Remmelin, *Sphyngis Victor, Das ist/ Entdeckung Herrn Johannis FAULHABERi, Bestellten Rechenmeisters vnnd Mathematici in Vlm/ Himmlischen geheimen Magiae, Oder newen Cabalistischen Kunst: vnd wunder Rechnung/ Vom Gog vnd Magog/ geschehen.* Kempten 1619

Johann Remmelin, *Remorae svblatae, Triumphi, de Sphyngis victore splendidè adornati, Periculum. Das ist/ Johannis Remmelini D. gestellter Anhang vnd Bericht/ Auff Herrn Johann Bentzen/ Rechenmeisters Modisten vnd Burgers in Vlm/ grundtliche Aufflösung/ etc. seiner D. Remmelins nechstpublicirter Wortrechnung/ gerichtet.* Stuttgart 1619

Adam Riese, *Rechenung auff der linihen vnd federn in zal/ maß vnd gewicht auff allerley handierung/ gemacht vnnd zusamen gelesen.* Erfurt 1522; dieses Rechenbuch erlebte im 16. Jahrhundert noch 90 Auflagen.

Adam Riese, *Rechenung nach der lenge/ auff den Linihen vnd Feder. Darzu forteil vnd behendigkeit durch die Proportiones/ Practica genant/ Mit grüntlichem vnterricht des visierens.* Leipzig 1550

Adriaan van Roomen, *Ideae mathematicae pars prima, sive methodvs polygonorvm.* Löwen 1593

Peter Roth, *Arithmetica Philosophica, Oder schöne newe wolgegründte Vberauß Kunstliche Rechnung der Coß oder Algebrae/ In drey vnterschiedliche Theil getheilt.*
Im I. Theil werden deß hochgelehrten/ fürtrefflichen vnd weitberühmbten Herrn D. Hieronymi Cardani, Mathematici, Philosophi vnd Medici dreyzehn Reguln (als der Schlüssel/ nach welchen alle ratio. vnd irrational/ wie auch binomi vnd residui cubicossische Exempla vnd aequationes zu solviren vnd auffzulösen) auffs trewlichst vnd fleissigst beschrieben vnd gesetzt. Deßgleichen noch drey andere newerfundene nützliche Reguln/ zu den ersten drey cubiccossischen aequationib. (fürnemlich aber der andern vnd dritten Regul Cardani/ wann der Cubus deß dritten theils der Zahlen Radicum grösser/ als das Quadrat deß halben theils der ledigen Zahl) gehörig.
Im II. Theil folget die allerkünstlichste Resolution deß gantzen Arithmetisch. Cubiccossischen Lustgartens/ welcher von dem Wolerfahrnen Herrn Johann Faulhabern/ Burgern vnd Rechenmeistern zu Vlm/ mit 160. Bäumlein/ das ist/ außerlesenen kunstlichen Quaestionen gepflantzt worden/ sampt deroselben nach notdurfft daran gehenckten erklärung/ Vnd einer noch überaus schönen herrlichen incorporirten polygonalischen Regul/ vnd der daraus componirten Taffeln/ dardurch auff beede Weg leichtlich die Summa etlicher Polygo-

nahlzahlen/ vnd herwiderumben derselben Radices mögen gefunden werden.
Vnd dann endlich im III. Theil/ als zum Beschluß/ eine anzahl wunderbarliche/ newerfundene/ künstliche/ ja von vielen hochverstendigen diser Kunst gelehrten/ für vnmüglich geachte Surdische/ Zensizensi. Surdesoli. Zensicubi. Bsurdesoli. wie auch Longi. Plani. vnd Stereometrische Cossische Quaestiones vnnd Exempla/ der gestalt vorhin in keiner Sprach gesehen worden.
Calculirt/ solvirt/ auch auff das aller trewlichst den jenigen/ so was mehrers in dieser edlen vnd sinnreichen Kunst zu erfahren begierig/ beschrieben vnd an tag geben. Nürnberg 1608

Der zweite und dritte Teil weist jeweils ein gesondertes Titelblatt auf:

Der ander Theil dieser künstlichen Arithmetic/ Darinnen alle Quaestiones deß gantzen Arithmeti:cubicossischen Lustgartens/ Herrn Johann Faulhabers/ Rechenmeisters vnnd Burgers zu Vlm etc. solvirt vnd auffgelöst seyn. 1608
Der dritte Theil diß Buchs tractirt vnd handelt Von Binomi: vnd Residuischen/ auch andern Surdischen Quaestionibus der zenßdezenß: Surdesolid: zensicubic: vnnd Bsurdesolid: Coß. Welche den Künstlern der Arithmetic: vnnd Geometria zum Beschluß/ bißhero beschriebener Arbeit/ erst von newen componirt vnd gemacht worden. 1608

Christoff Rudolff, *Behend vnd hübsch Rechnung durch die künstreichen Regeln Algebre so gemeincklich die Coß genent werden.* Straßburg 1525. Spätere Auflagen, auf die sich die Generation von Faulhaber stützte, erschienen unter dem Titel *Die Coß Christoffs Rudolffs. Die schönen Exempeln der Coß. Durch Michael Stifel gebessert und sehr gemehrt.* Zum ersten Mal Königsberg 1554.

Johann Ephraim Scheibel, *Einleitung zur mathematischen Bücherkenntnis.* In drei Bänden und 18 Lieferungen, Bd. 1, Breslau 1769–75, Bd. 2, Breslau 1775–81 und Bd. 3, Breslau 1785–89

Lambertus A. Schenkelius Disulvius, *De Memoria liber secundus: in quo est Ars Memoriae, ex ipso D. Thoma Aquinate, Doctore Angelico, Aristotele, M. T. Cicerone, F. Quinctiliano,*

Philosophorum et Oratorum Principibus, ac hujus etiam artis fontibus, aliisque, compendiose absoluteque et collecta, et latiore explicatione explicata. Leodii 1595

Wilhelm Schey, *Aritmetica Oder die Kunst zurechnen. Mit schönen Regeln auff allerley Kauffmans vnd anderer Künstlicher Rechnungen.* Basel 1600

Anton Schultze, *Rechenbuch auff Muentz vnd gewicht in Schlesien.* Frankfurt/Oder 1584 mit zwei Auflagen von 1600

Daniel Schwenter, *Kurzer, doch gründlicher Bericht von Calculation der Tabularum Sinuum, Tangentium, Secantium.* Nürnberg 1628 (= deutsche Übersetzung von Simon Stevins Sinustafeln)

Christian von Staudt, Über einige geometrische Sätze, *Journal für die reine und angewandte Mathematik* **57**, 1860, S. 88 f.

Simon Stevin, *Tafelen van Interest.* Antwerpen 1582

Simon Stevin, *L'Arithmetique.* Leiden 1585 mit veränderten Auflagen bis weit ins 17. Jahrhundert hinein; diese Ausgaben enthalten Zinstabellen und deren Anwendung.

Simon Stevin, *Wisconstighe Ghedachtenissen.* In zwei Bänden, Leiden 1608

[Michael Stifel], *Ein Rechen Büchlin Vom End Christ. Apocalypsis in Apocalypsim.* Wittenberg 1532

Michael Stifel, *Arithmetica integra.* Nürnberg 1544

Leonhard Sutor, *Exemplum Arithmeticum, Das ist/ Eine Wort Rechnung vier Wort begreiffende/ So zu Ehren vnnd verhoffendem wolgefallen/ Dem Ehrnvösten vnnd Kunstreichen Herrn Johanni Faulhabern/ Burgern/ Rechenmaistern/ vnd Matthematico in Vlm/ So dann zu gnugsammer Antwort: Den Faulhaberischen Zoilis vnd diffamanten, gestellet worden.* o. O. 1620

Nicolò Tartaglia, *La Prima [parte del] General trattato di numeri et misure di Nicolò Tartaglia, nella quale in diecisetti libri si dichiara tutti gli atti operativi, pratiche et regole necessarie.* Venedig 1556

Nicolò Tartaglia, *La Seconda parte del General trattato di numeri et misure di Nicolò Tartaglia, nella quale in undici libri si notifica ... parte della pratica arithmetica.* Venedig 1556

Nicolò Tartaglia, *La Terza parte del General trattato de numeri et misure di Nicolò Tartaglia, nel quale si dechiarano i primi principii et la prima parte della geometria.* Venedig 1560

Nicolò Tartaglia, *La Quarta parte del General trattato de numeri et misure di Nicolò Tartaglia, nella quale si reducono in numeri quasi la maggior parte delle figure ... della geometria.* Venedig 1560

Nicolò Tartaglia, *La Quinta parte del General trattato de numeri et misure di Nicolò Tartaglia, nella quale si mostra il modo de essequire con il compasso et con la regha tutti li problemi geometrici di Euclide et da altri philosophi.* Venedig 1560

Nicolò Tartaglia, *La Sesta parte del General trattato de numeri et misure di Nicolò Tartaglia, nella quale se deducida quella antica pratica speculativa del arte magna, detta in arabo algebra et almucabala, over regola della cosa trovata da Maumeth, ... Giontovi in fine molti quesiti risolti per algebra, si in arithmetica, come in geometria.* Venedig 1560

Osswald Ulman und Caspar Thierfelder, *Neues Kunst-Rechenbuch auf der Linie und Feder.* Freiburg 1564

Nicolaus Raimarus Ursus, *Arithmetica Analytica, vulgo Cosa, oder Algebra.* Frankfurt/Oder 1601

François Viète, *Ad problema, quod omnibus mathematicis totius orbis construendum proposuit Adrianus Romanus responsum.* Paris 1595

François Viète, *Apollonius Gallus. Seu, Exsuscitata Apollonii Pergaei* ΠΕΡΙ ΕΠΑΦΩΝ *Geometria. Ad V. C. Adrianum Romanum Belgam.* Paris 1600

Francisci Vietae Opera Mathematica (hrsg. v. Frans van Schooten). Leiden 1646

Adriaan Vlacq (Vlack, Vlaccus), *Arithmetica logarithmica.* Gouda 1628

Johann Weber, *Gerechnet Rechenbüchlein auf Erfurtischen Wein- und Tranks-Kauff.* Erfurt 1570 und 1583

[Zimbertus Wehe] alias Hisaias sub cruce, *Expolitio famae sidereae novae Faulhaberianae. Das ist. Statliche Außputzung/ deß hochfliegenden/ aber doch vbel gefiderten allgemeinen/ offentlichen Faulhaberischen Außschreibens/ an alle Gelehrte in gantz Teutschland. Anlangend den newen/ vnd von ihme durch sonderbare Invention, lang zuvor prognosticirten Cometsterns. Dem vberauß Hochmütigen Geist zur warnung vnd gebürender abstraffung/ in Druck verfertigt.* Ulm 1619

[Zimbertus Wehe] alias Hisaias sub cruce, *Postvlatvm Aeqvitatis plenissimvm, Das ist: Ein Billiches vnd rechtmässiges Begehren/ die Expolitionem Famae Faulhaberianae betreffend/ Neben vorgestellten zweyen Lebendigen Mustern der Faulhaberischen vanitet vnd inanitet, mit beygefügter provocation an die Erkandtnuß vnd ohn passioniertes judicium, aller Mathematicorum, vnd Gelährten Teutscher Nation.* Ulm 1619

Otto Wesselow, *Arithmetica Francisci Brasseri ... ab Ottone Wesselow ex Germanico in Latinum sermonem versa, atque in lucem edita.* Hamburg 1620

Namensverzeichnis

Legende: Zahlenangaben in Normalschrift verweisen auf Seitenzahlen, solche in kursiver Schrift auf Anmerkungen im Anmerkungsteil S. 203 bis 227

MIX
Papier aus verantwortungsvollen Quellen
Paper from responsible sources
FSC® C105338

If you have any concerns about our products,
you can contact us on
ProductSafety@springernature.com

In case Publisher is established outside the EU,
the EU authorized representative is:
Springer Nature Customer Service Center GmbH
Europaplatz 3, 69115 Heidelberg, Germany

Printed by Libri Plureos GmbH
in Hamburg, Germany